住房和城乡建设部"十四五"规划教材

高等学校土木工程专业应用型人才培养系列教材

土木工程概论

（第二版）

张　华　　何培玲　　王登峰　主　编

华　渊　副主编

曹平周　主　审

中国建筑工业出版社

图书在版编目（CIP）数据

土木工程概论 / 张华，何培玲，王登峰主编；华渊
副主编. — 2 版. — 北京：中国建筑工业出版社，
2023.5

住房和城乡建设部"十四五"规划教材 高等学校土
木工程专业应用型人才培养系列教材
ISBN 978-7-112-28648-5

Ⅰ. ①土… Ⅱ. ①张… ②何… ③王… ④华… Ⅲ.
①土木工程－高等学校－教材 Ⅳ. ①TU

中国国家版本馆 CIP 数据核字(2023)第 069409 号

本书根据高等学校土木工程学科专业指导委员会编制的《高等学校土木工程本科指导性专业
规范》对"专业学科概述"的要求，结合最新标准、规范和国家发布的统计数据，以及参考大量
相关教材和文献编写，被评为住房和城乡建设部"十四五"规划教材。

本书主要介绍土木工程专业的基本内容，展现土木工程的发展历史、现状以及最新成就和学
科前沿发展动态，以大量的插图呈现土木工程领域的有关内容，更加注重反映土木工程在国民经
济中的地位和作用，将历史与发展贯穿于教材内容始终。

全书共分 13 章，包括：土木工程综述，土木工程中的力学概念和结构，土木工程材料，基础
工程，建筑工程，道路工程，桥梁工程，地下空间工程及隧道工程，铁道工程，给水排水工程，
水利工程、港口工程和海洋工程，土木工程灾害及防灾减灾，土木工程项目管理与智能建造。本
书尽可能从学科导论的视角反映土木工程的社会性、综合性、实践性以及技术、经济和艺术的统
一性；在进行工程教育的过程中，使学生理解工程建设中环境保护及可持续发展的理念及原则，
认识到土木工程项目的设计、施工、运行方案及复杂问题的解决方案对社会可持续发展、环境的
影响，了解土木工程师担负的责任和应该遵守的职业道德和行为规范。

本书面向普通应用型本科生编写，图文并茂，易读易懂，不仅可作为普通高等院校土木工程专业
及其他相关专业的教材和参考用书，也可供高职、高专、成人高校师生使用以及工程技术人员参考。

为了更好地支持教学，我社向采用本书作为教材的教师提供课件，有需要者可与出版社联系，索
取方式如下：建工书院 https://edu.cabplink.com，邮箱 jckj@cabp.com.cn，电话 (010) 58337285。

责任编辑：仕　帅　吉万旺　王　跃
责任校对：党　蕾
校对整理：董　楠

住房和城乡建设部"十四五"规划教材
高等学校土木工程专业应用型人才培养系列教材
土木工程概论
（第二版）
张　华　何培玲　王登峰　主　编
华　渊　副主编
曹平周　主　审

＊

中国建筑工业出版社出版、发行（北京海淀三里河路 9 号）
各地新华书店、建筑书店经销
北京红光制版公司制版
北京市密东印刷有限公司印刷

＊

开本：787 毫米×1092 毫米　1/16　印张：16　字数：395 千字
2023 年 7 月第二版　　2023 年 7 月第一次印刷
定价：58.00 元（赠教师课件）
ISBN 978-7-112-28648-5
(41080)

出 版 说 明

党和国家高度重视教材建设。2016 年，中办国办印发了《关于加强和改进新形势下大中小学教材建设的意见》，提出要健全国家教材制度。2019 年 12 月，教育部牵头制定了《普通高等学校教材管理办法》和《职业院校教材管理办法》，旨在全面加强党的领导，切实提高教材建设的科学化水平，打造精品教材。住房和城乡建设部历来重视土建类学科专业教材建设，从"九五"开始组织部级规划教材立项工作，经过近 30 年的不断建设，规划教材提升了住房和城乡建设行业教材质量和认可度，出版了一系列精品教材，有效促进了行业部门引导专业教育，推动了行业高质量发展。

为进一步加强高等教育、职业教育住房和城乡建设领域学科专业教材建设工作，提高住房和城乡建设行业人才培养质量，2020 年 12 月，住房和城乡建设部办公厅印发《关于申报高等教育职业教育住房和城乡建设领域学科专业"十四五"规划教材的通知》（建办人函〔2020〕656 号），开展了住房和城乡建设部"十四五"规划教材选题的申报工作。经过专家评审和部人事司审核，512 项选题列入住房和城乡建设领域学科专业"十四五"规划教材（简称规划教材）。2021 年 9 月，住房和城乡建设部印发了《高等教育职业教育住房和城乡建设领域学科专业"十四五"规划教材选题的通知》（建人函〔2021〕36 号）。为做好"十四五"规划教材的编写、审核、出版等工作，《通知》要求：（1）规划教材的编著者应依据《住房和城乡建设领域学科专业"十四五"规划教材申请书》（简称《申请书》）中的立项目标、申报依据、工作安排及进度，按时编写出高质量的教材；（2）规划教材编著者所在单位应履行《申请书》中的学校保证计划实施的主要条件，支持编者者按计划完成书稿编写工作；（3）高等学校土建类专业课程教材与教学资源专家委员会、全国住房和城乡建设职业教育教学指导委员会、住房和城乡建设部中等职业教育专业指导委员会应做好规划教材的指导、协调和审稿等工作，保证编写质量；（4）规划教材出版单位应积极配合，做好编辑、出版、发行等工作；（5）规划教材封面和书脊应标注"住房和城乡建设部'十四五'规划教材"字样和统一标识；（6）规划教材应在"十四五"期间完成出版，逾期不能完成的，不再作为《住房和城乡建设领域学科专业"十四五"规划教材》。

住房和城乡建设领域学科专业"十四五"规划教材的特点：一是重点以修订教育部、住房和城乡建设部"十二五""十三五"规划教材为主；二是严格按照专业标准规范要求编写，体现新发展理念；三是系列教材具有明显特点，满足不同层次和类型的学校专业教学要求；四是配备了数字资源，适应现代化教学的要求。规划教材的出版凝聚了作者、主审及编辑的心血，得到了有关院校、出版单位的大力支持，教材建设管理过程有严格保障。希望广大院校及各专业师生在选用、使用过程中，对规划教材的编写、出版质量进行反馈，以促进规划教材建设质量不断提高。

住房和城乡建设部"十四五"规划教材办公室
2021 年 11 月

第二版前言

本教材根据教育部最新颁布实施的《教学质量国家标准》和《普通高等学校本科专业目录》中规定的土木工程专业的培养目标和高等学校土木工程学科专业指导委员会《高等学校土木工程本科指导性专业规范》对"专业学科概述"的要求，结合最新规范和国家发布的统计数据，参考大量相关教材和文献编写。

本教材在上一版教材的基础上进行修订，本次修订的主要内容包括：（1）结合国家最新颁布的标准、规范以及最新统计数据对教材各章节中相关内容进行修改和更新，对部分插图进行了替换；（2）贯彻"少而精"的原则，减少和精炼教材内容，在第1章精简了土木工程专业从业和职业资格证书的相关内容；重点对第5章内容进行了修改，按照材料类别进行建筑分类，易于本科新生对基本知识的理解和学习；将第13章的内容进行全面更新；（3）结合当前工程建设行业转型升级、教育部启动新工科建设以及土木交通大类培养等现状和发展，在修订教材的各章节适当补充了智能建造的相关内容，并重点在第6章补充了智慧交通的相关内容，在第10章补充了建筑给水排水工程智能化的相关内容，此外在第13章对智能建造的概念、特点、智能设计、智能生产、智能施工、智能运维及未来发展进行了详细介绍。

本教材主要介绍土木工程专业的基本内容，展现土木工程的发展历史、现状以及最新成就和学科前沿发展动态。以大量的插图呈现土木工程领域的有关内容，注重反映土木工程在国民经济中的地位和作用，将历史与发展贯穿于教材内容始终。全书共分13章，包括：土木工程综述，土木工程中的力学概念和结构，土木工程材料，基础工程，建筑工程，道路工程，桥梁工程，地下空间工程及隧道工程，铁道工程，给水排水工程，水利工程、港口工程和海洋工程，土木工程灾害及防灾减灾，土木工程项目管理与智能建造。本书尽可能从学科导论的视角反映土木工程的社会性、综合性、实践性以及技术、经济和艺术的统一性；在进行工程教育的过程中，使学生理解工程建设中环境保护及可持续发展的理念及原则，认识到土木工程项目的设计、施工、运行方案及复杂问题的解决方案对社会可持续发展、环境的影响，了解土木工程师担负的责任和应该遵守的职业道德和行为规范。

本教材由河海大学、南京工程学院、江南大学联合编写，其中第1章（华渊、连俊英、宋雅嵅、王登峰）、第2章（何培玲、方钊）、第3章（张士萍）、第4章（刘文化）、第5章（宋雅嵅、何培玲）、第6章（张聪）、第7章（臧华）、第8章（赵延喜）、第9章（韦有信）、第10章（付李）、第11章（张华）、第12章（张华）、第13章（王登峰、华渊）。全书由张华、何培玲、王登峰、华渊修改定稿，张华、王登峰负责全书统稿。

编者

2023年2月

第一版前言

每位进入高等学校将要接受土木工程专业熏陶的大学生，均会面临这样的一些问题：土木工程是怎样的一个学科？土木工程在国家社会发展、国民经济建设中有什么作用？土木工程学科与哪些行业相关？土木工程的就业前景如何？要成为一个合格的土木工程专业人才，需要掌握哪些科学知识、技术能力和工程本领？怎样成为优秀的土木工程专业人才？和中学阶段相比，大学的学习有哪些特点和要求？……

开设"土木工程概论"这门课程的根本目的，就是要在新生入学后的较短时间内，让选择土木工程专业的学生清晰地认识到土木工程学科（专业）是关于基础设施建设的一门科学，隶属工程学；土木工程在一个国家的国民经济建设特别是基础设施建设中起着十分重要的作用；土木工程在一个国家的社会、经济建设中涉及建筑、交通、水利、航天、军事等领域，专注于勘察、设计、施工、工程管理等方方面面；在规划、建筑设计、结构设计、工程估价、工程概预算、结构运行与养护、结构检测与加固等专业领域，活跃着众多各级各类的土木工程科技人员；通过四年的学习，土木工程专业的学生将要全面接受政治、法律、管理、基础科学、专业基础、专业课程、实践实验等的知识传授和训练，掌握用科学的思维、方法和手段，扎实的技术能力和工程能力，解决复杂工程问题的本领；同时，同学们会很快认识到大学生活特别是土木工程专业学生的大学生活，主要应养成主动学习、自主学习、创造性学习、带着问题学习等良好的学习习惯，完成从"要我学"到"我要学"再到"要学我"的蜕变。

由于土木工程专业的特点，在讲授土木工程概论这门综合性强、内容丰富的课程时，建议应采用多种教学形式，如课堂教学和参观认知相结合，理性讲授与MOOC、多媒体、仿真课堂相结合，教师的言传身教、认识教学和情感教学相结合等，以便更好地激发学生的学习积极性和主观能动性，尽早树立爱学科、爱专业的学习观。

本书的建议授课学时24学时左右，而各章内容肯定多于相应的计划学时。因此，采用本教材的学校或教师，可根据不同的培养目标、专业定位、方向特点有侧重地选用不同的内容，课堂教学、多媒体教学、认识教学、实践教学不能覆盖的内容可留给学生自学，以拓展土木工程专业新生的视野。

本书为住房城乡建设部土建类学科专业"十三五"规划教材。由江南大学、南京工程学院、河海大学联合编写，其中各章编写人员为：第1章，华渊、连俊英、宋雅钦；第2章，何培玲；第3章，张士萍；第4章，刘文化；第5章，宋雅钦、何培玲；第6章，张聪；第7章，臧华；第8章，赵延喜；第9章，韦有信；第10章，付李；第11章，张华、白凌宇；第12章，张华；第13章，华渊、连俊英。全书由华渊、何培玲、张华修改定稿，张华负责全书统稿。

编者
2020 年 4 月

目 录

第 1 章　土木工程综述

本章要点及学习目标

本章要点：

（1）土木工程的概念、发展史；（2）土木工程专业的作用、地位和属性；（3）土木工程要解决的 4 个问题；（4）课程类型及特点、适用对象；（5）与土木工程学科相关的专业证书。

学习目标：

（1）掌握土木工程的基本概念和社会属性；（2）理解土木工程要解决的基本问题；（3）了解土木工程的专业特点、学科特点、行业特点。

1.1　土木工程概述

1.1.1　土木工程的含义

对于刚刚跨入大学校门的同学们来说，首先要搞清楚的问题就是什么是"土木工程"，以及"土木工程"包括什么？根据我国国务院学位委员会在学科简介中的定义：土木工程是建造各类工程设施的科学技术的总称。它既指工程建设的对象，即建在地上、地下、水中的各种工程设施，也指所应用的材料、设备和所进行的勘测、设计、施工、保养、维修等技术。因而，土木工程是一门范围广阔的综合性学科。

随着科学技术的进步和工程实践的发展，土木工程这个学科也已发展成为内涵广泛、门类众多、结构复杂的综合体系。土木工程包括房屋建筑工程（建筑结构工程）、公路与城市道路工程（道路工程、市政工程）、铁道工程、桥梁工程、隧道工程、机场工程、城市地下空间工程、给水排水工程、水利工程、海洋工程、港口码头工程等。土木工程下的二级学科有岩土工程、结构工程、市政工程、通风及空调工程、防灾减灾及防护工程、桥梁与隧道工程等。

土木工程建设的对象，包括建造在地上或地下、陆上或水中、直接或间接为人类生活、生产、军事、科学研究服务的各种工程设施，例如房屋、道路、铁路、运输管道、隧道、桥梁、河道、堤坝、港口、电站、飞机场、海洋平台、给水排水以及防护工程等。

任何一项工程设施总是不可避免地受到自然界或人为的作用（习惯上称为荷载）。首先是地球引力产生的工程设施的自身重量和使用荷载；其次是风、水、温度、冰雪、地震以及爆炸等作用。为了确保安全，各种工程设施必须具有抵抗上述各种荷载综合作用的能力。

建造工程设施的物质基础是土地、建筑材料、建筑设备和施工机具。借助于这些物质条件，经济而便捷地建成既能满足人们使用要求和审美要求，又能安全承受各种荷载的工程设施，是土木工程学科的出发点和归宿。

与其他学科相比，土木工程具有明显的基本属性：社会性、综合性、实践性以及技术、经济和艺术的统一性。

土木工程的社会性表现为：土木工程是随着社会在不同历史时期的科学发明、技术进步、精细管理而不断发展进步的。

建造一项工程设施需要运用勘察、测量、设计、材料、设备、机械、经济等学科和施工技术、施工组织等领域的知识以及电子计算机和物理力学测试等技术，充分体现其综合性。

土木工程以固定资产为最终目的，时间跨度长、投资大、参与面广、影响因素多且复杂，使土木工程对实践的依赖性极强，这就是土木工程的实践性。

土木工程既要满足人类的衣食住行即物质生活的需求，又要满足人类对精神层面的追求，同时土木工程所生产的产品又与社会各个历史时期科学、技术、经济密切相关，因此土木工程充分体现当时社会历史时期技术、经济和艺术的高度统一，即技术、经济和艺术的统一性。

发展土木工程，设置土木工程专业，就是要培养大批掌握土木工程科学技术，理解土木工程的基本属性，富有创新思维，具备会设计、能施工、懂管理的专门人才。

从古至今，土木工程是随社会的发展、科技的进步而不断发展进步。如建筑结构工程，从生土建筑、木结构到钢筋混凝土结构、钢结构、组合结构等；从平房到多层建筑再到高层、超高层建筑；从单体建筑到组团建筑再到庞大的建筑群体。

1.1.2　土木工程需要解决的问题

土木工程是一个国家的基础产业和支柱产业，以交付可使用的固定资产为最终目的，是开发和吸纳各国劳动力资源的一个重要平台，在国民经济中起着非常重要的作用。土木工程的实施，需要解决以下问题。

图 1-1　浙江良渚古城遗址（疏水河道星罗棋布）

1. 土木工程需要解决的第一个问题是为人类活动需要提供功能良好、舒适美观的空间和通道，同时还表现为防水患、兴水利以及环境治理等方面，这是土木工程的根本目的和出发点。即既要满足人类物质方面的需要，同时也要满足精神方面的需要。房屋建筑要满足人们生活、生产的需要，同时对通风、采光、疏散有基本的要求；道路要满足人们出行、通行等交通的需求。对防水患、兴水利而言，我国浙江杭州的良渚(图 1-1)、新疆吐鲁番的坎儿井（图 1-2）等是最好的例子。

2. 土木工程需要解决的第二个问题是抵御自然灾害或人为作用力。前者如地震、风灾、水灾等作用，后者如工程振动、人为破坏（如恐怖袭击、火灾）等，见图 1-3～图 1-5。

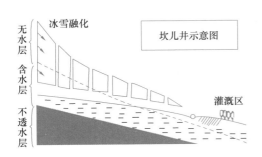

图 1-2 新疆坎儿井

图 1-3 1976 年唐山大地震

图 1-4 菲律宾台风过后的景象

3. 土木工程需要解决的第三个问题是应充分发挥材料的作用。各种材料是建造土木工程的根本条件，材料费往往占土木工程投资的大部分。因此，土木工程造价主要取决于材料所需的资金。从古至今，土木工程的发展与材料的数量、质量之间存在着相互依赖和相互矛盾的关系。材料在土木工程质量、土木工程造价及土木工程技术等方面都有明显而深远的影响。

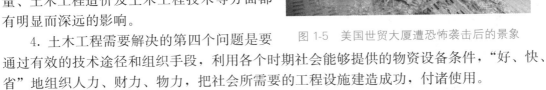

图 1-5 美国世贸大厦遭恐怖袭击后的景象

4. 土木工程需要解决的第四个问题是要通过有效的技术途径和组织手段，利用各个时期社会能够提供的物资设备条件，"好、快、省"地组织人力、财力、物力，把社会所需要的工程设施建造成功，付诸使用。

土木工程是有生命的，从构思、立项、可行性研究、设计、招标投标、施工、竣工验收、交付到使用阶段的运行维护管理为一个全生命周期，围绕上述四个问题，对从事土木工程科学、技术、设计、施工、管理等事务的人员而言，必须在遵循客观规律、尊重政策法规、弄懂科学技术原理、立足实践实验、满足客观需求的基础上，通过学习、实践、再学习、再实践，解决好上述四个基本问题，才能将一个国家的基础设施建设好，才能把土木工程的基本原理、基本方法、基本关系用好、用实。

1.2　土木工程发展史

自有人类以来，为了满足住和行以及生产、生活的需要，从构木为巢、掘土为穴的原始操作开始，到今天能建造摩天大厦、万米长桥，以至移山填海的宏伟工程，经历了漫长的发展过程。土木工程虽是一门很古老的学科，但随着社会的进步、经济的建设、科技的发展，土木工程也在不断地发展，不断地提高。

土木工程的发展贯通古今，它同社会、经济，特别是与科学、技术的发展密切相关。土木工程内涵丰富，就其本身而言，则主要是围绕着材料、施工、理论三个方面的演变而不断发展的。以 17 世纪工程结构开始有定量分析，作为近代土木工程时代的开端；把第二次世界大战后科学技术的突飞猛进，作为现代土木工程时代的起点。一般将土木工程发展史划为古代土木工程、近代土木工程和现代土木工程三个时期。

人类最初居无定所，利用天然掩蔽物作为居处，农业出现以后需要定居，出现了原始村落，土木工程开始了它的萌芽时期。随着古代文明的发展和社会进步，古代土木工程经历了它的形成时期和发达时期，不过因受到社会经济条件的制约，发展很不平衡。古代土木工程最初完全采用天然材料，后来出现人工烧制的瓦和砖，这是土木工程发展历史性的跨越。古代的土木工程实践应用简单的工具，依靠手工劳动，并没有系统的理论，但通过经验的积累，逐步形成了指导工程实践的工法。

15 世纪以后，近代自然科学的诞生和发展，是近代土木工程出现的先声。17 世纪中叶，伽利略开始对结构进行定量分析，被认为是土木工程进入近代的标志。从此土木工程成为有理论基础的独立学科。18 世纪下半叶开始的产业革命，使以蒸汽和电力为动力的机械先后进入了土木工程领域，施工工艺和工具都发生了变革。近代工业生产出新的工程材料——钢铁和水泥，土木工程发生了深刻的变化，使钢结构、钢筋混凝土结构相继在土木工程中广泛应用。第一次世界大战后，近代土木工程在理论和实践上都趋于成熟。近代土木工程几百年的发展，在规模和速度上都大大超过了古代。

第二次世界大战后，现代科学技术飞速发展，土木工程也进入了一个新时代。现代土木工程所经历的时间尽管只有几十年，但以计算机技术广泛应用为代表的现代科学技术的发展，使土木工程领域出现了崭新的面貌，呈现出工程功能化、城市立体化、交通高速化和设施大型化的特点，以及材料轻质高强化、施工过程工业化、项目管理智能化和理论研究精密化的趋势。

1.2.1　古代土木工程

土木工程的古代时期是从新石器时代开始至 17 世纪中叶。随着人类文明的进步和生产经验的积累，古代土木工程的发展大体上可分为萌芽时期、形成时期和发达时期。

大致在新石器时代，无论东方还是西方，人类的建筑活动都是从"洞穴"与"树（巢）居"开始的。原始人为避风雨、防兽害，利用天然的掩蔽物，例如山洞和森林作为住处。我国在北京周口店龙骨山岩洞内发现了最早的人类居住痕迹。当人们学会播种收获、驯养动物以后，天然的山洞和森林已不能满足需要，于是使用简单的木、石、骨制工具，伐木采石，以黏土、木材和石头等，模仿天然掩蔽物建造居住场所，开始了人类最早的土木工程活动。

根据目前我国考古发现和历史记载，初期建造的住所因地理、气候等自然条件的差异，仅有"营窟"和"橧巢"两种类型。《礼记·礼运》载，"昔者先王未有宫室，冬则居营窟，夏则居橧巢"。天气寒冷时就垒土造窟，夏季炎热则"聚薪柴"，形成巢形住处而"居其上"。北方气候寒冷干燥地区多为穴居，后来穴的宽度逐渐扩大，深度逐渐减小。在我国黄河流域的仰韶文化遗址（约公元前5000～前3000年）中，遗存有浅穴和地面建筑，建筑平面有圆形、方形和多室联排的矩形。西安半坡村遗址（约公元前4800～前3600年）出土的新石器时代人们的住处分为圆形房屋和方形房屋。圆形房屋直径为5～6m，室内竖有木柱，以支上部屋顶，四周密排有小木柱，既起承托屋檐的结构作用，又做围护结构的龙骨（图1-6）；方形房屋，其承重方式完全依靠骨架，柱子纵横排列，图1-7是木骨架的雏形。当时的柱脚均埋在土中，木杆件之间用绑扎结合，墙壁抹草泥，屋顶铺盖茅草或抹泥。在同时代的西伯利亚发现用兽骨、北方鹿角架起的半地穴式住所。"半地穴"建筑的居住面一般位于地下0.5～0.8m，地面与居住面之间有斜坡道连接。

图1-6 西安半坡村遗址圆形房屋复原图　　图1-7 西安半坡村遗址1号方形大房子复原图

在地势低洼的河流湖泊附近，则从构木为巢发展为用树枝、树干搭成架空窝棚或地窝棚，以后又发展为栽桩架屋的干栏式建筑。浙江余姚河姆渡新石器时代遗址（约公元前5000～前3300年）中，有跨距达5～6m、联排6～7间的"干栏式"房屋（图1-8），底层架空，构件节点主要是绑扎结合，但个别建筑已使用榫卯结合。在没有金属工具的条件下，用石制工具凿出各种榫卯是很困难的，这种榫卯结合的方法代代相传，延续到后世，为以木结构为主流的我国古建筑开创了先例。西欧一些地方也出现过相似的做法。

图1-8 河姆渡"干栏式"建筑复建图

随着氏族群体日益繁衍，人们聚居在一起，开始出现社区和城市的雏形。从我国西安半坡村遗址还可看到有条不紊的聚落布局，在浐河东岸的台地上遗存有密集排列的40～50座住房，在其中心部分有一座规模相当大的（平面约为12.5m×14m）房屋，称为"大房子"。各房屋之间筑有夯土道路，居住区周围挖有深、宽各约5m的防范袭击的大壕沟，上面架有独木桥。

这时期的土木工程还只是使用石斧、石刀、石锛、石凿等简单工具，所用的材料都是取自当地的天然材料，如茅草、竹、芦苇、树枝、树皮和树叶、砾石、泥土等。掌握了伐木技术以后，就使用较大的树干做骨架；有了煅烧加工技术，就使用红烧土、白灰粉、土坯等，并逐渐懂得使用草筋泥、混合土等复合材料。人们开始使用简单的工具和天然材料建房、筑路、挖渠、造桥，土木工程完成了从无到有的萌芽阶段。

随着生产力的发展，农业、手工业开始分工。从夏商周至秦朝，经历了近两千年的形成时期。在商代（公元前16～前11世纪），开始使用青铜制的斧、凿、钻、锯、刀、铲等工具，为土木工程建设提供了便利。大约自公元前3000年，开始出现经过烧制加工的瓦和砖，形成木构架、石梁柱、券拱等结构体系，并开始出现大型建筑，如宫室、陵墓、庙堂。

图 1-9　商都殷墟遗址

在商朝首都宫室遗址（图1-9）中，残存有一定间距和直线行列的石柱础，柱础上有铜锧，柱础旁有木柱的烬余，说明当时已有相当大的木构架建筑。《考工记·匠人》中有"殷人……四阿重屋"的记载，可知当时已有两层楼，四阿顶的建筑了。西周的青铜器上也铸有柱上置栌斗的木构架形象，说明当时在梁柱结合处已使用"斗"做过渡层，柱间联系构件"额枋"也已形成。这时的木构架已开始有我国传统使用的柱、额、梁、枋、斗拱等。

同时，我国在西周时代已出现陶制房屋板瓦、筒瓦、人字形断面的脊瓦和瓦钉，解决了屋面防水问题。春秋时期出现陶制下水管、陶制井圈和青铜制杆件结合构件。

在古代工程技术实践中，以黄土高原的黄土为材料创造的夯土技术在我国土木工程技术发展史上占有很重要的地位。最早在甘肃大地湾新石器时期的大型建筑就用了夯土墙，河南偃师二里头有夏晚期至早商的夯筑筏式浅基础宫殿群遗址（图1-10），以及郑州发现的商朝中期版筑城墙遗址，安阳殷墟（约公元前1100年）茅茨土阶的夯土台基（图1-11），都说明当时的夯土技术已经成熟。在以后相当长的时期里，我国的房屋等建筑都用夯土基础和夯土墙壁。

春秋战国时期，战争频繁，广泛用夯土筑城防敌。秦代在魏、燕、赵三国夯土长城基础上筑成万里长城（图1-12），后经历代多次修筑，留存至今，举世闻名。

图 1-10　偃师二里头遗址 3 号基址

图 1-11　殷墟宫殿复原图

图 1-12　万里长城

从公元前 21 世纪"大禹治水"开始，我国组织了多次大规模的水利及城市防护工程，并创造了多种桥梁形式。公元前 5～前 4 世纪，在今河北临漳，西门豹主持修筑引漳灌邺，《史记·滑稽列传》载，"西门豹即发民凿十二渠，引河水灌民田"，这是我国最早的多首制灌溉工程。公元前 3 世纪中叶，李冰父子在今四川灌县主持修建都江堰（图 1-13），解决围堰、防洪、灌溉以及水陆交通问题，是世界上最早的综合性大型水利工程。在都江堰上，历代劳动人民采用川西古代的主要建筑材料竹藤、铁索等，因地制宜建设索桥，后历经各代不断完善。宋代称为评事桥，清朝更名为安澜桥（图 1-14），是世界索桥建筑的典范，也是我国著名的五大古桥之一。

图 1-13 都江堰

图 1-14 安澜桥

同时期，在一些国家或地区已形成早期的土木工程。在美索不达米亚（两河流域），制土坯和砌券拱的技术历史悠久。公元前 8 世纪建成的亚述国王萨尔贡二世宫，是用土坯砌墙，用石板、砖、琉璃贴面。

公元前 27～前 23 世纪，为古埃及法老们修筑的陵墓——埃及金字塔（图 1-15），是西方砖石结构古建筑的代表，是世界七大奇迹中最古老且唯一尚存的建筑物。埃及人在大规模的水利工程以及神庙和金字塔的修建中，积累和运用了几何学、测量学方面的知识，使用了起重运输工具，组织了大规模协作劳动。这些金字塔，在建筑上计算准确，施工精细，规模宏大。同时，埃及人建造了大量的宫殿和神庙建筑群，如公元前 16～前 4 世纪在底比斯等地建造的卡纳克神庙建筑群（图 1-16）。

图 1-15 埃及金字塔群

图 1-16 卡纳克神庙建筑群

图 1-17　帕特农神庙

希腊早期的神庙建筑用木屋架和土坯建造，屋顶荷重不用木柱支承，而是用墙壁和石柱承重。约在公元前 7 世纪，大部分神庙已改用石料建造。公元前 5 世纪建成的雅典卫城，在建筑、庙宇、柱式等方面都具有极高的水平。其中，如帕特农神庙（图 1-17）全用白色大理石砌筑，宏大精美，是典型的列柱围廊式建筑。

在城市建设方面，我国现存的春秋战国遗址证实了《考工记》中有关周朝都城的记载，"方九里、旁三门，国（都城）中九经九纬（纵横干道各九条），经涂九轨（南北方向的干道可九车并行），左祖右社（东设皇家祭祖先的太庙，西设祭国土的坛台），面朝后市（城中前为朝廷，后为市肆）"。这时我国的城市已有相当的规模，如齐国的临淄城，宽 3km，长 4km，城壕上建有 8m 多跨度的简支木桥，桥两端为石块和夯土制作的桥台。

随着铁制工具的普遍使用，工程效率不断提高，古代土木工程建设日益成熟，主要体现在：工程材料中逐渐增添复合材料；工程内容则根据社会的发展，道路、桥梁、水利、排水等工程日益增加，宫殿、寺庙规模不断扩大。从设计到施工已有一套成熟的经验。例如，运用标准化的配件方法加速了设计进度，多数构件都可以按"材""斗口""柱径"的模数进行加工；用预制构件，现场安装，以缩短工期；统一筹划，提高效益，如我国北宋的汴京宫殿，施工时先挖河引水，为施工运料和供水提供方便，竣工时用渣土填河；改进当时的吊装方法，用木材制成"戥（děng）"和绞磨等起重工具，可以吊起三百多吨重的巨材，如北京故宫三台的雕龙御路（图 1-18）以及罗马圣彼得大教堂前的方尖碑（图 1-19）等。

图 1-18　雕龙御路

图 1-19　方尖碑

在建筑结构（体系）中，我国古代房屋建筑主要是采用木结构体系，欧洲古代房屋建筑则以石拱结构为主。

我国古建筑在这一时期出现了与木结构相适应的建筑风格，形成独特的我国木结构体系。根据气候和木材产地的不同情况，在汉代即分为抬梁（图 1-20）、穿斗（图 1-21）、井干（图 1-22）三种不同的结构方式，其中以抬梁式最为普遍。在平面上形成柱网，柱网之间可按需要砌墙和安门窗，房屋的墙壁不承担屋顶和楼面的荷重，使墙壁有极大的灵活性。在宫殿、庙宇等高级建筑的柱上和檐枋间安装斗拱。

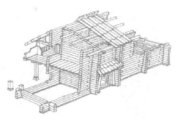

图 1-20　抬梁式结构　　　　　图 1-21　穿斗式结构　　　　　图 1-22　井干式结构

　　佛塔的建造促进了高层木结构的发展，佛教建筑是我国东汉以来建筑活动中的一个重要方面，南北朝和唐朝大量兴建佛寺。公元 2 世纪末，徐州浮屠寺塔的"上累金盘，下为重楼"，是在吸收、融合和创造的过程中，把具有宗教意义的印度窣堵坡竖在楼阁之上（称为刹），形成楼阁式木塔。公元 8 世纪建造的山西五台山南禅寺正殿（图 1-23）和公元 9 世纪建造的佛光寺大殿（图 1-24），是遗留至今较完整的我国木构架建筑。

图 1-23　南禅寺正殿　　　　　　　　　　图 1-24　佛光寺大殿

　　公元 11 世纪建成的山西应县佛宫寺释迦塔（简称应县木塔，图 1-25），塔高 67.3m，八角形，底层直径 30.27m，每层用梁柱斗拱组合为自成体系的完整稳定的构架，9 层的结构中有 8 层是用 3m 的柱子支顶重叠而成，充分做到了小材大用。塔身采用内外两环柱网，各层柱子都向中心略倾，各柱的上端均铺斗拱，用交圈的扶壁拱组成双层套筒式的结构。这座木塔不仅是世界上现存最高的木结构之一，而且在杆件和组合设计上，也隐含着对结构力学的巧妙运用。我国佛教建筑对于日本等国也有很大影响。

　　自公元 1 世纪，我国砖石结构开始发展。在汉墓中已可见到从梁式空心砖逐渐发展为券拱和穹隆顶。根据荷载的情况，有单拱券、双层拱券和多层拱券。每层券上卧铺一层条砖，称为

图 1-25　应县木塔

"伏"。这种券伏结合的方法在后来的拱券工程中普遍采用。自公元 4 世纪北魏中期，砖石结构已用于地面上的砖塔、石塔建筑以及石桥等方面。公元 6 世纪建于河南登封市的嵩岳寺塔（图 1-26），是我国现存最早的密檐砖塔。

西方砖石结构应用较早，在公元前 4 世纪，罗马就采用拱券技术砌筑下水道、隧道、渡槽等土木工程，在建筑工程方面继承和发展了古希腊的传统柱式。公元前 2 世纪，用石灰和火山灰的混合物作胶凝材料（后称罗马水泥）制成的天然混凝土，有力地推动了古罗马的拱券结构的发展。公元前 1 世纪，在拱券技术基础上又发展了十字拱和穹顶。公元 2 世纪时，在陵墓、城墙、水道、桥梁等工程上大量使用拱券。券拱结构与天然混凝土并用，其跨越距离和覆盖空间比梁柱结构要大得多，如罗马万神庙（120～124 年）的圆形正殿屋顶，直径为 43.43m，是古代最大的圆顶庙（图 1-27）。卡拉卡拉浴场（211～217 年）采用十字拱和拱券平衡体系（图 1-28）。古罗马的公共建筑类型多，结构设计、施工水平

图 1-26　嵩岳寺塔

高，样式手法丰富，并初步建立了土木建筑科学理论，如维特鲁威著《建筑十书》（公元前 1 世纪）奠定了欧洲土木建筑科学的体系，系统地总结了古希腊、罗马的建筑实践经验。古罗马的技术成就对欧洲土木建筑的发展有深远影响。

图 1-27　万神庙

图 1-28　卡拉卡拉浴场

中世纪西欧各国的建筑，意大利仍继承罗马的风格，以比萨大教堂（图 1-29）建筑群（11～13 世纪）为代表；其他各国则以法国为中心，发展了哥特式教堂建筑的新结构体系。哥特式建筑采用骨架券为拱顶的承重构件，飞券扶壁抵挡拱脚的侧推力（图1-30），并使用二圆心尖券和尖拱（图 1-31）。巴黎圣母院（1163～1271 年）的圣母教堂是早期哥特式教堂建筑的代表，采用了砖石拱券结构，是一座宗教与世俗生活相混合的建筑。

图 1-29　比萨大教堂

图 1-30　飞券扶壁

图 1-31　二圆心尖券和尖拱

工程工艺技术方面分工日益细致，工种已分化出木作（大木作、小木作）、瓦作、泥作、土作、雕作、旋作、彩画作和窑作（烧砖、瓦）等。到15世纪意大利的有些工程设计，已由过去的行会师傅和手工业匠人逐渐转向出身于工匠而知识化的建筑师、工程师来承担，并出现了多种仪器，如抄平水准设备、度量外圆和内圆及方角等几何形状的器具"规"和"矩"。计算方法方面的进步，已能绘制平面、立面、剖面和细部大样等详图，并且用模型设计的表现方法。

大量工程实践促进了认识的深化，汇集成许多优秀的土木工程著作，涌现了众多的优秀工匠和技术人才，如我国宋喻皓著《木经》、李诚著《营造法式》，以及意大利文艺复兴时期阿尔贝蒂著《论建筑》等。欧洲于12世纪以后兴起的哥特式建筑结构，到中世纪后期已经有了初步的理论，其计算方法也有专门的记录。

1.2.2 近代土木工程

从17世纪中叶到20世纪中叶的300年间，是土木工程发展史中最迅猛的阶段。在这个时期，木材、石料、砖瓦得到日益广泛的使用，并且开始日益广泛地使用铸铁、钢材、混凝土、钢筋混凝土，直至早期的预应力混凝土等多种建筑材料；在理论方面，理论力学、材料力学、结构力学、土力学、工程结构设计理论等学科逐步形成，设计理论的发展保证了工程结构的安全和人力物力的节约；在施工方面，由于不断出现新的工艺和新的机械，施工技术进步，建造规模扩大，建造速度加快。在这种情况下，土木工程逐渐发展到包括房屋、道路、桥梁、铁路、隧道、港口、市政等工程建筑和工程设施，不仅能够在地面，而且有些工程还能在地下或水域内修建。土木工程在这一时期的发展可分为奠基时期、进步时期和成熟时期三个阶段。

17世纪到18世纪下半叶是近代科学的奠基时期，也是近代土木工程的奠基时期。伽利略、牛顿等所阐述的力学原理是近代土木工程发展的起点。意大利学者伽利略在1638年出版的著作《关于两门新科学的谈话和数学证明》中，论述了建筑材料的力学性质和梁的强度，并首次用公式表达了梁的设计理论。这本书是材料力学领域中的第一本著作，也是弹性体力学史的开端。

1687年牛顿总结的力学运动三大定律是自然科学发展史的一个里程碑，直到现在仍然是土木工程设计理论的基础。

瑞士数学家L.欧拉在1744年出版的《曲线的变分法》建立了柱的受压屈曲公式，算出了柱的受压临界屈曲荷载，这个公式在分析工程构筑物的弹性稳定方面得到了广泛的应用。

法国工程师C.-A. de库仑1773年写的著名论文《建筑静力学各种问题极大极小法则的应用》，阐明了材料的强度理论、梁的弯曲理论、挡土墙上的土压力理论及拱的计算理论。这些近代科学奠基人突破了以现象描述、经验总结为主的古代科学的禁锢，创造出比较严密的逻辑理论体系，加之对工程实践有指导意义的复形理论、振动理论、弹性稳定理论等在18世纪相继产生，这就促使土木工程向深度和广度发展。

1825年纳维建立了土木工程中结构设计的容许应力法，19世纪末里特尔等人提出了极限平衡的概念。这为土木工程的结构理论分析打下了基础。

尽管同时期土木工程有关的基础理论已经出现，但就建筑物的材料和工艺看，仍属于古代的范畴，如我国的雍和宫（图 1-32）、法国的卢浮宫（图 1-33）、印度的泰姬陵（图 1-34）、俄国的冬宫（图 1-35）等。土木工程实践的近代化，还有待于产业革命的推动。

图 1-32 雍和宫

图 1-33 卢浮宫

图 1-34 泰姬陵

图 1-35 冬宫

由于理论的发展，土木工程作为一门学科逐步建立起来，法国在这方面是先驱。1716年法国成立道桥部队，1720 年法国政府成立交通工程队，1747 年创立巴黎桥路学校，培养建造道路、河渠和桥梁的工程师。所有这些，表明土木工程学科已经形成。

18 世纪下半叶，J. 瓦特对蒸汽机作了根本性的改进。蒸汽机的使用推进了产业革命。规模宏大的产业革命，为土木工程提供了多种性能优良的建筑材料及施工机具，也对土木工程提出新的需求，从而促使土木工程以空前的速度向前迈进。

土木工程的新材料、新设备接连问世，新型建筑物纷纷出现。1824 年英国人 J. 阿斯普丁取得了一种新型水硬性胶结材料——波特兰水泥的专利权，1850 年左右开始生产。20 世纪初，有人发表了水灰比等学说，才初步奠定了混凝土强度的理论基础。1856 年英国发明家贝塞麦首先公布了转炉炼钢法，钢材得以大量生产，越来越多地应用于土木工程。1851 年英国伦敦建成水晶宫（图 1-36），采用铸铁梁柱，玻璃覆盖。

1867 年法国人 J. 莫尼埃用铁丝加固混凝土制成了花盆，并把这种方法推广到工程中，建造了一座贮水池，这是钢筋混凝土应用的开端。1875 年，他主持建造成第一座长16m 的钢筋混凝土桥。1883 年，詹莱（B. Jenney）建造了 11 层住宅保险大楼，是世界上最先用铁框架（部分钢架）承受全部大楼重力的建筑，被认为是现代高层建筑的开端。1853 年美国人伊莱沙·格雷夫斯·奥的斯发明的安全升降机（现在的垂直升降电梯），使高层建筑的安全、迅速升降成为可能。1889 年法国巴黎建成高 300m 的埃菲尔铁塔（图 1-37），使用熟铁近 8000t，是近代高层钢结构建筑的萌芽。

    土木工程的施工方法在近代土木工程时期开始了机械化和电气化的进程。蒸汽机逐步应用于抽水、打桩、挖土、轧石、压路、起重等作业。19 世纪 60 年代内燃机问世和 19 世纪 70 年代电机出现后，很快就创制出各种各样的起重运输、材料加工、现场施工用的专用机械和配套机械，使一些难度较大的工程得以加速完工；1825 年英国首次使用盾构开凿泰晤士河河底隧道（图 1-38）；1871 年瑞士用风钻修筑 8 英里长的隧道；1906 年瑞士修筑通往意大利的 19.8km 长的辛普朗隧道（图 1-39），使用了岩土机械等先进设备。

图 1-36　英国水晶宫

图 1-37　法国埃菲尔铁塔

图 1-38　泰晤士河河底隧道

图 1-39　辛普朗隧道

    产业革命还从交通方面推动了土木工程的发展。在航运方面，有了蒸汽机为动力的轮船，使航运事业面目一新，这就要求修筑港口工程，开凿通航轮船的运河。19 世纪上半叶开始，英国、美国大规模开凿运河，1869 年苏伊士运河通航和 1914 年巴拿马运河的凿成，体现了海上交通已完全把世界联成一体。在铁路方面，1825 年 G. 斯蒂芬森建成了从斯托克顿到达灵顿、长 21km 的第一条铁路，并用他自己设计的蒸汽机车行驶，取得成功。以后，世界上其他国家纷纷建造铁路。1869 年美国建成横贯北美大陆的铁路，20 世纪初俄国建成西伯利亚大铁路。20 世纪铁路已成为不少国家国民经济的大动脉。1863 年英国伦敦建成了世界第一条地下铁道，长 7.6km。以后世界上一些大城市也相继修建了地下铁道。

    在公路方面，1816 年英国马克当对碎石路面提出了施工工艺和路面锁结理论，提倡积极发展道路建设，促进了近代公路的发展。19 世纪中叶内燃机制成和 1885～1886 年德国 C.F. 本茨和 G.W. 戴姆勒制成用内燃机驱动的汽车。1908 年美国福特汽车公司用传送带大量生产汽车以后，大规模地进行公路建设工程。铁路和公路的空前发展也促进了桥梁工程的进步。早在1779年英国就用铸铁建成跨度30.5m的拱桥。1826年英国T.特尔福德用锻铁建成了跨度177m的麦内悬索桥，1850年R.斯蒂芬森用锻铁和角钢拼接成不列颠箱管桥，1890年英国福斯湾建成两孔主跨达521m的悬臂式桁架梁桥。现代桥梁的三种基本形式（梁式桥、拱桥、悬索桥）在这个时期相继出现了。

近代工业的发展，人民生活水平的提高，人类需求的不断增长，还反映在房屋建筑及市政工程方面。电力的应用，电梯等附属设施的出现，使高层建筑实用化成为可能；电气照明、给水排水、供热通风、道路桥梁等市政设施与房屋建筑结合配套，开始了市政建设和居住条件的现代化；在结构上要求安全和经济，在建筑上要求美观和适用。科学技术发展和分工的需要，促使土木和建筑在19世纪中叶，开始分成为各有侧重的两个单独学科分支。

工程实践经验的积累促进了理论的发展。19世纪，土木工程逐渐需要有定量化的设计方法。对房屋和桥梁设计，要求实现规范化。由于材料力学、静力学、运动学、动力学逐步形成，各种静定和超静定桁架内力分析方法和图解法得到很快的发展。1825年纳维建立了结构设计的容许应力分析法；19世纪末G.D.A.里特尔等人提出钢筋混凝土理论，应用了极限平衡的概念；1900年前后钢筋混凝土弹性方法被普遍采用。各国还制定了各种类型的设计规范。1818年英国不列颠土木工程师会的成立，是工程师结社的创举，其他各国和国际性的学术团体也相继成立。理论上的突破，反过来极大地促进了工程实践的发展，这样就使近代土木工程这个工程学科日臻成熟。

第一次世界大战以后，近代土木工程发展到成熟阶段。这个时期的一个标志是道路、桥梁、房屋等大规模建设的出现。

在交通运输方面，由于汽车在陆路交通中具有快速和机动灵活的特点，道路工程的地位日益重要。沥青和混凝土开始用于铺筑高级路面。1931～1942年德国首先修筑了长达3860km的高速公路网，美国和欧洲的一些国家相继效法。20世纪初出现了飞机，飞机场工程迅速发展起来。钢铁质量的提高和产量的上升，使建造大跨桥梁成为现实。1918年加拿大建成魁北克悬臂桥（图1-40），跨度548.6m；1937年美国旧金山建成金门悬索桥（图1-41），跨度1280m，全长2737m，是公路桥的代表性工程；1932年，澳大利亚建成悉尼海港大桥（图1-42），为双铰钢拱结构，跨度503m。

图1-40 魁北克大桥　　　　图1-41 美国金门大桥　　　　图1-42 悉尼海港大桥

工业的发达，城市人口的集中，使工业厂房向大跨度发展，民用建筑向高层发展。日益增多的电影院、摄影场、体育馆、飞机库等都要求采用大跨度结构。1889年为巴黎世界博览会建造的跨度达115m的机械馆（图1-43），采用三铰拱钢结构，拱最大截面高3.5m，宽0.75m，在与地面相接处却几乎缩小为一点，每点集中压力有120t，陈列馆的墙和屋面大部分是玻璃，是继伦敦水晶宫之后又一次建造出的使人惊异的内部空间。在1913年建成的波兰布雷斯劳百年大厅（图1-44）直径为65m，采用钢筋混凝土肋穹顶结构，是钢筋混凝土建筑史上的一个里程碑。1925年在德国耶拿建成历史上第一幢直径40m，壳厚只有60mm，厚度与跨度之比为1∶667的钢筋混凝土球形薄壳结构耶拿蔡司天文馆（图1-45）。中世纪的石砌拱终于被近代的壳体结构和悬索结构所取代。1931年美国纽约的帝国大厦（图1-46）落成，共102层，高378m，有效面积16万m²，结构用钢约5万t，内装电梯67部，还有各种复杂的管网系统，可谓集当时技术成就之大成，它保持世界房屋最高纪录达41年之久。

 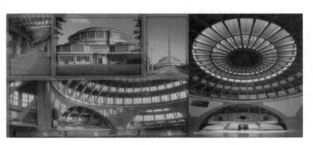

图1-43　巴黎世界博览会的机械馆室内图　　　　图1-44　波兰布雷斯劳百年大厅

图1-45　耶拿蔡司天文馆　　　　　　图1-46　帝国大厦

1906年美国旧金山发生大地震，1923年日本关东发生大地震，1940年美国塔科马悬索桥毁于风振。为增强土木工程项目对抗自然灾害的能力，结构动力学和工程抗灾技术不断发展。另外，超静定结构计算方法不断得到完善，在弹性理论成熟的同时，塑性理论、极限平衡理论也得到发展。

近代土木工程发展到成熟阶段的另一个标志是预应力钢筋混凝土的广泛应用。1886年美国人P. H. 杰克逊首次应用预应力混凝土制作建筑构件，后又用于制作楼板。1930年法国工程师E. 弗雷西内把高强钢丝用于预应力混凝土，克服了因混凝土徐变造成所施加的预应力完全丧失的问题，并与比利时工程师G. 马涅尔于1939年、1940年改进了张拉和锚固方法，于是预应力混凝土广泛地进入工程领域，把土木工程技术推向现代化。

1.2.3　现代土木工程

现代土木工程的显著特征：以社会生产力的现代发展为动力，以现代科学技术为背景，以现代工程材料为基础，以现代工艺与机具为手段。

第二次世界大战后，现代科学技术飞速发展，土木工程也进入了一个新时代。以计算机技术广泛应用为代表的现代科学技术的发展，促进了土木工程领域的快速发展。现代土木工程呈现出工程功能化、城市立体化、交通高速化和工程设施大型化的新特征。在材料、施工、理论三个方面有材料轻质高强化、施工过程工业化和理论研究精细化的新趋势。

从世界范围来看，现代土木工程为了适应社会经济发展的需求，具有以下一些特征：

1. 工程大型功能化

现代土木工程的特征之一，是工程设施同它的使用功能或生产工艺更紧密地结合。现代土木工程为了适应不同工业的发展，有的工程规模极为宏大，如大型水坝混凝土用量达数千万立方米，大型高炉的基础也达数千立方米；有的则要求十分精密，如电子工业和精密仪器工业要求能防微振。现代公用建筑和住宅建筑不再仅仅是传统意义上徒具四壁的房屋，而要求同供暖、通风、给水、排水、供电、供燃气等种种现代技术设备结成一体。

2012 年 7 月 4 日，我国的三峡水电站（图 1-47）建成投入使用。其中大坝高程 185m，蓄水高程 175m，共用 1610 万 m^3 以上的水泥砂石料，若按一米见方的体积排列，可绕地球赤道三圈多。水库长 2335m，总投资 954.6 亿元人民币，安装 32 台单机容量为 70 万 kW 的水电机组，装机容量达到 2240 万 kW，成为全世界最大的水力发电站和清洁能源生产基地。

港珠澳大桥（图 1-48）主体工程由海上桥梁、海底隧道及连接两者的人工岛 3 部分组成。全长 55km，设计使用寿命 120 年，总投资约 1269 亿元人民币，于 2018 年 10 月开通营运。港珠澳大桥的建设创造了多项世界纪录：世界上最长的跨海大桥、世界上最长的海底沉管隧道、世界上最大断面的公路隧道、世界上最大的沉管预制工厂、世界上最大的八向震锤、世界上最大的起重船、世界上最大橡胶隔震支座。作为世界上最大的钢结构桥梁，仅主梁钢板用量就达到了 42 万 t，相当于 10 座鸟巢，或者 60 座埃菲尔铁塔的质量。

图 1-47   三峡水利工程   图 1-48   港珠澳大桥

建于 1957～1959 年的巴西国会大厦（图 1-49），两座高塔中间用一个三层楼高的连接桥，连接着从十四楼到十六楼的空间。办公室、会议室等都沿着塔的外边缘，而处于中心的则是电梯等服务性空间。

建于 1972～1977 年的法国蓬皮杜国家艺术和文化中心（图 1-50）支架由两排间距为 48m 的钢管柱构成，楼板可上下移动，楼梯及所有设备完全暴露。东立面的管道和西立面的走廊均为有机玻璃圆形长罩所覆盖。文化中心的外部钢架林立、管道纵横，并且根据不同功能分别漆上红、黄、蓝、绿、白等颜色。

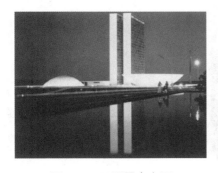

图 1-49　巴西国会大厦　　　　图 1-50　蓬皮杜国家艺术和文化中心

现代土木工程的功能化问题日益突出，为了满足专门和更多样的功能需要，土木工程需要更多地与各种现代科学技术相互融合。

2. 城市综合立体化

随着经济的发展，人口的增长，城市用地更加紧张，交通更加拥挤，这就迫使房屋建筑和道路交通向空间和地下发展。

建筑物的高度已然成为一个国家城市的标志、现代化的象征。第二次世界大战结束后，随着世界经济的复苏和相关技术的日趋成熟，高层建筑如雨后春笋大量兴建，并向超高层发展，形成了世界范围内高层建筑的繁荣。目前已建成世界最高建筑 828m 的哈利法塔（图 1-51）和我国最高世界第二高建筑 632m 的上海中心大厦（图 1-52）高耸云天。正在设计中的未来日本建筑 X—seed4000（图 1-53）预计高达 4000m，更是直冲云霄。

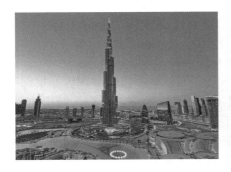

图 1-51　哈利法塔　　　　　　图 1-52　上海中心大厦

1968 年在芝加哥建造了 100 层的约翰•汉考克中心（图 1-54），高 344m；1972 年在纽约建造了两座同样大小的 110 层、高 412m 的世界贸易中心大楼（图 1-55）；1974 年在芝加哥建成的西尔斯大厦（图 1-56），110 层，高 443m，在 1996 年 450m 高的马来西亚石油大厦（图 1-57）建成前的 22 年中，它一直是世界最高建筑。这个时期高层建筑技术的进步很大，高效率的高层建筑结构已经成熟，特别是钢筋混凝土结构技术取得很大发展。

图 1-53   日本 X-seed4000   图 1-54   约翰·汉考克中心   图 1-55   世界贸易中心大楼（原址）

图 1-56   西尔斯大厦   图 1-57   石油双塔大厦

20 世纪 80 年代后期，亚洲太平洋沿岸国家的经济发展速度开始领先于世界，加上该地区的人口密度极大，这就促使这一地区成为当今世界新一轮高层建筑建设的热点地区。在短短的 40 年间，新加坡、日本的东京和我国的香港、上海、深圳等城市便已成为高层建筑的密集之地，建设的数量已经远远超过了欧美。

我国的经济快速崛起，建筑事业蓬勃发展，高层建筑的建筑设计、结构处理与施工技术也逐步地向先进水平迈进，高层建筑的数量突飞猛进，高度也不断突破。1999 年，420.5m 的上海金茂大厦（88 层）建成，使我国超高层建筑施工技术跨入世界先进行列。此后，上海环球金融中心（492m）和上海中心大厦（632m）相继建成。据统计，上海现拥有 100m 以上超高层建筑就达 1000 多幢，排名世界第一。

城市道路和铁路很多已采用高架，同时又向地层深处发展。地下铁道在近几十年得到进一步发展，地铁早已电气化，并与建筑物地下室连接，形成地下商业街。北京第一条地下铁道在 1969 年通车，截至 2022 年 9 月，北京市轨道交通路网运营线路达 27 条、总里程 783km。地下停车库、地下油库日益增多，城市隧道、地下综合管廊得到快速发展。城市道路下面密布着电缆、给水、排水、供热、供燃气的管道，构成城市的脉络。现代城市建设已经成为一个立体的、有机的系统，对土木工程各个分支以及他们之间的协作提出了更高的要求。

3. 交通高速智能化

1928 年至 1932 年期间建成的从科隆至波恩的高速公路，为世界上首条高速公路。高速公路在世界各地较大规模的修建，是第二次世界大战之后。1984 年 6 月 27 日，沈阳至大连高速公路（最初为一级公路标准）动工建设，为我国内地第一条开工兴建的高速公路。截至 2020 年底，我国高速公路总里程已达 16.1 万 km，位居全球第一。

铁路也出现了电气化和高速化的趋势。1964 年建成通车的日本"新干线"（图 1-58）铁路行车时速达 210km 以上，是世界上第一条正式的高速铁路。法国巴黎到里昂的高速铁路 TGV 高速列车运行时速达 260km。从 1909 年我国开通第一条铁路，到我国第一条电气化铁路，再到第一条高铁，再到第一条智能高铁，我国铁路走过了 110 年，也成为世界上高铁里程最长的国家。截至 2021 年 4 月，我国铁路营业里程达 14.63 万 km，其中高速铁路运营里程达 3.79 万 km，最高时速达 350km。100 多年前，詹天佑在北京和张家口之间主持修建了第一条中国人自己建设的铁路——京张铁路。而在京张铁路正式通车第 110 年之际，京张高铁（图 1-59）又用最新的技术和理念，在老京张铁路线上，诞生了我国第一条智能建造、智能装备、智能运营的智能铁路，也是我国第一条智能高铁，时速达 350km/h。从工程角度来看，高速公路、铁路在坡度、曲线半径、路基质量和精度方面都有严格的限制。交通高速化直接促进着桥梁、隧道技术的发展。不仅穿山越江的隧道日益增多，而且出现长距离的海底隧道，其中具有代表性的有英法海底隧道、日本青函隧道和我国的港珠澳大桥海底隧道。

图 1-58　日本"新干线"

图 1-59　京张高铁智能动车组
"龙凤呈祥"和"瑞雪迎春"

4. 设施大型化

20 世纪中叶以来，由于设计理论和施工技术的提高，水利工程建设速度加快，规模增大，200m 以上的高坝不断出现。最高的重力坝是瑞士的大狄克逊坝，坝高 285m；最高的拱坝是苏联于 1981 年建成的英古里坝，坝高为 271.5m；最高的土石坝是塔吉克斯坦共和国的罗贡坝，坝高 325m。中华人民共和国成立以来对水利工程的建设非常重视，经过多年的努力，已取得辉煌的成绩，兴建了 86 000 多座水库，是世界上水库最多的国家之一。被称作工程技术最具挑战性的小浪底水利枢纽和工程规模居世界之最的三峡水利枢纽等工程已交付使用，标志着我国水利建设的规模和技术已达到世界先进水平。除此以外，我国还有更多大型项目，例如大规模跨流域调水工程、世界上规模最大的水力发电站和世界上最大的风力发电基地。

图 1-60　美国"银色穹顶"体育馆

大跨度建筑的形式层出不穷,薄壳、悬索、网架和充气结构覆盖大片面积,满足种种大型社会公共活动的需要。1959 年巴黎建成多波双曲薄壳的跨度达 210m;1976 年美国新奥尔良建成的网壳穹顶直径为 207.3m;1975 年美国密歇根庞蒂亚克建成巨型 168m×220m 气承式充气膜结构"银色穹顶"体育馆(图 1-60),覆盖面积达 35,000m²,可容纳观众 8 万人。我国也建成了许多大跨空间结构,如上海体育场(图 1-61)最大跨度达 288.4m;国家体育场(图 1-62)屋盖部分由多榀旋转交错的格构式门式刚架组成,长轴方向跨度为 332.3m,短轴方向跨度为 296.4m,首次采用国产 Q460 高强钢建造。

图 1-61　上海体育场

图 1-62　国家体育场

1.2.4　土木工程未来发展

1. 高性能可持续将成为未来发展的主旋律

未来的土木工程将从结构的安全性转移到结构的耐久性、使用寿命、抗灾能力以及危及地球生态的资源能源与环境等。因此,土木工程未来将以全寿命设计理论及方法为主要突破口,重点发展高性能结构工程,实现土木工程领域的可持续发展。高性能结构工程针对不同工程结构在不同环境或使用要求下对其性能的不同要求,应具有不同的性能特点和表现形式。例如,在大型立体城市集群构建、深海工程建设、新型能源开发利用、战略物资储备、军事防护设施革新等领域取得颠覆性突破,这些领域中的土木工程具有巨型化、复杂化、超高化、系统化的突出特征。因此对高性能可持续土木工程提出了更综合且更复杂的性能需求。

2. 提升抵御多重灾害的能力是未来发展的重要任务

土木工程是灾害的主要承载体,而土木工程手段则是防灾减灾的主要手段。全球地震、台风、洪水等自然灾害频发,爆炸、火灾、武器打击等人为灾害危机潜伏,这些都对土木工程的综合防灾减灾提出了更深层次的需求。一方面,土木工程结构抗震技术一直是研究热点,预计未来仍将成为重点的攻关方向,从过去的安全单一原则设计法,到现在普遍接受的基于性能的设计法,未来将向可恢复功能乃至可控的目标迈进,工程结构的抗震设计理念仍有广阔的革新空间；另一方面，某一灾害引起的次生灾害以及多灾种的耦合作用，将对土木工程的防灾减灾技术提出全新的挑战，多灾种的物理模型以及全球气候灾变条件下土木工程的灾变模拟与控制将成为该方向的主要难题。

3. 产业转型升级将向工业化和智能化方向发展

世界经济社会发展的总体趋势：老龄化问题日益突出、劳动力持续减少、人力资本显著提高，这些趋势将对土木工程产业形态产生极其深远的影响。传统的土木工程产业模式将越发无所适从，破解难题的核心在于提升土木工程产业的劳动生产率。最近数十年在设计、施工、运维方面广泛采用的 BIM（Building Information Model）技术，为提高效率、提升准确率、可视化、立体化提供了强力支撑。

随着劳动力价格的不断攀升，劳动力缺口将逼迫土木工程产业持续转型升级，向工业化和智能化方向发展。同时，劳动生产率将大幅提升，建设速度将显著加快，工程成本将逐步降低，工程质量将更易控制。我国从 20 世纪末开始了新一轮的工程结构（构件）工厂化生产、二次开发设计，拉开了结构物的工业化、集约化生产施工的序幕，使结构（构件）的质量有了巨大的改善。

4. 多学科交叉与多领域协作将助推技术创新

先进材料科学与土木工程的有机融合，或将引发高性能土木工程材料的革命；先进自动化技术、信息技术、机械技术与土木工程的有机融合，将实现土木工程建造过程的自动化与智能化，土木工程工业化程度将显著提升；先进控制技术、机械技术、电子技术、网络技术与土木工程的有机融合，将推动精细化土木工程试验方法和健康监测技术的深度发展；先进计算技术、软件工程技术、基础力学的发展与土木工程的有机融合，将为土木工程的高性能计算注入新的活力。此外，土木工程不再局限于传统建筑、桥梁、隧道等领域，在和清洁能源、海洋工程、国防工程等新兴领域的广泛合作中，将催生出一系列全新的技术增长点，将成为土木工程科技进步的不竭动力。设计更科学合理、计算更准确无误、施工智能化程度更高、管理更系统全面，已成为现代土木工程的主旋律。这在北京奥林匹克体育馆、港珠澳大桥的建设中得到充分体现。

结构体系的创新作为结构工程学科进步的根本原动力，应当作为土木工程领域未来发展的最重要突破口。发展以高安全性能、高施工性能、高使用性能、高耐久性能、高维护性能和高经济性能等为特征的高性能结构体系，具体包括立体综合巨型结构体系、智能结构体系、广义组合结构体系、功能可恢复结构体系、绿色生态结构体系、长寿命深海结构体系、高性能仓储结构体系、高性能军事防护结构体系等。

发展"新型高性能结构体系关键技术"是实现土木工程领域的可持续发展以及产业转型升级的根本途径，必将成为未来土木工程的战略发展方向。围绕"新型高性能结构体系关键技术"的发展目标，重点突破高性能与智能材料技术、综合防灾减灾技术、地下空间结构建造技术、工业化与绿色建造技术、结构健康监测技术、既有结构性能提升技术等。

而"土木工程综合防灾减灾技术"和"基于全寿命期性能的建筑结构设计、施工与运维技术"是实现新型高性能结构体系的重要支撑技术，也必将成为土木工程领域持续关注的热点方向。理论、试验、计算仍然是土木工程科技研发的三大支撑手段。在理论方面，通过系统集成创新，建立与我国工程结构服役环境相适应的各类结构全寿命设计理论体系；在工程结构试验方面，重点发展与现代信息及控制技术相结合的复杂恶劣服役环境条件下的土木工程精细化试验和测试方法；在工程结构计算方面，重点突破现代土木工程结构仿真分析和优化设计的高性能计算方法。

1.3 土木工程专业介绍

1.3.1 土木工程专业课程安排及能力素养要求

我国高等院校土木工程专业的培养目标是，培养适应社会主义现代化建设的需要、德智体美劳全面发展、掌握土木工程学科的基本理论和基本知识、获得土木工程工程师基本训练、具有创新精神的高级工程科学技术人才，毕业后能从事土木工程设计、施工与管理工作，具有初步的工程规划与研究开发的能力。

专业特点决定了课程的类型，除基础课、公共课之外，还有为培养工程专门人才打下坚实的理论基础的专业基础课，与本专业的工程科技、技能直接相关的专业课，为培养相应的技能和能力的实践类课程，以及为拓宽某些学科领域的知识而开设的选修课等类型。

1. 土木工程专业的主要课程

1）自然科学课程：高等数学、线性代数、概率论与数理统计、大学物理、大学化学等。

2）计算机课程：计算机基础、计算机语言与程序设计、计算机制图与 CAD 技术、BIM 技术等。

3）力学课程：理论力学、材料力学、结构力学、土力学、流体力学、弹性力学与有限元等。

4）专业基础课：土木工程概论、工程制图基础、测量学、工程地质、土木工程材料、房屋建筑学等。

5）专业课：混凝土结构、钢结构、砌体结构、基础工程、工程结构抗震、结构试验、施工技术、施工组织、工程合同与项目管理、工程概预算等。

6）实践类课程：物理试验、力学试验、材料试验、土工试验、结构试验、专业认识实习、测量实习、施工生产实习、毕业实习等。

2. 土木工程专业的能力素质要求

在土木工程专业的系统学习中，要成为称职的土木工程师，除知识的积累外，还应重视以下能力的培养：

1）自主学习的能力：土木工程内容广泛，新的技术又不断出现，因而学生要充分利用学校的教师资源、教育设施和教育环境，发挥自己最积极的学习主动性，可以借助网络、图书馆资源学习新知识。

2）解决复杂工程问题的能力：实际工程问题的解决总是要综合运用各种知识和技能，在学习过程中要注意培养这种综合能力，尤其是实践类的实验、实习和课程设计等。

3）创新的能力：当前社会对创新能力的要求日益提高，在大学学习生活中应当特别注重创新能力的培养。从每一门课程的学习着手，勤学好问，多思多想，开拓思维，培养开拓创新的精神和能力。

4）协调、管理的能力：一项土木建设工程的完成，需要几百人、几千人，甚至上万人的共同努力。因此，培养自己的协调、管理能力非常重要，注重团队合作精神。

1.3.2 土木工程专业从业方向

土木工程专业主要通过学生在校期间的课程学习及实践，培养从事房屋、路桥、隧道、市政、地下等工程的规划、勘测、设计、施工、养护等技术工作和研究工作的高层次工程人才，毕业生可在高校、设计院所和科研单位从事教学、设计、研究工作，也可以在管理、运营、施工、房地产开发等部门从事技术工作。

1. 土木工程专业的从业单位

1）建设单位

建设单位指建设工程项目的投资主体或投资者，它也是建设项目管理的主体。建设单位提出建设规划并提供建设用地和建设资金，然后进行可行性研究分析，通过后即可通过招标投标选择设计单位进行设计，进一步选择施工单位完成建设，并在项目后期运营中获利。

2）勘察设计单位

勘察设计单位是建设工程的勘察设计方，按合同和规范要求提供勘察、设计文件，设计成果主要以施工图的形式体现。对于建筑工程项目，设计单位后期需要参加工程地基与基础、主体结构、建筑节能等分部工程、单位（子单位）工程验收，并出具工程质量检查报告。

3）施工单位

施工单位是建设工程现场实施方，在施工现场进行施工作业技术及管理。施工单位应按所签署的合同中的工期按时交付施工成果，并保证工程质量。

4）监理单位

工程监理单位受建设单位委托，根据法律法规、工程建设标准、勘察设计文件及合同，主要在施工阶段对建设工程质量、造价、进度等进行实时控制，对合同、信息进行管理，对工程建设相关方的关系进行协调，并履行建设工程安全生产管理法定职责的服务活动。

5）工程咨询单位

工程咨询是指遵循独立、科学、公正的原则，运用科学技术、经济管理和法律法规等多学科知识和经验，主要在前期立项阶段、勘察设计阶段为政府部门、项目业主及其他各类客户的工程建设项目决策和管理提供咨询活动的智力服务。咨询单位的服务内容一般包含：规划咨询；编制项目建议书、可行性研究报告等；评估咨询，包括资金申请报告评估、节能评审报告，以及项目后评价、概预决算审查等；指导项目设计单位进行各阶段设计工作，依据国家现行的设计规范、地方的规划要求，对各阶段设计成果文件进行复核及审查，纠正偏差和错误，提出优化建议，出具咨询报告。

2. 土木工程专业的从业发展方向

依据上述土木工程专业主要的从业单位，土木工程专业毕业生可作为工程技术人员在施工企业、房地产开发企业发展，可作为设计人员在设计院所发展，可作为监理人员在监理单位、质监部门工作，也可进一步学习深造，进而以公务员、教师、科研人员等身份进入政府相关部门、大中专院校、科研机构工作。

1）工程技术人员

工程技术人员是土建工程的支柱。选择工程技术道路的大学生，毕业后一般先从施工员或技术员做起，在有一定工程实践经验后可升任工程师或工长。随着我国执业资格认证制度的不断完善，土木行业工程技术人员不但需要精通专业知识和技术，特定职位还必须获得相应的执业资格证书。拟从事工程技术工作的大学生，可选择在施工现场实习。走上工作岗位后，应尽早报考并取得相关的执业资格，为自身进一步发展做准备。

2）工程咨询

工程咨询是高度智能化服务，需要多学科知识、技术、经验、方法和信息的集成及创新。工程咨询行业的代表职位有城市规划师、造价工程师等。以造价工程师为例，毕业生进入工程咨询单位后，应先从造价员做起，积累工作经验，达到一定工作年限后，可考造价工程师，通过自身努力，最终可成为高级咨询工程师。

3）工程监理

随着我国工程监理制度的日益规范和完善，监理行业有着广阔的发展空间。土木工程专业的大学生要进入这个行业，可在通过考试后取得监理员上岗证，此后随工作经验的增加，考取相应级别的执业资格证书。待工作年限满足要求后，可考监理工程师，以便从监理员成为专业监理工程师，获得国家注册监理工程师执业资格证后晋升为总监理工程师。

4）工程检修

使用一定年限后的建筑或工程设施都需要大量技术人员来检测和维修，因此，工程检修也是一个不错的选择。工程检修一般由建设单位内部的工程技术人员实施，可从技术员做起，逐渐晋升为助理工程师、工程师和高级工程师。

1.4　土木工程职业资格

职业资格是对从事某一职业所必备的学识、技术和能力的基本要求。职业资格包括从业资格和执业资格。从业资格是指从事某一专业（工种）学识、技术和能力的起点标准。执业资格是指政府对某些责任较大、社会通用性强、关系公共利益的专业（工种）实行准入控制，是依法独立开业或从事某一特定专业（工种）学识、技术和能力的必备标准。从业资格通过学历认定或考试取得。执业资格通过考试方可取得。

1.4.1　土木工程职业资格制度

职业资格分别由国务院劳动、人事行政部门通过学历认定、资格考试、专家评定、职业技能鉴定等方式进行评价，对合格者授予国家职业资格证书。资格证书是证书持有人专业水平能力的证明，可作为求职、就业的凭证和从事特定专业的法定注册凭证。

对于土木工程而言，从业资格考试即"建筑专业技术人员岗位培训统考"，包括常说的"建筑九大员"（技术员、施工员、质检员、安全员、材料员、测量员、预算员、试验员、资料员）。随着国家对建筑施工领域的要求越来越严格，目前九大员必须持证上岗，建筑九大员考试合格者将持证上岗且全国通用。土木工程执业资格包含各种与土木工程相关的注册工程师证书。我国从20世纪90年代开始已为从事勘察设计的专业技术人员设立了注册建筑师、注册结构工程师、注册土木工程师（岩土）等执业资格，为决策和建设咨询人员建立了注册监理工程师、注册造价师等执业资格，2002 年，为从事建设施工的技术人员设立了注册建造师制度。同时在土木工程相关领域设立了注册规划师、注册房地产估价师、注册资产评估师、注册会计师等执业资格。注册工程师制度作为一种行业准入制度明确了从业人员的素质要求。1997 年 9 月，建设部、人事部印发了《注册结构工程师执业资格暂行规定》，从此，注册结构工程师执业制度在工程建设领域试点并逐步推广开来。1998 年 3 月施行的《中华人民共和国建筑法》第十四条明确规定，"从事建筑活动的专业技术人员，应当依法取得相应的执业资格证书，并在执业资格证书许可的范围内从事建筑活动"，同年开始实施注册造价师、注册监理师执业资格注册考试制度。2001 年 1月，人事部、建设部正式出台的《勘察设计行业注册工程师制度总体框架及实施规划》是建立全行业注册制度的纲领性文件，标志着我国注册工程师制度的全面启动。注册工程师应是土木行业具备良好专业素质的复合型人才。以注册建造师为例，一名注册建造师，应该是懂技术、懂管理、懂经济、懂法规且综合素质较高的复合型人员，既要有一定的专业理论水平，更要有丰富的实践经验和较强的组织能力。土木工程从业资格及执业资格证书报考条件不同，各岗位主要职责也不同。

1.4.2 土木工程职业资格证书

1. 从业资格证书

"建筑九大员"能力要求相对较低，一般专科毕业一年后或应届本科毕业生即可参与相应考试，获取相应证书。考试科目相对简单，一般考一到两科。

2. 执业资格证书

土木工程各种执业资格证书对执业人员要求相对较高，报考资格也相对较高。

1）注册土木工程师（岩土）

注册土木工程师是指取得中华人民共和国注册土木工程师执业资格证书和中华人民共和国注册土木工程师执业资格注册证书，并从事该工程工作的专业技术人员。注册土木工程师分为岩土、港口与航道工程、水利水电工程三个专业。考试分为基础考试和专业考试两部分，基础考试合格方可报考专业考试。土木工程师考试内容几乎涉及大学期间工科所学所有内容，考试较难通过。

基础考试报名条件：取得本专业（指勘察技术与工程、土木工程、水利水电工程、港口航道与海岸工程专业）或相近专业（指地质勘探、环境工程、工程力学专业）大学本科及以上学历或学位；取得本专业或相近专业大学专科学历，从事岩土工程专业工作满 1年；取得其他工科专业大学本科及以上学历或学位，从事岩土工程专业工作满 3 年。基础考试合格，并且满足一定的学历和从业年限要求，可申请参加专业考试。专业考试通过即可注册执业，注册土木工程师（岩土）初始注册有效期为 3 年，有效届满需要继续注册，应当在期满前 3 个月内重新办理注册登记手续。

注册土木工程师（岩土）的执业范围：岩土工程勘察；岩土工程设计；岩土工程咨询与监理；岩土工程治理、检测与监测；环境岩土工程和与岩土工程有关的水文地质工程业务；国务院有关部门规定的其他业务。

2）注册结构工程师

注册结构工程师，是指取得中华人民共和国注册结构工程师执业资格证书和中华人民共和国注册结构工程师执业资格注册证书，从事房屋结构、桥梁结构及塔架结构等工程设计及相关业务的专业技术人员。结构工程师对建设工程的质量负有直接的、重大的责任。注册结构工程师分为一级注册结构工程师和二级注册结构工程师。

结构工程师考试一般在9、10月进行，考试科目为基础考试和专业考试。其中，基础考试包括高等数学、普通物理、普通化学、理论力学、材料力学、流体力学、计算机应用基础、电工电子技术、工程经济、信号与信息技术、土木工程材料、工程测量、职业法规、土木工程施工与管理、结构设计、结构力学、结构试验、土力学与地基基础。专业考试包括钢筋混凝土结构、钢结构、砌体结构与木结构、地基与基础、高层建筑、高耸结构与横向作用、桥梁结构。二级注册结构工程师只考专业课。

注册结构工程师的执业范围：结构工程设计；结构工程设计技术咨询；建筑物、构筑物、工程设施等调查和鉴定；对本人主持设计的项目进行施工指导和监督；住房和城乡建设部和国务院有关部门规定的其他业务。

3）注册建造师

注册建造师是指从事建设工程项目总承包和施工管理关键岗位的执业注册人员。

建造师注册受聘后，可以建造师的名义担任建设工程项目施工的项目经理，从事其他施工活动的管理，从事法律、行政法规或国务院建设行政主管部门规定的其他业务。建造师的职责是根据企业法定代表人的授权，对工程项目自开工准备至竣工验收，实施全面的组织管理。

一级建造师考试一般在9月进行，由全国统一组织；二级建造师考试一般在6月进行，由各省组织。一级建造师考试科目为4科：建设工程经济、建设工程项目管理、建设工程法规及相关知识、专业工程管理与实务。二级建造师考试科目为3科：建设工程施工管理、建设工程法规及相关知识、专业工程管理与实务（6个类别）。

4）注册监理工程师

注册监理工程师是指经全国统一考试合格，取得监理工程师资格证书并经注册登记的工程建设监理人员。作为业主监控质量的代表，监理工程师应当懂得工程技术知识、成本核算，同时需要非常清楚建筑法规。监理人员包括监理员、专业监理工程师和总监理工程师。其中总监理工程师指由监理单位法定代表人书面授权，全面负责委托监理合同的履行。

注册监理工程师考试一般在5月，考试设4个科目：建设工程合同管理，建设工程质量、投资、进度控制，建设工程监理基本理论与相关法规，建设工程监理案例分析。报考条件：工程技术或工程经济专业大专（含大专）以上学历，取得工程技术或工程经济专业中级职务，并任职满3年；取得工程技术或工程经济专业高级职务；1970年（含1970年）以前工程技术或工程经济专业中专毕业，取得工程技术或工程经济专业中级职务，并任职满3年。

5）注册造价工程师

注册造价工程师是指经全国统一考试合格，取得造价工程师执业资格证书并经注册登记，在建设工程中从事造价业务活动的专业技术人员。凡从事工程建设活动的建设、设计、施工、工程造价咨询、工程造价管理等单位和部门，必须在计价、评估、审查（核）、控制及管理等岗位配套有造价工程师执业资格的专业技术人员。造价工程师考试一般在

10月份，考试设4个科目：建设工程造价管理、建设工程计价、建设工程技术与计量（土建、安装）和建设工程造价案例分析。注册造价工程师有学历和从业年限的报考条件。

注册造价工程师执业范围包括：建设项目投资估算的编制、审核及项目经济评价；工程概算、工程预算、工程结算、竣工决算、工程招标底价以及投标报价的编制、审核；工程变更及合同价款的调整和索赔费用的计算；建设项目各阶段的工程造价控制；工程经济纠纷的鉴定；工程造价计价依据的编制、审核；与工程造价业务有关的其他事项。

与土木工程相关的注册执业资格证书还有注册建筑师、注册电气工程师、注册公用设备工程师、注册环境影响评价工程师、注册安全工程师、注册咨询工程师等。如注册建筑师，一般为建筑学专业学生考取；注册电气工程师一般为电气设备专业学生考取。在建筑市场日益规范的今天，执业资格证书是土木工程专业的学生个人发展的基本前提。大学期间应当努力学好专业知识，为以后考取各种执业证书打下基础。

本章小结

（1）土木工程是建造各类工程设施的科学技术的统称，在国家经济建设中具有十分重要的地位。土木工程要解决四大问题：为人类提供功能良好、舒适美观的空间和通道；抵御自然灾害或人为作用力；充分发挥材料的作用；通过有效的技术途径和组织手段，把社会所需要的工程设施建造成功。

（2）土木工程经历了三个发展阶段：古代土木工程，时间跨度大、生产效率低、设计理论匮乏、以自然原材料为主；近代土木工程，更注重科学技术的应用，结构设计理论在土木工程设计中得到应用，大跨、高耸结构不断建成；现代土木工程，土木工程功能化、城市建设立体化、交通运输高速化、工程设施大型化成为主要发展方向。

（3）土木工程专业要培养德、智、体、美、劳全方位的高质量优秀专业人才，为此要开设公共通识课程、基础理论课程、专业基础及专业课程、实践及实习课程。毕业学生应具备自主学习、解决复杂工程问题、创新、协调、管理的能力。

（4）土木工程专业毕业生，应尽早准备取得从业资格证书和执业资格证书：注册土木工程师（岩土）、注册结构工程师、注册建造师、注册监理工程师、注册造价工程师等。

思考与练习题

1-1　土木工程的概念是什么？

1-2　土木工程包括哪些内容？

1-3　请简述土木工程发展史。

1-4　土木工程的未来有哪些发展趋势？

1-5　请列举几项土木工程执业资格证书。

1-6　作为土木工程专业的学生，应该如何学习土木工程？

第 2 章　土木工程中的力学概念和结构

本章要点及学习目标

本章要点：

（1）力、力矩、平衡的概念；（2）外力、反力、内力的概念；（3）强度、刚度、稳定性及应力的概念；（4）变形、位移、挠度的概念；（5）荷载的概念及分类；（6）结构、构件的概念及构件形式和类型；（7）结构的功能及对结构的要求；（8）工程结构受力分析和概念设计的宏观原则。

学习目标：

（1）了解力学、荷载、结构、构件的基本概念和分类；（2）熟悉结构构件的形式和类型；（3）了解结构的功能和对结构的要求；（4）理解结构受力分析和概念设计的宏观原则。

2.1　概述

为了实现各类土木工程设施安全、适用、耐久的目标，力学起着非常重要的作用。通过力学的分析计算，才能保证在使用过程中抵御各种灾害，才能提供一个安全、稳固的工程设施。这正是力学肩负的使命。

各类土木工程设施在施工和使用过程中都要承受各种自然或人为力的作用，把主动作用在工程设施上的外力称作荷载，把工程设施承受荷载并传递荷载而起支撑作用的系统称作结构，把组成结构的单个物体称作构件。

土木工程设施必须首先是一个各部件间没有相对运动的结构，即结构或构件必须能够在荷载作用下维持平衡状态；进而要求各结构或构件在使用过程中不能破坏，保证安全；并在某些情况下也不允许产生过大的变形。例如搁置在支撑上的梁（图 2-1），在力 F 作用下，沿杆件轴线上的各点，都发生位置变化，称为位移，而受弯构件在竖直方向的位移称为挠度，如果变形过大将影响正常使用；再如承受轴向压力 F 的细长杆件（图 2-2）不能承受过大的外力作用，因为过大的外力有可能使细长受压杆件失去其原有的直线形式的平衡而变弯，从而导致其突然失稳而破坏。

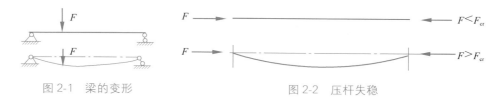

图 2-1　梁的变形　　　　　　　　　　　图 2-2　压杆失稳

概括之，结构应具备如下四种能力：

1. 维持平衡。结构应首先保证其各组成部分之间不会发生相对运动，使之能够在荷载的作用下维持平衡。

2. 足够的强度。结构应具备足够的强度，材料破坏时所需要的应力，即抵抗破坏的能力。如某种材料的抗拉强度、抗剪强度是指这种材料在单位面积上能承受的最大拉力、剪力，即拉应力、剪应力。

3. 足够的刚度。结构应具备足够的刚度，即抵抗变形的能力。所谓变形是指在外力作用下物体形状的改变，它包括位移（挠度）和转角。

4. 良好的稳定性。结构应具备良好的稳定性，即保持其原有平衡形态的能力。

一般来说，只要结构或构件选择稳固的连接、较好的材料和较大的截面尺寸就可以满足平衡、强度、刚度和稳定性的要求，但势必造成材料的浪费和经济上的损失。所以，如何保证所设计的结构或构件既安全可靠又经济适用，就必须对上述四种能力与结构或构件本身材料性能、截面形状、尺寸和支承方式等一系列因素间的关系进行分析，研究结构或构件的受力情况、平衡条件和变形、破坏规律。这就是力学所要解决的问题。

2.2 力、力矩和平衡

2.2.1 力的概念

力是人们在长期的生产实践和日常活动中逐渐总结和抽象出来的一个物理概念。最初，当人们推、拉、举或抛掷物体时，由于肌肉紧张收缩的感觉，逐渐对力产生了感性认识，人们会说这件物体很重（或轻），后来，随着生产实践的发展对事物有了进一步的认识，认识到力对物体的作用效果。例如：用力推小车，可以使小车由静止到运动；用力弯钢筋，可以使钢筋变弯曲等。人们把这种对力的认识总结概括为：力是物体间的相互作用，这种作用使物体的运动状态发生变化，同时也使物体的形状发生改变（变形）。前者是指物体受力后运动速度大小或方向的改变称为力的外效应；后者是指物体受力后大小和形状的改变称为力的内效应。前者是就整个物体的运动状态而言的，也称为运动效应；后者是就物体内部各质点的运动而产生的变形而言的，也称为变形效应。

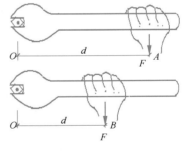

图 2-3　力的三要素

实践证明，力对物体的作用效果取决于力的大小、方向和作用点，这三个因素中的任何一个因素改变，都会使其作用效果改变（图 2-3），故称力的大小、方向、作用点为力的三要素。力是一个有方向的量，即为矢量。这些分别是理论力学、材料力学和结构力学所研究的内容。

2.2.2 力矩的概念

用扳手转动螺母时（图 2-4），作用于扳手一端的力 F 使扳手产生的转动效应，不仅与力 F 的大小成正比，而且还与螺母转动中心 O（称为矩心）到力 F 作用线的垂直距离 d

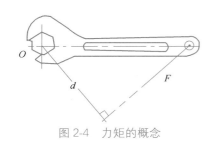

图 2-4　力矩的概念

（称为力臂）成正比。因此，在力学上将"$F \times d$"作为力 F 对物体绕 O 转动效应的度量，并称为力 F 对矩心 O 的矩，称为力矩。

平面力对点的矩是代数量。因为在确定平面内，力矩只有大小和转向两个要素，用代数量就足以描述。

空间力对点的矩因有大小、作用面以及在作用面内的转向三个要素，故必须定义为矢量。

2.2.3　平衡与平衡状态

当一个物体受多个力作用时，可能这些力的合力不能使物体产生运动的原因是这些力的作用被相互抵消。最简单的例子（图 2-5a），是一个物体在两个大小相等、方向相反，且作用在同一条直线上的力作用下的情况。此时，这个物体或这些力处于（移动）平衡状态。即两个力对物体的运动效应为零，合力 $\sum \boldsymbol{F} = 0$。

处于平衡时，物体没有运动。所谓没有运动，是指物体保持原有状态不变即维持平衡状态，所有力和力矩之和必定分别为零。因为力和力矩是两种不同的物理量，各自有不同的计量单位，所以必须分开考虑。

如图 2-5（b）所示，用图形表示合力为零，表明：在平衡状态下，如果把各作用力矢量的头尾相互连接，将形成一个封闭的多边形，即最后一个作用力矢量的箭头将与第一个作用力矢量的箭尾相接。将力矩看作矢量，上述规则也同样适用。

力矩既可按顺时针转动，也可按逆时针方向转动，如图 2-6 所示两手操纵方向盘，方向盘不能转动，即当两个方向转动效应之和为零（$\sum \boldsymbol{M} = 0$）时，物体处于转动平衡状态。

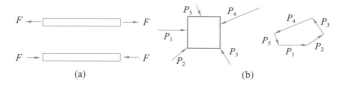

图 2-5　（移动）平衡状态　　　　　图 2-6　转动平衡状态

2.2.4　外力、反力和内力

一般，作用于物体上的多个力不处于平衡状态，甚至一些力还是在不断变化的，然而，物体通常是静止的，即处于平衡状态。显然，为了保持这一平衡状态，要有其他作用于此物体的力与施加的力处于平衡状态，称这样的力为反力，它们"反作用"于该物体以保持物体的平衡。这些反作用于物体上的力通常由物体的支承体提供。

能引起物体运动的作用力可以看作是主动力。同样，一个约束物体运动的作用力可以看作是物体的反作用力。

前面所讲到的力包括有主动力和反作用力，它们都可以看作是外力，因为它们作用在物体的边缘（或作用于所考虑物体的一部分上）。

　　显而易见，为了使反作用力与主动力处于平衡状态，主动力必须以某种方式"通过"或"穿过"物体而到达支承，或换另外一种说法，此物体必须将该主动力"传递"到支承。

　　"力传递"这一概念有些模糊，实际上是指在物体内存在着内力，如图 2-7 所示内力的含义。显然，人们是不能通过观察整体物体看到内力的，但是，如果假想在物体的任一点处将它截断，很显然这个物体没有倒塌分离是因为它的任何相邻的两部分之间都存在着相互作用的力。

　　物体是由质点组成的，物体在没有受到外力作用时，各质点间本来就有相互作用力。物体在外力作用下，内部各质点的相对位置将发生改变，其质点的相互作用力也会发生变化。这种由于外力作用而引起的物体内部相互作用力的改变量，称为内力（或附加内力）。

　　这种内力随外力的增大、变形的增大而增大，当内力达到某一限度时，就会引起构件的破坏。所以研究物体在外力作用下内力的大小及其限度问题是力学的重要内容。

　　根据杆的变形形式（图 2-8）不同，对应的内力一般包括：轴力、剪力、弯矩和扭矩。

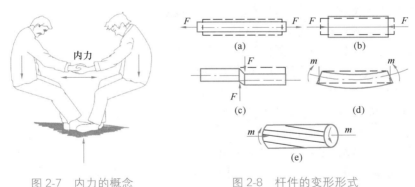

图 2-7 内力的概念   图 2-8 杆件的变形形式

（a）拉伸；（b）压缩；（c）剪切；（d）弯曲；（e）扭转

　　沿轴向作用，将引起杆的轴向伸长（拉力）或缩短（压力），称此内力为轴力，轴力又分为轴向拉力和轴向压力。

　　将分别使杆的左、右两侧截面发生相对错动，即引起剪切变形，称此切向内力为剪力。

　　将分别使杆的左、右两侧截面发生转动，即引起弯曲变形，称此内力偶矩为弯矩。

　　将使杆的左、右两侧截面发生相对转动，即引起扭转变形，此称内力偶矩为扭矩。

2.3 荷载和作用

2.3.1 基本概念

　　进行工程结构设计的目的就是要保证结构具有足够地抵抗自然界各种作用的能力，结构设计的第一步就是要确定结构上的作用。

我国《建筑结构可靠性设计统一标准》GB 50068—2018 对结构上的作用有明确的阐述。所谓结构上的作用是指施加在结构上的集中力或分布力和引起结构外加变形或约束变形的原因。

当以力的形式（集中力或分布力）作用于结构上时，称为直接作用，习惯上称为荷载。荷载也就是直接作用于结构上的主动外力，是引起结构内力和变形的原因。例如由于地球引力而作用在结构上的结构自重，如人群、家具、设备、车辆等重力，以及雪压力、土压力、水压力等。

当以变形的形式（外加变形或约束变形）作用于结构上时，称为间接作用。外加变形是指在不均匀沉降、地震等因素作用下，造成基础倾斜、地面运动等边界条件发生变化而产生的位移和变形。约束变形是指在温度变化、湿度变化及材料收缩等因素作用下，由于存在外部约束而产生的内部变形。

2.3.2   作用分类

《建筑结构可靠性设计统一标准》GB 50068—2018 将结构上的作用（荷载）进行了分类。

1. 按作用（荷载）延续的时间长短

1）永久作用（永久荷载亦称恒荷载）

永久作用是指在设计使用年限内始终存在且其量值变化与平均值相比可以忽略不计的作用（荷载），或其变化是单调的并能趋于限值的作用（荷载）。永久作用可分为以下几类：①结构自重；②土压力；③水位不变的水压力；④预应力；⑤地基变形；⑥混凝土收缩；⑦钢材焊接变形；⑧引起结构外加变形或约束变形的各种施工因素。

2）可变作用（可变荷载亦称活荷载）

可变作用是指在设计使用年限内其量值随时间变化，且其变化与平均值相比不可忽略不计的作用。可变作用可分为以下几类：使用时人员、物件等荷载；施工时结构的某些自重；安装荷载；车辆荷载；吊车荷载；风荷载；雪荷载；冰荷载；多遇地震；正常撞击；水位变化的水压力；扬压力；波浪力；温度变化。

3）偶然作用

偶然作用是指在设计使用年限内不一定出现，而一旦出现，其量值很大，且持续时间很短的作用。偶然作用可分为以下几类：①撞击；②爆炸；③罕遇地震；④龙卷风；⑤火灾；⑥极严重的侵蚀；⑦洪水作用。

设计使用年限：设计规定的结构或结构构件不需要进行大修即可按预定目的使用的年限。

2. 按作用（荷载）的性质

1）静态作用（静荷载）

当作用（荷载）在结构上变化速度缓慢不会引起结构产生加速度或产生的加速度可以忽略不计时，这种作用（荷载）叫静态作用。

2）动态作用（动荷载）

当作用（荷载）在结构上其大小和作用方向均随时间而变化，能引起结构产生加速度，且不可忽略不计时，这种作用（荷载）叫动态作用。

3. 按作用（荷载）的方向

1）竖向作用（荷载）

竖向作用（荷载）即地球对物体的引力或称重力。其方向铅垂，使结构构件有往下运动趋势。物体都有重力，如工程设施本身的材料、其中的人与物品、其上的雨雪等。

2）水平作用（荷载）

水平作用（荷载）是使结构有侧向运动（如滑移、歪斜、倾覆等）趋势，即物体受到水平方向的作用，如人的推力，水、土侧压力，风荷载，地震作用等。

4. 按荷载的作用点位置分布

1）集中荷载

当荷载作用于结构面积很小时，可以认为荷载集中作用在结构上一点，称为集中荷载。

2）分布荷载

连续分布在结构上线或面的荷载，称为分布荷载。

2.4 作用效应

任何一种作用（荷载）都会使结构或构件产生弯矩、剪力、轴力，称为内力效应；同样还都会产生位移和挠度，称为变形效应。内力效应和变形效应又统称作用（荷载）效应。

2.5 结构和对结构的要求

2.5.1 结构

《建筑结构可靠性设计统一标准》GB 50068—2018 对结构的定义是：能承受作用并具有适当刚度的由各连接部件有机组合而成的系统。更确切地说，结构是用以抵抗施加在其上的作用（荷载）的有机组合的整体。

2.5.2 结构构件和类型

结构构件是指结构在物理上可以区分出的部件。

1. 构件形式

构件的形式决定了在它们内部所发生的内力的种类和内力的大小，对于能够得到的结构效应有明显的影响。一般结构的基本构件有以下几种形式：

1）板

板指平面尺寸远大于其厚度的水平设置的平面形构件，承受垂直于平面方向的荷载，以受弯曲为主。

（1）按截面形式不同，可分为：实心板、空心板、槽形板等。

（2）按所用材料不同，可分为：木板、钢板、钢筋混凝土板以及两种或两种以上材料组成的组合板等。

板（图 2-9）在建筑工程中一般应用于楼板、屋面板等。

图 2-9   建筑工程中的板

（a）木楼板；（b）镀锌钢楼板；（c）钢筋混凝土现浇楼板；
（d）钢筋混凝土空心楼板；（e）钢筋混凝土槽形板

2）梁

梁指截面尺寸小于其长度的水平设置的直线（曲线）形构件，承受垂直于其纵轴方向荷载，以受弯曲、剪切为主。

（1）按截面形式（图 2-10）不同，可分为：矩形梁 、T 形梁 、工字形梁、花篮形梁、倒 L 形梁、槽形梁、Z 形梁、箱形梁、叠合梁等。

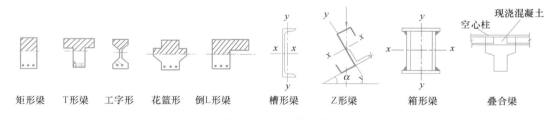

矩形梁   T形梁   工字形   花篮形   倒L形梁   槽形梁   Z形梁   箱形梁   叠合梁

图 2-10   梁的截面形式

（2）按所用材料不同，可分为：木梁、钢梁、钢筋混凝土梁以及各种组合梁等。

（3）按在结构中的位置不同，可分为：主梁、次梁、连梁、圈梁、过梁、挑梁等。

（4）按支承方式（图 2-11）不同，可分为：简支梁、悬臂梁、两端固定梁、连续梁、一端简支一端固定梁。

3）柱

柱指截面尺寸小于其高度的竖直设置的直线形构件，承受平行于其纵轴方向荷载，以受压缩、弯曲为主。

（1）按截面形式（图 2-12）不同，可分为：方柱、圆柱、管柱、矩形柱、工字形柱、

图 2-11　不同支承方式的梁

（a）简支梁；（b）悬臂梁；（c）两端固定梁；（d）连续梁；（e）一端简支一端固定梁

H 形柱、T 形柱、L 形柱、十字形柱、双肢柱、格构柱等。

（2）按所用材料不同，可分为：石柱、砖柱、砌块柱、木柱、钢柱、钢筋混凝土柱、劲性钢筋混凝土柱、钢管混凝土柱以及各种组合柱。

（3）按柱的破坏特征或长细比不同，可分为：短柱、长柱和细长柱。短柱在轴心荷载作用下的破坏是材料强度破坏；细长柱在同样荷载作用下的破坏是屈曲，丧失稳定。

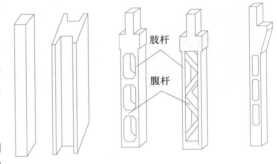

图 2-12　柱截面形式

（4）按轴向力作用位置的不同，可分为：轴心受压构件和偏心受压构件。

轴心受压构件的截面形式一般为正方形或边长接近的矩形，有特殊要求的情况下，亦可做成圆形或多边形；偏心受压构件的截面形式一般多采用矩形截面。为了节省混凝土及减轻结构自重，装配式受压构件也常采用工字形截面或双肢截面形式。同时钢筋混凝土受压构件的截面形式还要考虑到受力合理和模板制作方便等因素。

4）墙

墙指平面尺寸远大于其厚度的竖直设置的平面形构件，承受平行于和垂直于平面方向荷载，以受压缩为主，有时也受弯曲和剪切。

5）基础

基础指建筑底部与地基接触的承重构件，它的作用是把建筑上部的荷载传给地基。

（1）按使用的材料不同，可分为：灰土基础、砖基础、毛石基础、混凝土基础、钢筋混凝土基础等。

（2）按埋置深度不同，可分为：浅基础、深基础。基础的埋深不超过5m时，称为浅基础。基础的埋深大于5m时，称为深基础。

（3）按材料的受力性能不同，可分为：刚性基础和柔性基础。刚性基础是指用抗压强度较高，而抗弯和抗拉强度较低的材料建造的基础。所用材料有混凝土、砖、毛石、灰土、三合土等，一般可用于六层及其以下的民用建筑和墙承重的轻型厂房。柔性基础是指用抗拉和抗弯强度都很高的材料建造的基础，一般用钢筋混凝土制作。这种基础适用于上部结构荷载比较大、地基比较柔软、用刚性基础不能满足要求的情况。

（4）按基础构造形式（图2-13）不同，可分为：条形基础、独立基础、满堂基础和桩基础。满堂基础又分为筏形基础和箱形基础。

图2-13   基础构造形式

（a）条形基础；（b）独立基础；（c）筏形基础；（d）箱形基础；（e）桩基础

6）杆

杆指截面尺寸小于其长度的直线形杆件，承受与其长度方向一致的轴向荷载，受拉伸或压缩，多用于组成桁架、网架或用于单独承受拉力的拉杆。

7）拱

拱指截面尺寸小于其弧长的曲线形构件，承受沿其纵轴平面内的荷载，以受压缩为主，也受弯曲和剪切。

8）壳

壳指具有较大曲面尺寸和较小厚度的曲面形构件，是一种具有很好空间传力性能，能以较小厚度覆盖大跨度空间的构件，以受压缩为主。

9）索

索是一种以柔性受拉钢索组成的，具有直线形或曲线形的构件，只能受拉伸。

10）膜

膜是一种用薄膜材料（如玻璃纤维布、塑料薄膜）制成的构件，只能受拉伸。

2. 构件类型

整体结构的性能主要取决于它所包含的构件类型和这些构件的连接方式。结构构件的类型有：

1）按构件几何形状不同

可分为：线形构件和面形构件。

又可细分为：

（1）直线形构件：指截面尺寸比其长度小得多的直线构件，如梁、柱、杆、索等。

（2）曲线形构件：指截面尺寸比其弧长小得多的曲线构件，如曲梁、拱、悬索等。

（3）平面构件：指平面尺寸比其厚度大得多的构件，如板、墙等。

（4）单曲面构件：指面尺寸比其厚度大得多的，且只有一个方向有曲率，另一方向曲率为零的曲面构件，如拱板、单曲面筒壳、单曲索面等。

（5）双曲面构件：指面尺寸比其厚度大得多的，且两个方向都有曲率的曲面构件，如球壳、扭壳、充气构件、双曲拉索等。

2）按构件传递荷载的路线不同

（1）单向支承构件：指只沿一个方向将外加荷载传给支承构件，线形和单曲面构件为单向传递荷载，也称单向支承构件。

（2）多向支承构件：指沿两个或两个以上方向（如沿两侧边、四侧边、圆周边）将外加荷载传给支承构件，平面和双曲面构件为多向传递荷载，也称多向支承构件。

多向支承构件比单向支承构件更优越，它能更节约材料，增大构件刚度，减小构件截面尺寸。

3）按构件的刚性特征不同

（1）刚性构件：指在荷载作用下仅有一定挠度和位移，而无其他显著形状改变的构件，如板、梁、柱、墙、基础。

（2）柔性构件：指在一种荷载作用下只有一个形状的构件。即当荷载性质发生变化（分布荷载变为集中荷载），其形状也会突然变化的构件，如缆索、薄膜。

4）按构件的受力状态不同

（1）受弯（剪）构件：指构件在受到荷载作用时，截面上主要产生弯矩与剪力，如梁、板。

（2）受压构件（含压弯构件）：指构件在受到荷载作用时，截面上主要产生压力和弯矩，如柱、墙、拱、壳壁。

（3）受拉构件（含拉弯构件）：指构件在受到荷载作用时，截面上主要产生拉力和弯矩，如桁架和网架结构中的拉杆，以及索结构中的索、膜结构中的膜等柔性构件。

（4）受扭构件：指构件在受到荷载作用时，截面上主要产生扭矩，如曲梁等刚性构件。

2.5.3 结构的功能要求

各种类型结构，尽管各有特点，但却又都具有两个共同点：一是它本身必须符合力学的规律性；二是它必须能够形成或覆盖某种形式的空间。没有前一点就失去了科学性；没有后一点就失去了使用价值。虽然结构的科学性和它的实用性有时会出现矛盾，但设计人员既不能损害功能要求，而牵强地套用结构所形成的某种空间形式中，也不能损害结构的科学性，而勉强拼凑出一种空间形式来适应功能要求。

结构的功能可以概括为：提供阻止建筑物或构筑物倒塌所需的强度和刚度。

一般来说结构在服务土木工程设施上主要有 4 个方面的使命：

1. 空间的构成者：如各类建筑、桥梁，以及各种构筑物（如水塔、贮液池、挡土墙等），反映的是人类对物质的需要。

2. 体形的展示者：如建筑物是历史、文化、艺术的产物，各种形状的建筑物都要用结构来展现，反映的是人类对精神的需求。

3. 荷载的传承者：承载着工程设施的各种荷载并有效地传递到地基上，使之保持良好的使用状态。

4. 材料的利用者：结构是由各种材料（如钢结构、木结构、钢筋混凝土结构等）为物质基础组成的。

结构作为支承者的能力实质上是材料强度和刚度性能的反映；结构发生的变形和位移实质上是材料应变性能的反映；工程设施自身的物理、化学性能，如质量、体积、胀缩、腐蚀等，都是组成它的材料性能的反映。一般来说，工程设施所花的费用大部分用在结构材料上。

设计的根本矛盾之一是"以较少、较好的材料达到最佳的效果"，这个矛盾的主要方面是通过巧妙的结构设计来解决的。由此可见：结构存在的根本目的，是服务于人类对空间的应用和美观需求；结构存在的根本原因，是抵御自然界对工程设施生成的各种荷载；结构存在的根本条件，是利用并发挥各种材料的作用。

2.5.4　对结构的要求

结构是在一个空间中用各种基本结构构件组合建造成的有某种特征的机体，为工程设施的持久使用和美观需求服务，对人们的生命财产提供安全保障。一个优质的结构应该具有以下特色：

在应用上，要充分满足空间和多项使用功能要求；

在安全上，要完全符合承载（强度）、变形（刚度）、稳定的持久需要；

在造型上，要能够与环境和艺术融为一体；

在技术上，要力争体现科学、技术和工程的新发展；

在建造上，要合理用材、节约能源、与施工实际密切结合。

2.5.5　工程结构受力分析和概念设计的宏观原则

1. 受力平衡原则

处于静止状态的工程结构或工程结构的部分，作用于其上的所有力是相互平衡的。结构在重力、风、地震等外力作用下，会产生维持结构不会变形或破坏的支持力（内力）。受力平衡原则表明静平衡状态的结构内力和外力是平衡的，而对于平衡状态的结构，其内力和外力也是平衡的，如图 2-14 所示。

2. 变形协调原则

工程结构受力后会发生变形，这种变形是协调的。也就是说，工程结构上的某一点，其左右侧的位移或上下侧的位移，或从不同的角度来考虑计算，在结构不发生破坏时总是协调一致的。

如图 2-15 所示，E 点竖向挠度按 AB 方向或

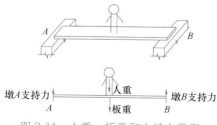

图 2-14　人重、板重和支持力平衡

按 CD 方向考虑均为 Δ。

3. 力走捷径原则

作用在工程结构上的外力会按"走捷径"的方式将力传到结构的支撑物上。从另一方面讲，能使作用在结构上的力按最短捷的路线传到支撑物上的工程结构会把结构的承载功能发挥得最好。

如图 2-16 所示，梁和柱的传力特点表明柱的传力最短捷，结构的承载功能必然发挥得最好。

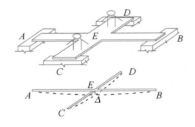

图 2-15 E 点变形协调

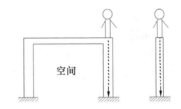

图 2-16 梁和柱的传力

4. 刚者多劳原则

多种结构或构件共同工作时，刚度大的结构或构件分配到的须承载的作用大。

如图 2-17 所示，当墙 A 和柱 B、C 共同承受水平力 P 时，墙 A 水平刚度大，水平变形小，柱 B、C 水平刚度小，水平变形大，故墙 A 承受水平力 P 的绝大部分。

5. 共生突变原则

在工程结构中，刚度突变和内力突变是共生的，也就是说结构刚度的突然变化必然会引起结构的内力突变和应力（单位面积上的内力）突变，因此工程结构应设计得尽可能地规整、对称、均匀、光滑和缓变。

如图 2-18 所示，竖向有刚度突变的墙结构，在刚度突变 A 处有应力突变，处理不当会形成结构的薄弱层。

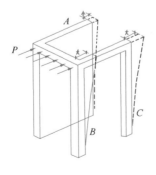

图 2-17 刚者多劳

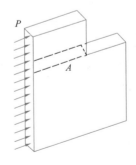

图 2-18 刚度突变处

6. 多重设防原则

为防止部分结构构件破坏引起整个结构的破坏，工程结构应多重设防，使结构构件系统有能力前赴后继地履行和完成工程结构的承载功能。具有多重设防能力的工程结构通常都是超静定结构（不能单纯靠力的平衡原则来唯一确定结构受力，还必须附加变形协调原则来共同确定）。

7. 避脆保稳原则

结构破坏分延性破坏和脆性破坏两种：延性破坏在破坏前有比较明显的变形发生（破坏有前兆，有预警），而脆性破坏在破坏前无明显变形发生（破坏无前兆，无预警）。因此，脆性破坏非常危险，要尽量避免。另外，结构失稳会导致工程结构整体倾塌，因此，也必须确保工程结构不会失稳。工程结构抗震设计的基本原则——三强三弱（强柱弱梁、强剪弱弯、强节点强锚固弱构件）就是这一原则的推论。

8. 满约束原则

这一原则实际是一种优化设计原则，其概念是：一般情况下，若使结构材料的承载能力得到充分发挥，应使结构能抵抗外作用的能力恰好等于结构可能遭受到的外作用效应，则结构会设计得最经济合理。结构优化设计中的满应力设计、满应变能设计等都是这一原则的推论。

本章小结

（1）力的大小、方向和作用点决定了力对物体的作用效果。物体没有运动即物体处于平衡状态。外力的作用效果会引起内力和变形，内力包括拉力、压力、弯矩、剪力和扭矩。

（2）引起结构产生内力和变形的所有原因称为作用。直接以力的形式表现的作用称为荷载。常用的荷载按作用时间分永久荷载、可变荷载和偶然荷载；按作用方向分竖向荷载和水平荷载；按力的分布形式分集中荷载和分布荷载。

（3）用以抵抗荷载的承重体系称为结构，组成结构的杆件称为构件。安全、适用、耐久是对结构的功能要求。

思考与练习题

2-1　试述并区别下列基本概念：①内力、外力、反力；②拉力、压力、弯矩、剪切和扭矩；③转动平衡和移动平衡；④作用、荷载、结构、构件。

2-2　结构构件所起的作用是什么？

2-3　试述力学和结构之间的紧密联系。

2-4　土木工程中的结构应具有什么功能？

第 3 章　土木工程材料

本章要点及学习目标

本章要点：

(1) 土木工程材料的基本物理性质和分类；(2) 常见土木工程材料的主要技术性质和适用范围。

学习目标：

(1) 熟悉土木工程材料的基本物理性质；(2) 了解水泥、混凝土、钢材等常见土木工程材料的分类、主要技术性质以及适用范围。

3.1　土木工程材料性质与分类

3.1.1　性质

土木工程结构中的不同部位的土木工程材料发挥着不同的作用。土木工程材料应具备与之相适应的性质。例如，结构材料应具备所必需的力学性能和耐久性能；屋面材料应具备绝热、抗渗性能；地面材料应具备耐磨性能。根据土木工程材料在结构中的不同使用部位和功能，土木工程材料应具备与之适应的强度、绝热、吸声、耐腐蚀、抗渗等性能。尤其是对于长期暴露于大气环境中的土木工程材料应具备抵抗风吹、雨淋、日晒、冰冻等破坏作用的能力。因此，对土木工程材料的性质要求是非常全面及严格的。土木工程材料所具备的性质本质上取决于组成、结构和工艺等因素。

1. 物理性质

1) 密度

与土木工程材料体积有关的性质主要有密度、表观密度和堆积密度。密度是指在绝对密实状态下，单位体积材料的质量。其中绝对密实状态下的体积是指不包括材料内部孔隙的体积。表观密度是指材料在干燥状态下单位体积的质量，也称为视密度。其中干燥状态下的体积包括多孔材料的开口孔隙和闭口孔隙的体积。堆积密度是指散粒状材料在堆积状态下单位体积的质量。其中堆积状态下的体积包括颗粒体积和颗粒之间空隙的体积。密度和表观密度主要是用来评价单体材料的性质，例如评价一块石材或是一块砌块的密度。堆积密度是用来评价一堆散粒状材料的密度，如评价一堆砂子或者石子的密度。各种密度主要是为确定土木工程材料用量、计算构件自重、配料、规划堆料场地等提供计算依据。

2) 孔隙结构

材料的孔隙结构是指孔隙的几何形状、孔径大小和分布、孔隙连通状态。材料内部孔隙可分为连通与封闭两种，连通孔隙彼此贯通且与外界相通，封闭孔隙不仅彼此不连通且与外界隔绝。孔隙按照尺寸可分为极微细孔隙、细小孔隙和较粗大孔隙。孔隙率、孔径大小和分布及连通状态，对材料的物理和力学性质都具有重要影响。例如，对于普通混凝土，可以通过掺加引气剂在混凝土内部引入适量的均匀微小气泡来提高混凝土抗冻性。

3）与水有关的性质

与水有关的性质包括亲水性、憎水性、吸水性、吸湿性、耐水性等。材料与水接触时能被水润湿的性质称为亲水性。反之，与水接触时不能被水润湿的性质称为憎水性。亲水性材料一般有吸水性，需考虑防水、防潮问题；憎水性材料不能被水润湿，水分不易渗入材料毛细管中，因此常被用作防水材料。吸水性指材料吸收水分的能力，与孔隙特征密切相关。吸湿性是指材料吸收空气中的水分的能力，主要与孔隙特征和空气相对湿度有关。材料的耐水性主要用软化系数来评价。材料的软化系数越高，说明材料的耐水性越好。

4）与声有关的性质

与声有关的性质主要有吸声性和隔声性。材料能吸收声音的性质称为吸声性，用吸声系数来表示。吸声系数不低于0.20的材料称为吸声材料，如玻璃棉、岩棉、矿棉等纤维材料及其板、毡制品，开口石膏板、软质纤维板等。材料的隔声性是指材料隔绝声音的性质，分为隔空气声和隔固体声，可选择密实、沉重的材料来提高隔空气声，采用不连续的结构处理来提高隔固体声。

5）热工性质

为了保证建筑物具有良好的室内温度，同时能降低建筑物的使用能耗，要求建筑材料必须具有一定的热工性能。土木工程材料的热工性能主要有导热性、热容量、比热、耐燃性等，它们与建筑物的室内气候、使用能耗、防火性密切相关。节能建筑的围护结构应选用导热系数小、热容量大的材料。耐燃性是影响建筑物防火、建筑结构耐火等级的重要因素之一。

2. 力学性质

1）强度性质

材料的强度是指材料抵抗外力破坏的能力，常以材料在外力作用下失去承载能力时的极限应力来表示，亦称极限强度。根据外力作用方式的不同，材料强度主要分为抗压强度、抗拉强度、抗弯强度和抗剪强度。材料的强度与材料的组成结构、尺寸和受力方向等因素有关。材料的强度是在一定条件下用一定的方法测试得到的，测试条件和方法、试件的形状、尺寸、表面状况、加载速度、环境的温湿度等均不同程度地影响测试结果。

2）弹性与塑性

材料在外力作用下产生变形，当外力取消后，变形随即消失并能完全恢复原来形状的性质，称为材料的弹性。弹性变形的大小与所受应力的大小成正比。弹性模量是衡量材料抵抗变形能力的指标，是材料刚度的度量，反映了材料抵抗变形的能力，是结构设计中的主要参数之一。材料在外力作用下产生变形，当取消外力后，不能恢复变形，仍然保持变形后的形状和尺寸，并且不产生裂缝的性质，称为材料的塑性。实际上，单纯的弹性材料是没有的，大多数材料在受力不大的情况下表现为弹性，受力超过一定限度后则表现为塑性，所以可称之为弹塑性材料。

3）耐久性

材料的耐久性是指材料在自然环境中，对气候作用、化学侵蚀、物理作用或任何其他破坏过程的抵抗能力。耐久性是一个综合性指标，影响材料耐久性的因素包括外部因素以及内部因素，其中外部因素包括化学作用、物理作用，内部因素主要是指材料的组成、结构与性质。所处环境不同，对土木工程材料的选择也不同。例如，寒冷地区的工程，所用材料需要考虑抗冻性；地面所用材料需要考虑耐磨性；选用耐久性比较好的材料，对节约工程材料、保证建筑物使用寿命、减少维修费用等均具有十分重要的意义。

3.1.2 分类

土木工程材料按照化学组成可以分成有机材料、无机材料以及复合材料，具体见表 3-1。其中胶凝材料是指土木工程中，凡是经过一系列物理、化学作用，能将散粒材料（如砂子、石子等材料）或块状材料（如砖、砌块等材料）黏结成具有一定强度的整体材料。根据化学组成的不同，胶凝材料可分为无机与有机两大类。其中石灰、石膏、水泥等工地上俗称为"灰"的建筑材料属于无机胶凝材料；而沥青、天然或合成树脂等属于有机胶凝材料。无机胶凝材料按其硬化条件的不同又可分为气硬性胶凝材料和水硬性胶凝材料两类。只能在空气中硬化，也只能在空气中保持和发展其强度的称气硬性胶凝材料，如石灰、石膏和水玻璃等。气硬性胶凝材料一般只适用于干燥环境中，而不宜用于潮湿环境，更不可用于水中。既能在空气中硬化，又能在水中硬化、保持和继续发展其强度的称水硬性胶凝材料，例如水泥。这类胶凝材料既可用于干燥环境中，也可用于潮湿环境或者水中。

按照化学组成分类 表 3-1

无机材料	金属材料	黑色金属：钢、铁、不锈钢 有色金属：铅、铜、合金
	非金属材料	天然石材、烧土制品、胶凝材料、混凝土、硅酸盐制品
有机材料	植物材料	木材、竹材等
	沥青材料	石油沥青、煤沥青、沥青制品
	高分子材料	塑料、橡胶、涂料、胶粘剂
复合材料	非金属有机材料复合	沥青混凝土、聚合物混凝土
	金属非金属材料复合	钢筋混凝土、钢纤维增强混凝土
	金属有机材料复合	轻质金属夹芯板

按照材料功能可以分成结构材料和功能材料两类，其中结构材料对力学性能和机械性能要求较高，主要承受荷载作用，用于工程主体部位，如基础、梁、柱、板等部位。功能材料主要是对材料的适用性、可靠性、耐久性及美观等要求，是指在工程中具有特定功能的材料，如围护材料、防水材料、装饰材料、保温材料等。

3.2 土木工程常用材料

3.2.1 水泥

1. 分类

水泥是一种粉状矿物材料，它与水拌合后形成塑性浆体，能在空气中和水中凝结硬化，能把砂、石子等材料胶结成整体，形成坚硬石状体的水硬性胶凝材料。土木工程中应用的水泥品种众多，在我国就有上百个品种。按水泥的主要水硬化物质分为硅酸盐系水泥、铝酸盐系水泥、硫铝酸盐系水泥、铁铝酸盐系水泥、磷酸盐系水泥、氟铝酸盐系水泥等系列；按水泥的用途和性能分为通用水泥、专用水泥和特性水泥三大类。其中通用水泥指用于建筑工程的水泥，如硅酸盐水泥、普通硅酸盐水泥、矿渣硅酸盐水泥、火山灰质硅酸盐水泥、粉煤灰硅酸盐水泥以及复合硅酸盐水泥，即所谓六大水泥。专用水泥是指专门用途的水泥，如砌筑水泥、道路水泥等。特性水泥是指某种性能比较突出的水泥，如快硬水泥、白色水泥、抗硫酸盐水泥、中热低热矿渣水泥以及膨胀水泥。工程上最常用的是硅酸盐系列水泥，即六大水泥。

2. 水泥的技术性质

1）细度

水泥颗粒越细，颗粒总表面越大，水化反应越快、越充分，强度（特别是早期强度）越高，收缩也增大。

2）凝结时间

为使混凝土与砂浆有充分时间进行搅拌、运输、浇灌和砌筑，初凝不能太早。当施工结束后，则要求混凝土或砂浆尽快结硬并具有强度，终凝时间不能太迟。国家标准规定：硅酸盐水泥的初凝时间不得早于 45min，终凝时间不得迟于 6.5h。

3）体积安定性

水泥在硬化过程中体积变化是否均匀的性质，称为体积安定性。

4）强度

强度是选用水泥的主要技术指标。目前我国测定水泥强度的试验按照《水泥胶砂强度检验方法（ISO 法）》GB/T 17671—2021 进行。按《通用硅酸盐水泥》GB 175—2007 规定，根据 3d、28d 的抗折强度及抗压强度，将硅酸盐水泥分为 42.5MPa、52.5MPa、62.5MPa 三个强度等级。按早期强度大小及强度等级，又分为两种类型，冠以"R"是属于早强型。

5）水化热

水泥的放热过程可以延续很长时间，但大部分热量在早期释放，特别是在前 3d，水化热及放热速率与水泥的矿物成分及水泥细度有关。

3. 水泥的应用

常见的通用水泥主要品种有硅酸盐水泥、普通硅酸盐水泥、矿渣硅酸盐水泥、火山灰质硅酸盐水泥、粉煤灰硅酸盐水泥、复合硅酸盐水泥。硅酸盐水泥凝结硬化快，耐磨性好，早期及后期强度均高，主要用于重要结构的高强混凝土、预应力混凝土和有早强要求较高以及抗冻性要求高的工程，同时也可应用于路面和机场跑道等混凝土工程。普通硅酸盐水泥适用于地上、地下、水中的不受侵蚀性水作用的混凝土工程，以及配置高强度等级混凝土及早强工程；不适用于大体积混凝土工程及高温环境的混凝土工程。矿渣硅酸盐水泥适用于硫酸盐、镁盐腐蚀环境的混凝土工程，以及大体积混凝土工程，但不宜用于早期强度要求高的混凝土。火山灰质硅酸盐水泥一般可适用于对抗渗性有要求的混凝土工程，但不适用于早期强度要求高，以及有耐磨要求的混凝土工程。粉煤灰硅酸盐水泥适用于大体积混凝土工程，但不宜用于早期强度要求高的混凝土以及二氧化碳浓度高的环境中的混凝土工程。复合硅酸盐水泥的性能具体与所掺入的混合材种类及掺量有关。

3.2.2 砂浆

1. 分类

砂浆是由胶凝材料、细集料、水，有时也加入适量掺合料和外加剂混合，按适当比例配制而成的土木工程材料，在工程中起黏结、衬垫和传递应力的作用。在结构工程中，砂浆可以把砖、砌块和石材等黏结为砌体。在装饰工程中，墙面、地面及混凝土梁、柱等需要用砂浆抹面，起到保护结构和装饰作用。砂浆常用的胶凝材料有水泥、石灰、石膏和有机胶凝材料。按胶凝材料不同，砂浆可以分为水泥砂浆、水泥混合砂浆、石灰砂浆、石膏砂浆和聚合物砂浆等，其中水泥混合砂浆是在水泥砂浆中加入一定量的掺合料（如石灰膏、黏土膏、电石膏等），以此来改善砂浆的和易性，降低水泥用量。按用途不同，砂浆又可以分为砌筑砂浆、抹面砂浆和特种砂浆等。

1）砌筑砂浆

将砖、石子、砌块等黏结成砌体的砂浆称为砌筑砂浆。它起着黏结砌块、传递荷载，并具有使应力分布较为均匀、协调变形的作用，是砌体的重要组成部分。砌筑砂浆的技术性质，主要包括新拌砂浆的和易性，硬化后砂浆的强度和黏结强度，以及抗冻性、收缩性等指标。

2）抹面砂浆

凡粉刷于土木工程的建筑物或建筑构件表面的砂浆，统称为抹面砂浆。抹面砂浆具有保护基层材料，满足使用要求和装饰的作用。抹面砂浆的强度要求不高，但要求保水性好，与基底的黏结力好，容易抹成均匀平整的薄层，长期使用不会开裂或脱落。

3）特种砂浆

特种砂浆是指具有某些特殊功能的抹面砂浆，主要有绝热砂浆、吸声砂浆、耐酸砂浆和防辐射砂浆等。

2. 砂浆的技术性质

1）新拌砂浆

新拌砂浆的主要技术性质包括流动性、保水性。

2）硬化砂浆

硬化砂浆的性质包括抗压强度、黏结力以及变形。砂浆在砌体中主要起黏结块体材料和传递荷载的作用，应具有一定的抗压强度。

由于块状的砌体材料是靠砂浆黏结成为整体的，因此黏结力的大小直接影响整个砌体的强度、耐久性、稳定性和抗震能力。一般来说，砂浆的黏结力随其抗压强度的增大而提高。此外，也与砌体材料的表面状态、清洁程度、润湿情况以及施工养护条件有关。

3.2.3 混凝土

混凝土是指由胶凝材料、集料、水按一定比例配制（也常掺入适量的外加剂和掺合料），经搅拌振捣成型，在一定条件下养护而成的人造石材。混凝土常简写为"砼"，它是现代土木工程中用途最广、用量最大的建筑材料之一。

混凝土材料是以"粗集料-细集料-胶凝材料-水"组成的复杂多相体系，所以混凝土的性质与这几种成分是分不开的，胶凝材料是其中的一项重要物质，以硅酸盐系水泥为主，辅以不同的外掺料，如石灰石粉、天然火山灰、粉煤灰、硅灰、矿渣及磷渣粉等，不同辅助胶凝材料在混凝土中的作用机理、特殊应用以及对混凝土性能的具体影响不同。

1. 混凝土的分类

混凝土通常有以下 7 种分类方法：

1）按胶凝材料分：无机胶凝材料混凝土，如水泥混凝土、石膏混凝土、硅酸盐混凝土、水玻璃混凝土等；有机胶凝材料混凝土，如沥青混凝土、聚合物混凝土、树脂混凝土等。

2）按表观密度分：重混凝土（表观密度大于 $2800kg/m^3$）、普通混凝土（表观密度在 $2000\sim2800kg/m^3$ 之间，一般在 $2400kg/m^3$ 左右）和轻混凝土（表观密度小于 $2000kg/m^3$）。

3）按使用功能分：结构混凝土、保温混凝土、装饰混凝土、防水混凝土、耐火混凝土、水工混凝土、海工混凝土、道路混凝土、防辐射混凝土等。

4）按生产和施工工艺分：离心混凝土、真空混凝土、灌浆混凝土、喷射混凝土、碾压混凝土、挤压混凝土、泵送混凝土等。

5）按配筋方式分：素（即无筋）混凝土、钢筋混凝土、钢丝网混凝土、预应力混凝土等。

6）按矿物掺合料分：粉煤灰混凝土、硅灰混凝土、矿渣混凝土和纤维混凝土等。

7）按混凝土抗压强度等级分：低强度混凝土（抗压强度低于 30MPa）、中强度混凝土（抗压强度 30～60MPa）、高强度混凝土（抗压强度大于 60MPa）、超高强混凝土（抗压强度大于 100MPa）。

2. 混凝土的主要技术性能

混凝土的性能包括两个部分：一是混凝土硬化之前的性能，即混凝土拌合物的和易性；二是混凝土硬化以后的性能，包括混凝土强度、变形性能和耐久性等。

1）和易性

混凝土拌合物的和易性又称工作性，是指混凝土拌合物在一定的施工条件下，便于各种施工工序的操作（拌合、运输、浇筑和振捣），不发生分层、离析、泌水等现象，以保证获得均匀、密实的混凝土的性能。和易性是一项综合技术指标，包括流动性（稠度）、黏聚性和保水性三个主要方面。

2）强度

强度是混凝土硬化之后的主要力学性能，反映混凝土抵抗荷载的量化能力。混凝土强度包括抗压、抗拉、抗剪、抗弯、抗折及握裹强度，其中以抗压强度最大，抗拉强度最小（大约只有抗压强度的 1/10）。结构和构件主要利用混凝土来承受压力作用，故在混凝土结构设计中混凝土抗压强度是主要参数。混凝土的抗压强度与其他强度间有一定相关性，可根据抗压强度的大小来估计其他强度值。立方体抗压强度是以边长 150mm 的立方体试件为标准试件。在标准养护条件下养护 28d，测得其抗压强度，所测得抗压强度称为立方体抗压强度，以 f_{cu} 表示。混凝土的强度等级按立方体抗压强度标准值划分，通常分为 C20、C25、C30、C35、C40、C45、C50、C55、C60、C65、C70、C75、C80 等强度等级，例如强度等级 C30，表示立方体抗压强度标准值为 30MPa。工程设计时，应根据建筑物的不同部位及承受荷载情况的不同，选取不同强度等级的混凝土。轴心抗压强度是用来在结构设计中混凝土受压构件的计算。因为混凝土是一种脆性材料，受拉时，只产生很小的变形就开裂，抗拉强度是确定混凝土抗裂度的重要指标。

3）变形

混凝土的变形包括非荷载作用下的变形和荷载作用下的变形。非荷载作用下的变形由物理、化学等因素引起，包括化学收缩、干湿变形、碳化收缩及温度变形等；荷载作用下的变形由荷载作用引起，包括短期荷载作用下的变形和长期荷载作用下的变形。混凝土的变形直接影响混凝土的强度和耐久性。

4）耐久性

混凝土耐久性是指混凝土在实际使用条件下抵抗各种环境介质作用，并长期保持强度和外观完整性的能力。混凝土耐久性主要包括抗冻、抗渗、抗腐蚀、抗碳化、防碱集料反应等方面的内容。

提高耐久性措施包括：①选择适当的原材料。合理选择水泥品种，以适应混凝土的使用环境；选用质量良好、技术条件合格的砂石骨料，也是保证混凝土耐久性的重要条件。②提高混凝土的密实度。选取骨料级配及合理砂率；掺入减水剂，减少混凝土拌合水量；在混凝土施工中，应搅拌均匀，合理浇筑，振捣密实，加强养护，保证混凝土的施工质量。③掺入引气剂可改善混凝土内部孔结构，闭口孔可显著提高混凝土耐久性。

3. 混凝土的应用

混凝土在实际应用的时候，有 3 点需要注意：①新拌混凝土应具有与工程要求和施工条件相适应的和易性；②混凝土应在规定龄期达到设计要求的强度，即符合强度要求；③硬化混凝土应具有与使用环境相适应的耐久性。不配筋的混凝土（称为素混凝土），它的主要缺陷是抗拉强度很低，即混凝土受拉、受弯时易产生裂缝并发生脆性破坏。在混凝土中合理地配置钢筋，可以充分发挥混凝土抗压强度高和钢筋抗拉强度高的特点，使其共同承受荷载并满足工程结构的需要。钢筋混凝土是目前使用最多的一种结构材料。

3.2.4 沥青

1. 分类

沥青材料按其获得方式有地沥青（天然沥青、石油沥青）和焦油沥青。在土木工程中，以石油沥青最为常用。

2. 石油沥青的主要技术性质

1）黏滞性

石油沥青的黏滞性（简称黏性）是指沥青材料在外力作用下，沥青粒子产生相互位移时抵抗变形的性能，是反映材料内部阻碍其相对流动的一种特性，也是我国现行标准划分沥青标号的主要性能指标。

一般采用针入度来表示石油沥青的黏滞性，其数值越小，表明黏度越大。

2）塑性

塑性是指石油沥青在受外力作用时产生变形而不破坏，除去外力后，仍保持变形后形状的性质。它是石油沥青的主要性能之一。石油沥青的塑性用延度表示。延度越大，塑性越好。

沥青的低温抗裂性、耐久性与其延度密切相关，沥青的延度值越大对其越有利。沥青的延度决定于沥青的胶体结构、组分和试验温度。

在常温下，塑性较好的沥青在产生裂缝时，也可能由于特有的黏塑性而自行愈合，故塑性还反映了沥青开裂后的自愈能力。沥青之所以能用来制造出性能良好的柔性防水材料，很大程度上取决于沥青的塑性。沥青的塑性对冲击振动荷载有一定吸收能力，并能减少摩擦时的噪声，故沥青是一种优良的路面材料。

3）温度稳定性

温度稳定性（也称温度感应性）是指石油沥青的黏滞性和塑性随温度升降而变化的性能，是沥青的又一重要指标。在工程上使用的沥青，要求有较好的温度稳定性，否则容易发生沥青材料夏季流淌或冬季变脆甚至开裂等现象。

通常用软化点来表示石油沥青的温度稳定性。

任何一种沥青材料当温度达到软化点时，其黏度皆相同。针入度是在规定温度下沥青的条件黏度，而软化点则是沥青达到规定条件黏度时的温度。所以，软化点既是反映沥青材料温度稳定性的一个指标，也是沥青黏度的一种量度。

此外，还有溶解度、蒸发损失、蒸发后针入度比、含蜡量、闪点和水分等，这些都是全面评价石油沥青性能的依据。

3. 石油沥青的应用

在选用沥青材料时，应根据工程项目的性质、所处的地理气候环境和使用材料的工程部位等因素来选用不同类型和标号的沥青。

1）道路石油沥青

道路石油沥青主要在道路工程中用作胶凝材料，用来与碎石等矿质材料共同配制成沥青混合料。通常，道路石油沥青标号越高，则黏性越小，延展性越好，而温度感应性也随之增加。在道路工程中选用沥青材料时，要根据交通量和气候特点来选择。

2）建筑石油沥青

建筑石油沥青的黏性较大（针入度较小），耐热性较好（软化点较高），但延度较小（塑性较小），主要用作制造油纸、油毡、防水涂料和嵌缝油膏。它们绝大部分用于屋面及地下防水、沟槽防水防腐蚀及管道防腐等工程。

在选用沥青作为屋面防水材料时，主要考虑耐热性要求，一般要求软化点较高，并满足必要的塑性。对于夏季炎热地区，当屋面坡度大易发生流淌时，应选用10号、30号建筑石油沥青或其混合物。

普通石油沥青含蜡量高。由于石蜡是一种熔点低（约50℃）、黏结力差的材料，当沥青温度达到软化点时，蜡已接近流动状态，所以容易产生流淌现象。当采用普通石油沥青黏结材料时，随着时间增长，沥青中的石蜡会向胶结层表面渗透，在表面形成薄膜，使沥青黏结层的耐热性和黏结力降低。所以在土木工程中一般不宜采用普通石油沥青。

3）沥青混合料

沥青混合料是一种黏-弹-塑性材料。它不仅具有良好的力学性质，而且具有一定的高温稳定性和低温柔韧性；用它铺筑的路面平整、无接缝，且具有一定的粗糙度；路面减振、吸声、无强烈反光，使行车舒适，有利于行车安全。据统计，我国已建或在建的高速公路路面90%以上采用沥青混合料路面。

沥青混合料是用适量的沥青材料与一定级配的矿质集料，经过充分拌合而形成的混合物。将这种混合物加以摊铺、碾压成型，即成为各种类型的沥青路面。

沥青混合料的种类很多。按沥青混合料中剩余空隙率大小的不同，把压实后剩余空隙率大于 15% 的沥青混合料称为开式沥青混合料；把剩余空隙率为 10%~15% 的混合料称为半开式沥青混合料；而把剩余空隙率小于 10% 的沥青混合料称为密实式沥青混合料。按矿质集料级配类型，可分为连续级配沥青混合料、间断级配沥青混合料。按沥青混合料施工温度，可分为热拌沥青混合料和常温沥青混合料。此外，还可以按集料的最大粒径、混合料的特性和用途等进行分类。

3.2.5　钢材

钢材是在严格的技术条件下生产的材料，它有如下特点：材质均匀，性能可靠，强度高，具有一定的塑性和韧性，具有承受冲击和振动荷载的能力，可焊接、铆接或螺栓连接，便于装配；此外还有容易锈蚀、维修费用高等缺点。

1. 分类

在理论上凡含碳量在 2.06% 以下，含有害杂质较少的铁碳合金可称为钢。钢的品种繁多，分类方法很多，有按化学成分、质量、用途等几种分类方法，钢的分类见表 3-2。

钢材分类　　　　　　　　　　　　　　　　　表 3-2

分类方法	类别		特性
按化学成分分类	碳素钢	低碳钢	含碳量低于 0.25%
		中碳钢	含碳量 0.25%~0.60%
		高碳钢	含碳量高于 0.60%
	合金钢	低合金钢	合金元素含量低于 5%
		中合金钢	合金元素含量 5%~10%
		高合金钢	合金元素含量高于 10%
按脱氧程度分类	沸腾钢		脱氧不完全，代号"F"
	镇静钢		脱氧完全，代号"Z"
	半镇静钢		脱氧程度介于沸腾钢和镇静钢之间，代号"b"
	特殊镇静钢		脱氧程度高于镇静钢，代号"TZ"
按质量分类	普通钢		含硫量低于 0.050%，含磷量低于 0.045%
	优质钢		含硫量低于 0.035%，含磷量低于 0.035%
	高级优质钢		含硫量低于 0.030%，含磷量低于 0.035%
按用途分类	结构钢		用于工程结构构件、机械制造等
	工具钢		用于工具、量具及模具等
	特殊钢		具备特殊的物理、化学等性能，如不锈钢等

2. 钢材技术性质与工艺性能

1）抗拉强度

建筑钢材的抗拉强度包括屈服强度、极限抗拉强度、疲劳强度。

（1）屈服强度

屈服强度或称为屈服极限，是指钢材在静载作用下，开始丧失对变形的抵抗能力，并产生大量塑性变形时的应力。如图 3-1 所示，屈服强度对钢材的使用有着重要意义，当构件的实际应力达到屈服点时，产生塑性变形；当应力超过屈服点时，受力较高的部位应力不再提高，而自动荷载重新分配给某些应力较低的部分，因此屈服强度是确定钢结构容许应力的主要依据。

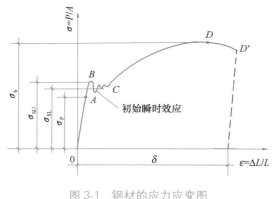

图 3-1　钢材的应力应变图

（2）极限抗拉强度

极限抗拉强度是指钢材在拉力作用下能承受的最大拉应力，用 σ_b 表示，如图 3-1所示，第Ⅲ阶段的最高点。抗拉强度虽不能直接作为计算的依据，但屈服强度和抗拉强度的比值，即屈强比，用 σ_S/σ_b 表示，在工程上很有意义。此值越小，结构的可靠性越高，即防止结构破坏的潜力越大。但此值太小时，钢材强度的有效利用率太低，合理的屈强比一般在 0.6～0.75 之间。

（3）疲劳强度

钢材承受交变荷载的反复作用时，可以在远低于屈服强度时突然发生破坏，这种破坏称为疲劳破坏。钢材疲劳破坏的指标是疲劳强度，或称为疲劳极限。疲劳强度是指试件在交变应力作用下，不发生疲劳破坏的最大主应力值，一般把钢材承受交变荷载 $10^6 \sim 10^7$ 次时不发生破坏的最大应力作为疲劳强度。

2）弹性模量

钢材在静荷载作用下受拉开始阶段，应力和应变成正比，这一阶段称为弹性阶段，其应力和应变的比值称为弹性模量，用"E"表示，单位"MPa"。弹性模量是衡量材料产生弹性变形的难易程度的指标，E 越大，使其产生一定量弹性变形的应力值也越大；在一定的应力下，产生的弹性变形越小。在工程上，弹性模量也反映了钢材构件的刚度，它是钢材在受力条件下计算结构变形的重要指标，建筑上常用碳素结构钢 Q235 的弹性模量 $E=(2.0 \sim 2.1) \times 10^5 \, \text{MPa}$ 计算。

3）塑性

钢材的塑性指标通常用伸长率或断面收缩率来表示。伸长率是指试件拉断后，标距长度的增量与原标距长度之比，符号为"δ"，单位常用"％"表示。断面收缩率是指试件拉断后，颈缩处横截面积的减缩量占原横截面积的百分率，符号为"Ψ"，单位常以"％"表示。

4）冲击韧性

冲击韧性是指钢材抵抗冲击荷载而不破坏的能力，符号"α_k"，单位"J/cm^2"，见图 3-2。α_k 越大，冲断试件消耗的能量越多，或者说钢材断裂前吸收的能量越多，表明钢材的韧性越好。对钢材提出冲击韧性的要求，是防止钢材在使用中产生脆性断裂的有效措施。

5）硬度

硬度是指在钢材表面上局部体积内，抵抗变形或破裂的能力，且与钢材的强度具有一

定的内在联系。目前测定钢材硬度的
方法很多，常用的有布氏法。该值越
大，表示钢材越硬。

6）冷弯性能

建筑钢材的冷弯性能，是指在常
温下能承受弯曲而不破裂的能力，是
衡量钢材承受冷塑性变形能力的指
标。这种指标通常用弯曲角度（α）
以及弯心直径（d）相对于钢材厚度
（a）的比值 d/a 来表示。

7）可焊性

钢的可焊性就是指钢材在焊接

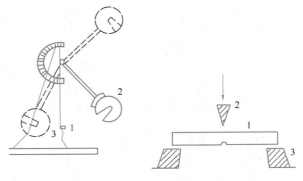

图 3-2　钢材冲击试验示意图
1-钢材试件；2-冲锤；3-支座

后，体现其焊头连接的牢固程度和硬脆倾向大小的一种性能。可焊性良好的钢，焊接后的
焊头牢固可靠，硬脆倾向小，仍能保持与母材基本相同的性质。

焊接结构用钢应选用含碳量较低的氧气转炉或平炉的镇静钢，对于高碳钢及合金钢，
为了改善焊接后的硬脆性，焊接时，一般要采用焊前预热及焊后热处理等措施。

8）热处理

热处理是指将钢材按一定规则，如加热、保温和冷却，以改变其组织，从而获得需要
性能的一种工艺过程。热处理的方法有正火、退火、淬火和回火。

3. 常用钢材

土木工程常用钢材可划分为钢结构用钢和钢筋混凝土用钢两大类，两者所用的钢种基
本上都是碳素结构钢和低合金高强度结构钢。

1）钢结构用钢材

钢结构用钢主要有型钢、钢板和钢管。型钢有热轧及冷弯成形两种；钢板有热轧（厚
度为 0.35～200mm）和冷轧（厚度为 0.2～5mm）两种；钢管有热轧无缝钢管和焊接钢
管两大类。钢结构的连接方法有焊接、螺栓连接和铆接，如图 3-3 所示。

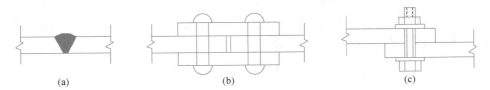

图 3-3　钢结构连接方式
（a）焊接；（b）铆接；（c）螺栓连接

常用的型钢有两类：①热轧型钢。热轧型钢常用的有角钢（有等边的和不等边的）、
工字钢、槽钢、T 形钢、H 形钢、Z 形钢等，如图 3-4 所示。②冷弯薄壁型钢。冷弯薄壁
型钢通常用 2～6mm 薄钢板冷弯或模压而成，有角钢、槽钢等开口薄壁型钢及方、矩
形等空心薄壁型钢，主要用于轻型钢结构。

用光面压辊轧制而成的扁平钢材，以平板状态供货的称钢板（图 3-5）；以卷状供货
的称钢带。钢板有热轧钢板和冷轧钢板两种，热轧钢板按厚度分为厚板（厚度大于 4mm）

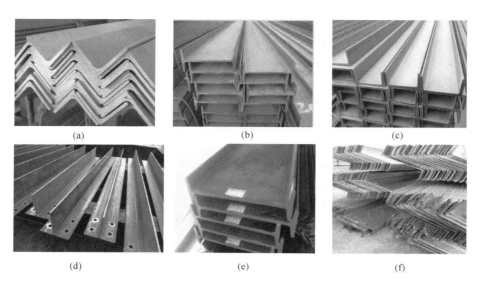

图 3-4　几种常用热轧型钢

(a) 角钢；(b) 工字钢；(c) 槽钢；(d) T 形钢；(e) H 形钢；(f) Z 形钢

和薄板（厚度为 0.35～4mm）两种，冷轧钢板只有薄板（厚度为 0.2～4mm）一种。一般厚板用于焊接结构，薄板主要用于屋面板、墙板和楼板等。在钢结构中，单块板不能独立工作，必须用几块板通过连接组合成工字形、箱形截面等构件来承受荷载。

　　按生产工艺分，钢结构所用钢管（图 3-6）分为热轧无缝钢管和焊接钢管两大类。在土木工程中，钢管多用于制作桁架、塔桅、钢管混凝土等，广泛应用于高层建筑、厂房柱、塔柱、压力管道等工程中。

图 3-5　钢板图

图 3-6　钢管

　　2）钢筋混凝土用钢材

　　钢筋混凝土用钢材主要有钢筋、钢丝和钢绞线。其中，钢丝和钢绞线主要用于预应力混凝土结构中。

　　（1）钢筋

　　钢筋为加强混凝土的钢条，是土木工程中使用最多的钢材品种之一，其材质包括普通碳素钢和普通低合金钢两大类。钢筋按生产工艺性能和用途的不同可分为以下 4 类。

　　① 热轧钢筋。按轧制外形，分为热轧光圆钢筋和热轧带肋钢筋（图 3-7）。按力学性能

分为 HPB300、HRB400 和 HRB500 钢筋。HPB300 钢筋的强度较低，但塑性及焊接性好，便于冷加工，广泛用作普通钢筋混凝土中的构造钢筋及预应力混凝土中的非预应力钢筋；HRB400 钢筋的强度较高，塑性及焊接性也较好，广泛用作大、中型钢筋混凝土结构的受力钢筋；HRB500 钢筋强度高，但塑性与焊接性较差，适宜用作预应力钢筋。

(a) (b)

图 3-7 热轧光圆钢筋和热轧带肋钢筋

（a）热轧光圆钢筋；（b）热轧带肋钢筋

② 冷拉钢筋。为了提高强度以节约钢筋，工程中常按施工规程对钢筋进行冷拉处理。冷拉后钢筋的强度提高，但塑性、韧性变差，因此，冷拉钢筋不宜用于受冲击或反复荷载作用的结构。

③ 冷轧带肋钢筋。冷轧带肋钢筋是采用普通低碳钢或低合金钢热轧的圆盘条，经冷轧在其表面冷轧成两面或三面有肋的钢筋，也可经低温回火处理。

④ 热处理钢筋。热处理钢筋是用热轧螺纹钢筋经淬火和回火的调质处理而成的，有公称直径分别为 6、8、10mm 三个规格；热处理钢筋具有高强度、高韧性和高黏结力及塑性降低少等优点，目前主要用于预应力混凝土构件的配筋。

（2）钢丝和钢绞线

预应力混凝土用钢丝是采用优质碳素钢或其他性能相应的钢种，经冷加工及时效处理或热处理而制得的高强度钢丝（图 3-8a）。根据《预应力混凝土用钢丝》GB/T 5223—

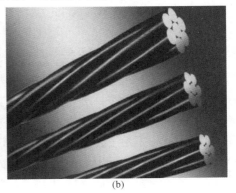

(a) (b)

图 3-8 钢丝和钢绞线

（a）钢丝；（b）钢绞线

2014，钢丝分为冷拉钢丝和消除应力钢丝（包括光圆钢丝、刻痕钢丝和螺旋肋钢丝）两类，主要用于桥梁、吊车梁、大跨度屋架、管桩等预应力混凝土构件中。预应力混凝土用钢绞线是将数根钢丝（一般是2、3或7根）经绞捻和消除应力处理后制成的（图3-8b），具有强度高、柔性好、质量稳定、成盘供应无需接头等优点，适用于大型结构、薄腹梁、大跨度桥梁等负荷大、跨度大的预应力混凝土结构。

3.2.6　石材、砖、瓦及砌块

石材、砖、瓦和砌块这些材料是最基本的建筑材料。无论是在古代，还是现代的建筑领域中，石材、砖、瓦和砌块均处于不可替代的地位。

1. 石材

凡采自天然岩石，经过加工或未经加工的石材，统称为天然石材。一般天然石材具有强度高、硬度大、耐磨性好、装饰性好及耐久性好等优点。石材被公认为是一种优良的土木工程材料，土木工程中常用的石料根据其加工程度分为毛石、片石、料石、装饰石材和石子等（图3-9）。

图3-9　土木工程中常用的石料
（a）毛石；（b）片石；（c）料石；（d）装饰石材；（e）石子

2. 砖

砖是一种常用的砌筑材料。砖有多种分类方法。

按生产工艺分为两类，一类是通过焙烧工艺制成的，称为烧结砖；另一类是通过蒸养或蒸压工艺制成的，称为蒸养（压）砖，也称非烧结（免烧）砖。

按所用原材料分为黏土砖、页岩砖、煤矸石砖、粉煤灰砖、炉渣砖和灰砂砖等。

按有无孔洞砖又可以分为实心砖、多孔砖和空心砖。孔洞率大于等于25%，且孔的尺寸小而数量多的砖为多孔砖（图3-10a），常用于承重部位；孔洞率大于等于40%，且孔的尺寸大而数量少的砖为空心砖（图3-10b），常用于非承重部位。

砖的标准尺寸为240mm×115mm×53mm，通常将240mm×115mm的面称为大面，

(a)　　　　　　　　　　(b)

图 3-10　多孔砖和空心砖

240mm×53mm 的面称为条面，115mm×53mm 的面称为顶面。

目前应用较广的是蒸养（压）砖，这类砖是以含钙材料（石灰、电石渣等）和含硅材料（砂子、粉煤灰、煤矸石灰渣、炉渣等）与水拌合，经压制成型，在自然条件下或人工水热合成条件（蒸养或蒸压）下，经过反应生成以水化硅酸钙、水化铝酸钙为主要胶结料的硅酸盐建筑制品。

3. 瓦

瓦，过去一般指黏土瓦，属于屋面材料。由于黏土瓦材质脆、自重大、片小、施工效率低等缺点，在现代建筑屋面材料中的应用比例已逐渐下降。

随着建筑工业的发展，新型建筑材料的涌现，目前我国生产的瓦的种类很多，按形状分，有平瓦和波形瓦（图 3-11）两类；按所用材料分，有黏土瓦、水泥瓦、石棉水泥瓦、钢丝网水泥瓦、聚氯乙烯瓦、玻璃钢瓦、沥青瓦等。

 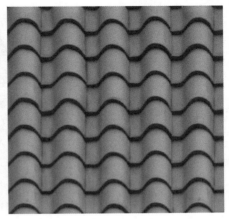

图 3-11　平瓦和波形瓦

4. 砌块

砌块是人造板材，外形多为直角六面体（图 3-12），也有各种异形。砌块可以充分利

图 3-12　砌块

用地方资源和工业废渣，节省黏土资源和改善环境，实现可持续发展，且具有生产工艺简单、原料来源广、适应性强、制作及使用方便灵活、可改善墙体功能的特点。砌块除用于砌筑墙体外，还可用于砌筑挡土墙、高速公路隔声屏障及其他构筑物。

3.2.7　木材

木材是人类使用最早的工程材料之一。

木材具有很多优点，如轻质高强，导电和导热性能差，有较高的弹性和韧性，能承受冲击和振动作用，易于加工（如锯、刨、钻等），木纹美丽，干燥环境有很好的耐久性等。因而木材历来与水泥、钢材并列为土木工程中的三大材料。但木材也有缺点，如构造不均匀，各向异性；易吸湿、吸水，因而产生较大的湿胀、干缩变形；易燃、易腐蚀，且树木生长周期长、成材不易等。

1. 木材的分类

木材是由树木加工而成的，木材的分类主要根据树木类别来划分。树木的种类很多，一般按树种分为针叶树和阔叶树两大类。针叶树树叶细长呈针状，树干直而高，易得大材；其纹理平顺，材质均匀，木质较软而易于加工，故又称软木材。建筑上多用于承重结构构件和门窗、地面材及装饰材。常用制成木材的树种有松树、杉树、柏树等。阔叶树树叶宽大呈片状，多为落叶树。树干通直部分较短，材质较硬，较难加工，故又名硬木材。建筑上常用作尺寸较小的构件。常用制成木材的树种有榆树、水曲柳、桦树等。

2. 木材的主要性质

木材的构造决定着木材的性能。木材的性质包括物理性质和力学性质。物理性质主要有密度、含水率、热胀干缩等；力学性质主要有抗拉、抗压、抗弯和抗剪四种强度。

木材有很好的力学性质，但木材是有机各向异性材料，顺纹方向与横纹方向的力学性质有很大差别，见表 3-3。木材的顺纹抗拉和抗压强度均较高，但横纹抗拉和抗压强度较低。

木材各向强度关系　　　　　　　　　表 3-3

抗压强度		抗拉强度		抗弯强度	抗剪强度	
顺纹	横纹	顺纹	横纹		顺纹	横纹
1	1/10～1/3	2～3	1/20～1/3	3/2～2	1/7～1/3	1/2～1

注：以木材的顺纹抗压强度为1。

3. 木材的加工、处理和应用

在工程中，除直接使用原木外，木材一般都加工成锯材（板材、方材等）或各种人造板材使用。原木可直接用作屋架、檩、椽、木桩等。为减少使用中发生变形和开裂，锯材须经干燥处理。干燥能减轻自重，防止腐朽、开裂及弯曲，从而提高木材的强度和耐久性。锯材的干燥方法可分为自然干燥和人工干燥两种。

木材经加工成型和制作构件时，会留下大量的碎块废屑，将这些废料或含有一定纤维量的其他作物做原料，采用一般的物理和化学方法加工而成的板材即为人造板材。这类板材与天然木材相比，板面宽，表面平整光洁，没有节子，不翘曲、开裂，经加工处理后还具有防水、防火、防腐、防酸性能。常用人造板材有胶合板、纤维板、刨花板、木屑板等。

3.3　新型土木工程材料

1. 轻质高强材料

钢筋混凝土结构材料自重大（每立方米重约2500kg），限制了建筑物向高层、大跨度方向进一步发展。目前，包括我国在内的世界各国都在大力发展高强混凝土、改性混凝土、轻集料混凝土、空心砖（砌块）、石膏板、高强合金材料、纤维增强塑料FRP（碳纤维CFRP、玻璃纤维GFRP、芳纶纤维SFRP等）等材料，以适应土木工程发展的需要。

2. 节能材料

土木工程材料的生产能耗和建筑物使用能耗，在国家总能耗中一般占20%～35%，研制和生产低能耗的新型节能土木工程材料，是构建节约型社会的需要。

3. 利用废渣材料

充分利用工业废渣（如粉煤灰、矿渣等）、生活废渣以及建筑垃圾等生产土木工程材料，将各种废渣尽可能资源化，以保护环境、节约自然资源，是人类社会实现可持续发展的需要。

4. 智能材料

所谓智能材料，是指材料本身具有自我诊断、预告破坏、自我修复的功能，以及可重复利用性。土木工程材料向智能化方向发展，是人类社会向智能化社会发展过程中降低成本的需要。当前，智能材料在重大工程结构损伤诊断、智能健康监测方面得到了应用。

5. 多功能复合材料

多功能复合材料利用复合技术生产多功能材料、特殊性能材料及高性能材料，对提高建筑物的使用功能、经济性及加快施工速度等有着十分重要的作用。目前，各种新型纤维复合材料、新型复合板材等已逐渐在工程中得到了应用。

6. 绿色建材

绿色建材的含义就是指采用清洁的生产技术，少用天然资源，大量使用工业或城市固体废弃物和农植物秸秆，生产无毒、无污染、无放射性，有利于环保与人体健康的材料。发展绿色建材，改变长期以来存在的粗放型生产方式，选择资源节约型、污染最低型、质量效益型、科技先导型的生产方式是 21 世纪我国建材工业的必然出路。当前，我国墙体材料的"绿色化"进程已取得了一定的成果。

本章小结

（1）土木工程材料是指用于土木工程的材料总称，它们不仅是土木工程的物质基础，而且也是决定土木工程质量和使用性能的关键因素。

（2）土木工程材料的基本性质主要包括物理性质、力学性质以及耐久性。土木工程材料所具备的性质本质上取决于其内部的组成、结构和构造等因素。

（3）土木工程材料分类按照化学组成可以分成有机材料、无机材料以及复合材料，按照功能则可以分成结构材料和功能材料两类。

（4）常见土木工程材料主要有水泥、混凝土、钢材等，实际工程中应掌握土木工程材料的主要技术性质以及适用范围，做到合理选择并且正确使用土木工程材料。

思考与练习题

3-1　简述混凝土主要技术指标。

3-2　简述常用水泥品种。

3-3　简述钢筋混凝土工程以及钢结构工程常用钢材种类。

3-4　简述钢材的主要技术性能指标。

3-5　简述混凝土抗压强度的定义。

第4章 基础工程

本章要点及学习目标

本章要点：

(1) 工程地质勘察及工程地质勘察任务；(2) 水文地质勘察及水文地质勘察的工作内容；(3) 地基概念、应力及变形；(4) 地基处理与加固方法。

学习目标：

(1) 了解工程建设程序以及与地基和基础工程相关的知识；(2) 了解岩土工程勘察的任务、分级和勘察方法；(3) 掌握浅基础、深基础的类型以及特殊地基处理方法。

4.1 工程地质勘察

4.1.1 概述

在地质作用下，地球的物质成分、结构构造和表面形态不断地发生变化，形成工程性质不同的岩土体。房屋、桥梁、道路等土木工程建筑都建于地壳表层的岩土体之上，同时地壳也是建筑材料和矿产资源的主要来源地。为了使修建的工程能够正常发挥作用并达到预期的效益，同时不对周围的环境造成不良后果，土木工程技术人员必须对地质环境进行深入研究。

地壳运动又称构造运动，主要是指由地球内力引起岩石圈的变形和变位的作用，从而使地壳产生褶皱、断裂等地质构造的运动。地壳运动按其运动方向的不同分为水平运动和垂直运动。水平运动是指地壳或岩石圈沿地球表面切线方向的运动。水平运动主要表现为岩石圈的水平挤压或水平拉伸，是形成地质构造的主要作用。垂直运动是指地壳或岩石圈沿垂直于地表方向的运动。垂直运动表现为岩石圈的垂直上升或下降，使岩层表现为隆起或下降，形成高原、凹陷、盆地等，还可引起海侵和海退使海陆变迁。水平运动和垂直运动紧密联系，在时间和空间上往往交替发生。一般情况下，地壳运动十分缓慢，人们一般难以察觉；但有时地壳运动也十分剧烈，如地震和火山爆发等。

除地壳运动外，自然动力引起的地质作用也会使得地球的物质组成、内部结构和地表形态发生变化。地质作用包括岩浆作用、变质作用、地震作用、风化作用、侵蚀作用、搬运作用、沉积作用、成岩作用等。自地壳形成以来，内力和外力地质作用始终相互依存、彼此推进。内动力地质作用形成地壳表层的基本构造形态；而外动力地质作用则破坏内动力地质作用形成的地形和产物，总是"削高填低"，形成新的沉积物，进一步塑造地表形态。在复杂的地壳运动和地质作用下地表岩土体的工程性质非常复杂，存在较大的自然变异性。在工程实践中，不经勘察而盲目进行地基基础设计和施工造成工程事故的事例屡见不鲜；同时，不少地区也存在由于地质勘察不详，勘察结果与实际不符而延误建设进度，造成大量资金浪费的现象。因此，在进行土木工程建设时应当对工程所在地的地质条件进行勘察，了解岩土体的工程性质。从事设计以及施工的工程技术人员应当重视地质勘察工作，了解勘察内容及方法。

4.1.2　工程地质勘察

工程地质勘察又称岩土工程勘察，是地质测绘、勘探、室内试验、原位测试以及室内勘察资料整理的工作统称。工程地质勘察的目的是查明建设地区的工程地质条件，提出工程地质评价，为选择设计方案、设计各类建筑物、制订施工方法、整治地质灾害提供依据。

1. 工程地质勘察的任务

1）查明区域和建筑场地的工程地质条件，指出场地内不良地质的发育情况及其对工程建设的影响，对区域稳定性和场地稳定性做出评价。

2）查明工程范围内岩土体的分布、性状和地下水活动条件，为设计、施工和整治提供所需的地质资料和技术参数。

3）分析评价与建筑有关的工程地质问题，为建筑物的设计、施工、运行提供可靠的地质依据。

4）对场地内建筑总平面布置、各类岩土工程设计、岩土体加固处理、不良地质现象的整治等具体方案做出论证和建议。

5）预测工程施工过程对地质环境和周围建筑物的影响，提出保护措施的建议。指导工程在运营和使用期间的长期观测，如建筑物的沉降和变形观测。

工程地质勘察应在搜集建筑物上部荷载、功能特点、结构类型、基础形式、埋置深度和变形限制等方面资料的基础上进行。工程地质勘察应与设计相配合，不同设计阶段的勘察侧重点不同。工程地质勘察应分阶段进行，分为可行性研究勘察、初步勘察、详细勘察和施工勘察四个阶段。其中，可行性研究勘察应符合选择建筑场址方案的要求；初步勘察应符合初步设计的要求；详细勘察应符合施工图设计的要求；对于场地条件复杂或有特殊要求的工程还应进行施工勘察。

2. 工程地质勘察的分类

1）可行性研究勘察

可行性研究勘察是以搜集已有资料为主，配合补充调查，评价拟建场地的适宜性和稳定性，选出最佳场址方案。对于重点工程则需要进行现场勘察，避开不良地质环境条件。

2）初步勘察

初步勘察是在可行性研究勘察的基础上，在初步选定的场址内布置少量的勘探测试工作，评价场地内建筑地段的稳定性，确定建筑总平面和主要建筑物地基基础方案，并对不良地质作用的防治工作进行论证，满足初步设计要求。

3）详细勘察

详细勘察是按单体建筑或建筑群进行勘察，提供详细的地质资料，对地基类型、基础形式、地基处理、基坑支护、工程降水、不良地质作用的防治等方面给出建议，满足施工图设计要求。

4）施工勘察

施工勘察是配合施工进行的勘察，以解决与施工有关的岩土工程问题。如对重要建筑的复杂地基基槽进行验槽，核实地质条件与勘察报告是否相符；评价地基加固方案是否合理；对施工中的斜坡失稳进行观测及处理等。

3. 工程地质勘察的方法

1）工程地质测绘与调查是在工程设计之前采用搜集资料、调查访问、地质测量、遥感等方法查明场地工程地质要素并绘制相应的工程地质图形，为规划、设计、施工部门提供参考。工程地质测绘方法有像片成图法和实地测绘法。

2）勘探是在工程地质测绘的基础上，为探明建筑场地范围内工程地质要素的地下情况而开展的工程地质勘探工作，包括钻探、坑探和地球物理勘探。

3）室内试验是指在实验室对从现场取回的土样或土料进行物理力学性质试验。

4）原位测试是指在工程地质勘察现场，在不扰动或基本不扰动岩土层的情况下对岩土层进行测试，以获得岩土层物理力学性质指标及划分土层的一种现场勘测技术。原位测试主要包括载荷试验、静力触探试验、动力触探试验、十字板剪切试验、旁压试验、现场剪切试验和波速试验。

5）现场检验与监测是指在施工阶段检测地质情况与勘察报告是否相符，对不相符的情况及时补充修正，并对施工中出现的问题提出处理意见。现场监测是对自然或人为作用引起的岩土性状、周围环境条件及相邻结构、设施等因素发生的变化进行观测，监视其变化规律和发展趋势。

4.1.3　水文地质勘察

水文地质勘察亦称"水文地质勘测"，指为查明一个地区的水文地质条件而进行的水文地质调查研究工作，旨在掌握地下水和地表水的成因、分布及其运动规律，为合理开采利用水资源，正确进行基础、打桩工程的设计和施工提供依据，包括地下、地上水文勘察两个方面。地下水文勘察主要是调查研究地下水在全年不同时期的水位变化、流动方向、化学成分等情况，查明地下水的埋藏条件和侵蚀性，判定地下水在建筑物施工和使用阶段可能产生的变化及影响，并提出防治建议。

水文地质勘察主要包括以下7个方面内容：

1. 水文地质测绘。对地下水和与其有关的各种地质现象进行实地观测和填图工作，包括收集有关的资料；布置观测点和观测线进行实地调查；测定井、泉等地下水露头的流量和水质；研究其形成条件，查明地下水的形成、分布、埋藏条件和岩土的含水性；寻找地下水的富水地段，选定进一步勘探和试验工作的地点等。

2. 地球物理勘探。地球物理勘探（简称物探）常用来寻找地下水，确定含水层的位置，划分咸水体和淡水体界线等。在水文地质勘探中常用的地面物探方法有电测深法、电剖面法、自然电场法、浅层地震法等。常用的钻井地球物理方法有电测井法、放射性测井法等。物探方法由于比较快速、经济，常与水文地质钻探和试验配合进行，利用物探确定钻孔和抽水试验地点，可以提高效率。

3. 水文地质钻探。钻探的目的是确定含水层的位置与分布，以查明地下水的存在条件。所获岩样要进行详细编录，并且利用钻孔进行抽水试验或其他水文地质试验。水文地质钻探的要求和一般的矿产钻探不同，要求有较大的孔径并且用清水钻进，否则利用钻孔求得的水文地质参数可能失真。

4. 水文地质试验。水文地质试验的目的是取得各种参数，为地下水资源评价或矿山涌水量计算等提供基础资料，包括抽水试验、压水试验、注水试验和弥散试验等，最常用的是抽水试验。

5. 地下水动态观测。地下水动态观测是水文地质勘察的一项重要内容。在布置钻探和水文地质试验时，就要考虑到保留一部分钻孔用来进行长期观测，定期测定地下水的水位、水质和水温，以便为以后的地下水资源评价或其他水文地质计算提供基础资料。一般要求动态观测的时间不少于一个水文年，时间系列越长越好。

6. 实验室分析。在水文地质勘察过程中，要选取水样、岩样或土样进行实验室的水质分析、粒度分析、孢粉或微体古生物分析、同位素年龄测定等。

7. 编制水文地质报告和图件。水文地质勘察的成果一般分为报告和图件两部分。报告应当正确地反映实际的水文地质条件，回答要求解决的问题。图件一般是一系列的水文地质图，根据勘察的目的、要求的不同，图件的数量和内容都可以不同，常见的有综合水文地质图、地下水等水位线图、岩石含水性图、水化学图、地下水埋深图、地下水污染程度图、水文地质参数分区图等。

4.2   地基

4.2.1   工程土分类

在自然界中，地壳表层的岩石在阳光、大气、水、生物等作用下发生崩解、破碎，经水流、风、冰川等搬运作用后发生沉积，形成土体。土体的工程性质与土颗粒的矿物成分、颗粒大小、颗粒形状、成土年代等紧密相关。因此，自然界土体种类繁多、工程性质各异。为便于工程应用，应对土体进行工程分类。

土体的分类是根据土的工程性质差异，通过一种通用的鉴别标准，将土划分为一定的类别，以便在不同土类间做出有价值的比较、评价和经验积累。土的分类一般应遵循以下两个原则：一是土的分类体系采用的指标既要能综合反映土的主要工程性质，又要便于测定和使用方便；二是土的分类采用的指标要在一定程度上反映工程用土的不同性质。土的总体分类体系一般如图4-1所示。

《建筑地基基础设计规范》GB 50007—2011在考虑划分标准时注重土的天然结构特点和强度并结合土的主要工程特性，考虑了按沉积年代和地质成因划分。

地基土按沉积年代可划分为：①老沉积土；

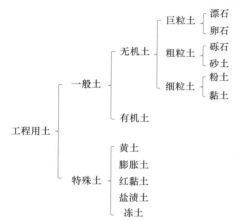

图 4-1   土的总体分类体系

第四纪晚更新世 Q3 及其以前沉积土，一般具有较高的结构强度；②新近沉积土：第四纪全新世近期沉积土，一般强度较低。

根据地质成因可划分为：残积土、坡积土、风积土、洪积土、湖积土、海积土、冲积土、冰积土。

土按颗粒级配和塑性指数分为碎石土、砂土、粉土和黏性土四大类。

1. 碎石土

粒径大于 2mm 的颗粒含量超过全重 50％的土称为碎石土。根据颗粒级配和颗粒形状可细分为漂石、块石、卵石、碎石、圆砾和角砾，如表 4-1 所示。

碎石土分类 表 4-1

土的名称	颗粒形状	颗粒级配
漂石	圆形或亚圆形为主	粒径大于 200mm 的颗粒含量超过全重的 50％
块石	棱角形为主	
卵石	圆形或亚圆形为主	粒径大于 20mm 的颗粒含量超过全重的 50％
碎石	棱角形为主	
圆砾	圆形或亚圆形为主	粒径大于 2mm 的颗粒含量超过全重的 50％
角砾	棱角形为主	

注：定名时应根据颗粒级配由大到小以最先满足者确定。

2. 砂土

粒径大于 2mm 的颗粒含量不超过全重 50％，且粒径大于 0.075mm 的颗粒含量超过全重 50％的土称为砂土。根据颗粒级配可细分为砾砂、粗砂、中砂、细砂和粉砂，如表 4-2 所示。

砂土分类 表 4-2

土的名称	颗粒级配
砾砂	粒径大于 2mm 的颗粒含量占全重的 25％～50％
粗砂	粒径大于 0.5mm 的颗粒含量超过全重的 50％
中砂	粒径大于 0.25mm 的颗粒含量超过全重的 50％
细砂	粒径大于 0.075mm 的颗粒含量超过全重的 85％
粉砂	粒径大于 0.075mm 的颗粒含量超过全重的 50％

注：定名时应根据颗粒级配由大到小以最先满足者确定。

3. 粉土

粉土介于砂土和黏土之间，塑性指数 $I_p \leqslant 10$，粒径大于 0.075mm 的颗粒含量不超过全重的 50％的土，可按表 4-3 划分为黏质粉土和砂质粉土。

粉土分类 表 4-3

土的名称	颗粒级配
砂质粉土	粒径小于 0.005mm 的颗粒含量不超过全重的 10％
黏质粉土	粒径小于 0.005mm 的颗粒含量超过全重的 10％

4. 黏性土

塑性指数 $I_p > 10$ 的土为黏性土。根据塑性指数按表 4-4 可分为粉质黏土和黏土。

黏土分类

表 4-4

土的名称	塑性指数	土的名称	塑性指数
粉质黏土	$10 < I_p \leqslant 17$	黏土	$I_p > 17$

4.2.2　地基概念、应力及变形

建筑物或土工建筑物荷载通过基础传给地基。地基是指承受建筑物荷载的地层，其中，直接承受基础荷载的土层（或岩层）称持力层，持力层以下的各土层（或岩层）称下卧层。承载力明显低于持力层的下卧层称软弱下卧层。未经人工处理就可以满足使用要求的地基称为天然地基。当地基软弱，承载力不能满足使用要求时，需对地基进行加固处理以满足承载力的要求，该部分人工处理的地基称为人工地基。

为了保证建筑物的安全，地基基础设计应满足下列两个要求：

（1）地基不能产生过大的变形，基础不能产生过大的沉降或不均匀沉降。基础结构本身应有足够的强度、刚度和耐久性，在地基反力作用下不会发生强度破坏。

（2）地基应具有足够的承载力，在荷载作用下，不能因地基失稳而造成建筑物的破坏。

土体在自身重力、建筑物荷载、交通荷载、地下水渗流、地震等作用下，都会产生地基土应力。地基土应力将引起地基产生变形，从而使土工建筑物或者建筑物发生沉降、倾斜以及水平位移。过大的变形会影响结构上部的正常使用。如果土中应力过大，超过岩土体的承载能力，会导致岩土体破坏，进而影响建筑物的稳定。

土中应力按成因分为自重应力和附加应力。土中某点的自重应力和附加应力之和是土体受外荷载作用下的总应力。自重应力是指土体由于受到自身重力作用而存在的应力。一般情况下，对于成土年代长久的土体，土体在自重作用下已经完成压缩变形，自重应力不会引起地基变形。而成土年代不久的新近沉积土、近期人工填土（填方路堤、土坝）在自重作用下尚未固结，需要考虑土的自重引起的地基变形。此外，地下水的升降会引起土中自重应力大小变化，进而产生土体压缩、膨胀或湿陷变形。土中附加应力是指土体受到外荷载（建筑物荷载、交通荷载、地下水渗流、地震等）的作用而附加产生的应力增量。附加应力是产生地基变形的主要原因，也是导致地基土强度破坏和失稳的主要原因。土重自重应力和附加应力产生的原因不同，计算方法不同，分布规律及对工程的影响也不同。关于土中应力的计算、分布规律等将在后续专业课程"土力学"中进行详细介绍。

在土中附加应力作用下，地基将产生压缩变形，引起基础沉降。地基变形按特征分为沉降量、沉降差、倾斜和局部倾斜四种。沉降量是指基础中心点的沉降量；沉降差是指相邻单独基础沉降量的差值；倾斜指单独基础倾斜方向两端点的沉降差与其距离的比值；局部倾斜指砖石砌体承重结构沿纵向 6～10m 内基础两点的沉降差与其距离的比值，建筑物局部倾斜过大，会使砖石砌体承受弯矩作用而造成拉裂。地基变形计算与土的压缩性以及压缩时间有关，地基沉降常用的计算方法是分层总和法和规范法。工程中衡量土的压缩性指标有压缩系数、压缩指数、压缩模量和变形模量，可通过室内压缩试验、原位浅层或深层平板载荷试验、三轴试验、标贯试验、旁压试验等进行测量。

由于荷载及地基土不均匀等原因，沉降往往也是不均匀的。当不均匀沉降超过一定限度时，将导致建筑物开裂、倾斜甚至破坏。因此，在设计地基基础时，对地基变形必须加以控制，《建筑地基基础设计规范》GB 50007—2011 给出了建筑物的地基变形允许值。

4.3 浅基础

    基础是建筑底部与地基接触的承重构件，其作用是将上部结构的荷载传至地基。各类建筑工程的结构形式多样，设计时应根据上部结构、工程地质条件的不同，选择合理的基础结构方案，使基础满足强度、刚度、稳定性的要求。

    根据基础埋置深度的不同，基础分为浅基础和深基础。埋置深度小于 5m 的基础以及埋置深度虽然超过 5m 但埋置深度小于基础宽度的大尺寸基础（如箱形基础），称为天然地基上的浅基础。位于地基深处承载力较高的土层上，埋置深度大于 5m 或埋深大于基础宽度的基础称为深基础。浅基础根据构造形式不同，可分为独立基础、条形基础、筏板基础、箱形基础和壳体基础等；根据所用材料不同，可分为无筋扩展基础（砖基础、素混凝土基础、三合土基础、毛石基础等，如图 4-2 所示）和扩展基础（钢筋混凝土基础，如图 4-3所示）。无筋扩展基础系指由砖、毛石、素混凝土、灰土和三合土等材料组成的无需配置钢筋的墙下条形基础或柱下独立基础。无筋扩展基础材料抗拉、抗剪强度低，而抗压强度高。在地基反力作用下，基础悬挑部分的受力如同悬臂梁一样向上弯曲，悬臂越大，基础越容易因弯曲而拉裂。因此，无筋扩展基础设计要满足刚性角 α 的需要，不同的材料，刚性角不同。钢筋混凝土扩展基础的抗弯、抗剪强度高，不受刚性角的限制，耐久性和抗冻性好，适用于荷载大、地质条件差而需要浅基础的情况。

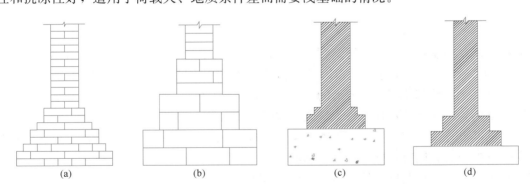

图 4-2 常见的无筋扩展基础
（a）砖基础；（b）素混凝土基础；（c）毛石基础；（d）灰土基础

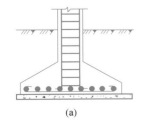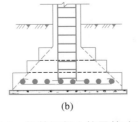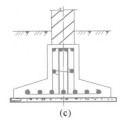

图 4-3 钢筋混凝土扩展基础形式
（a）锥形；（b）阶梯形；（c）梁板结合型

4.3.1 独立基础

当建筑物上部结构采用框架结构或排架结构承重时，基础常采用方形、矩形或圆柱形等形式的独立式基础，称为独立基础（图4-4）。独立基础有多种形式，如杯形基础和柱下独立基础。当柱采用预制钢筋混凝土构件时，独立基础上部做成杯口形，然后将柱子插入，并嵌固在杯口内，故称杯形基础（图4-5）。柱下独立基础是柱基础最常用、最经济的一种类型，它适用于柱距为4～12m、荷载不大、场地均匀、对不均匀沉降有一定适应能力的结构柱做基础。独立基础在工业与民用建筑中应用范围很广，数量很大。这类基础埋置不深，用料较省，无须复杂的施工设备，地基无须处理即可修建，工期短，造价低，因而为各种建筑物特别是排架、框架结构优先采用的一种基础形式。

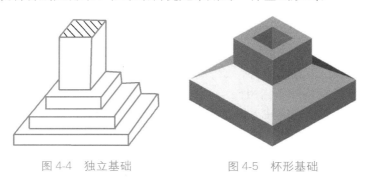

图4-4 独立基础　　　　　　　图4-5 杯形基础

4.3.2 条形基础

条形基础指基础长度远大于其宽度的一种基础形式，按上部结构分为墙下条形基础、柱下条形基础、交叉条形基础（图4-6）。条形基础的作用是把墙或柱的荷载侧向扩展到土中，使之满足地基承载力和变形的要求。当地基较软弱、上部结构荷载或者地基压缩性分布不均匀，以至于采用柱下独立基础可能产生较大的不均匀沉降时，常将一个方向上若干柱子的基础连成一体而形成柱下条形基础。柱下条形基础的抗弯刚度较大，具有调节不均匀沉降的能力；同时，柱下条形基础能够将传递到柱上的上部结构荷载均匀地分布到基底面积上。柱下条形基础是软弱地基上框架和排架结构的一种常见基础形式。当地基软弱且在两个方向分布不均时，需要基础在两个方向都具有一定的刚度来调整不均匀沉降，此时可在柱网下沿着纵横两个方向分别设置条形基础，形成柱下交叉条形基础。

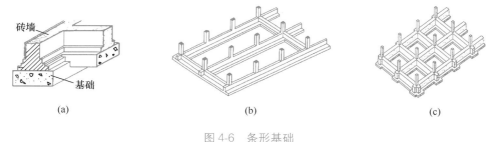

图4-6 条形基础

（a）墙下条形基础；（b）柱下条形基础；（c）交叉条形基础

4.3.3　浅基础的其他结构形式

除独立基础和条形基础外，筏板基础和箱形基础也是常用的浅基础结构形式。筏板基础应用于多层与高层建筑。当柱子和墙传来的荷载很大且地基土较软弱，独立基础或条形基础都不能满足地基承载力要求时，或当建筑物要求基础有足够刚度以调节不均匀沉降时，往往需要把整个房屋底面（或地下室部分）做成整块钢筋混凝土筏板基础。筏板基础整体性好，能够很好地抵抗地基不均匀沉降。筏板基础按构造不同分为平板式和梁板式两类。平板式是在地基上做一块钢筋混凝土底板，柱子直接支承在底板上。梁板式则是在钢筋混凝土底板上方或者下方添加地梁，以增大基础的整体刚度。筏板基础如图 4-7 所示。

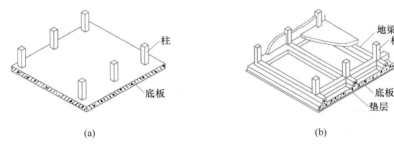

图 4-7　筏板基础
（a）板式筏板基础；（b）梁板式筏板基础

箱形基础是指由钢筋混凝土底板、顶板、钢筋混凝土纵横隔墙构成的有一定高度的整体现浇钢筋混凝土结构（图 4-8）。箱形基础具有较大的基础底面、较深的埋置深度和中空的结构形式，上部结构的部分荷载可用开挖卸去的土的重量得以补偿。与筏板基础相比，箱形基础具有更大的抗弯刚度，只会产生大致均匀的沉降或整体倾斜，从而基本消除因地基不均匀沉降而导致的建筑物开裂的可能性。与一般的实体基础比较，箱形基础能显著地提高地基的稳定性，降低基础沉降量，适用于软弱地基上的高层、重型或对不均匀沉降有严格要求的建筑物。

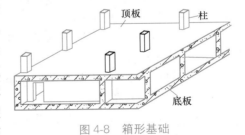

图 4-8　箱形基础

4.4　深基础

常见的深基础有桩基础、沉井基础、沉箱基础、地下连续墙基础。

4.4.1　桩基础

桩基础是通过承台把若干根桩的顶部联结成整体，共同承受动静荷载的一种深基础。桩是设置于土中的竖直或倾斜的基础构件，通过桩的作用将上部结构荷载传递到深部较坚硬、压缩性小的土层或岩层上。桩基由于具有承载力高、稳定性好、沉降及差异变形小、沉降稳定快、抗震能力强以及能适应各种复杂地质条件等优点而得到广泛使用。桩基础除了在一般工业与民用建筑中用于承受竖向抗压荷载外，还在港口、桥梁、近海钻井平台、高耸及高重建筑物、支挡结构以及抗震工程中，用于承受侧向风力、波浪力、土压力、地震作用等水平荷载及竖向抗拔荷载。

1. 桩基础主要适用范围

1）上部土层软弱或不稳定，不能满足承载力和变形要求，而下部存在较好的土层时，可采用桩基础穿越软弱土层或不稳定土层，将荷载传递给深部硬土层或密实稳定土层。

2）一定深度范围内不存在较理想的持力层，可采用桩使荷载沿着桩身通过桩侧摩阻力渐渐传递，以达到承载力的要求。

3）基础承受向上的作用力时，用桩依靠桩侧负摩阻力来抵抗向上的力，即"抗拔桩"。

4）基础需要承受水平方向作用力时，可用抗弯的竖向桩来承担。

5）地基软硬不均或荷载分布不均，天然地基不能满足结构物对不均匀沉降的要求时，可采用桩基础。

6）港口、水利、桥梁工程中，结构物基础周围的地基土宜受侵蚀或冲刷时，以及精密仪器和动力机械设备等对基础有特殊要求时，应采用桩基础。

7）考虑建筑物受相邻建筑物、地面堆载以及施工开挖、打桩等影响，采用浅基础将会产生过量倾斜或沉降时用桩基础。

由于成桩方法、使用功能、荷载传递机理、桩径及桩身材料的不同，桩的特点和承载性能存在较大差异。因此，桩有不同的类别。

2. 按承载性能分类的桩（图 4-9）

1）摩擦桩：在竖向极限荷载作用下，桩顶荷载全部或绝大部分由桩侧阻力承受，桩端阻力小到可忽略不计的桩。

2）端承摩擦桩：在竖向极限荷载作用下，桩端阻力分担部分荷载，但荷载分担比例不大于30％的桩。

3）端承桩：在竖向极限荷载作用下，桩顶荷载全部或绝大部分由端阻力承担，桩侧阻力小到可忽略不计的桩。

4）摩擦端承桩：在竖向极限荷载作用下，桩顶荷载主要由桩端阻力承受，桩侧阻力分担荷载的比例不超过50％的桩。

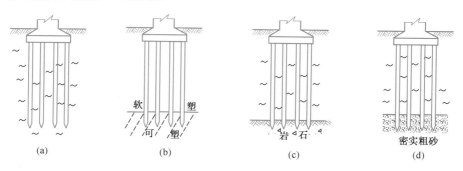

图 4-9　摩擦桩和端承桩

（a）摩擦桩；（b）端承摩擦桩；（c）端承桩；（d）摩擦端承桩

3. 按成桩方法分类的桩

1) 非挤土桩：在成桩过程中将相应于桩身体积的土挖出来，因而桩周和桩底土有应力松弛现象，常见的非挤土桩有挖孔桩、钻孔桩等。

2) 部分挤土桩：成桩过程中，挤土作用轻微，桩周土的工程性质变化不大，常见的桩型有预钻孔打入式预制桩、打入式敞口钢管桩等。

3) 挤土桩：在成桩过程中，桩周土被挤开，使土的工程性质与天然状态相比有较大变化，常见的挤土桩有打入或压入的预制混凝土桩、封底钢管桩、混凝土管桩和沉管式灌注桩。

4. 按材料分类的桩

1) 木桩。我国古代建筑广泛使用木桩基础，承重木桩常用杉木、松木、柏木和橡木等坚硬耐久的木材。木桩容易制作，储运方便，打桩设备简单，造价低，但是木桩基础承载力低，使用寿命短，尤其在地下水位下的木桩，极易腐蚀破坏。

2) 混凝土桩。混凝土桩是目前使用最广泛的桩，包括预制混凝土桩和灌注混凝土桩两大类。混凝土桩配置了受力钢筋，既能承受压力，也能承受抗拔荷载和水平荷载，适用于各种地层。混凝土桩有多种截面形式，包括矩形截面桩、圆形截面桩、管桩、异形截面桩等。

3) 钢桩。钢桩可根据承载和减少挤土效应的要求而灵活调整截面，并具有抗冲击性能强、接桩方便、施工质量稳定等特点，但造价高，存在环境腐蚀问题，钢桩在我国应用较少。目前常用的桩型有开口或敞口管桩、H 形钢桩或其他异形钢桩。

4) 组合材料桩。组合材料桩是指由两种或两种以上材料组成的桩，一般可根据地层条件及充分发挥材料特性而进行组合。组合材料桩一般在特殊条件下应用，地下水位以下为混凝土桩，地下水位以上为木桩或钢桩。

4.4.2 沉井基础

沉井是一种四周有壁、下部无底、上部无盖的筒形结构物，施工时从井内挖土，借助沉井自重克服井壁摩阻力下沉到设计标高，再经过封底混凝土并处理井孔而成为基础，如图 4-10 所示。

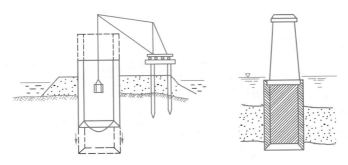

图 4-10　沉井基础

沉井基础埋深较大，整体性强，稳定性好，具有较大的承载面积，能承受较大的竖向和水平荷载。沉井在下沉过程中可作为挡土和挡水围堰结构物，其施工工艺简便，技术稳妥可靠，无须特殊专业设备，并可做成补偿性基础，避免过大沉降，在深基础或地下结构中应用较为广泛，如桥梁墩台基础、地下泵房、水池、油库、矿用竖井以及大型设备基础、高层和超高层建筑物基础等。但沉井基础施工工期较长，对粉砂、细砂类土在井内抽水时易发生流砂现象，造成沉井倾斜；沉井下沉过程中遇到的大孤石、树干或井底岩层表面倾斜过大，也将给施工带来一定的困难。

　　沉井按其截面形状分为圆形沉井、矩形沉井和圆端形沉井。圆形沉井水流阻力小，在同等面积下，同其他类型相比，周长最小，摩阻力相应减小，便于下沉；井壁只受轴向压力，且无绕轴线偏移问题。矩形沉井与等面积的圆形沉井相比，其惯性矩及核心半径均较大，对基底受力有利；在侧压力作用下，沉井外壁受较大的挠曲应力。圆端形沉井对支撑建筑物的适应性较好，也可充分利用基础的圬工，井壁受力也较矩形有所改善，但施工较复杂。

4.4.3　沉箱基础

　　沉箱基础又称气压沉箱基础，如图 4-11 所示。沉箱由顶盖和侧壁组成，其侧壁也称刃脚。顶盖上安设气筒（井管）和各种气闸。气闸由中央气闸、人用变气闸及料用变气闸（或进料筒、出土筒）组成。工人在工作室内挖土，使沉箱在自重作用下沉入土中。当沉箱在水下就位后，将压缩空气压入沉箱内部，排出其中的水，工作人员在无水的室内进行挖土工作，并通过升降筒和气闸把弃土外运，从而使沉箱在自重和顶面压重作用下逐步下沉到设计标高，最后用混凝土填实工作室，即成为沉箱基础。沉箱基础的优点是整体性强，稳定性好，能承受较大的荷载，沉箱底部的土体持力层能得到保证。其缺点是工人在高压、无水条件下工作，随着开挖深度的加深，箱内气压增大，当作业气压大于 0.2MPa 时作业人员容易患病，使得沉箱基础的使用范围受到了很大限制。现在随着自动化技术的发展，一些新的沉箱工法得以发展，其中，无人沉箱工法被认为是大深度基础施工中最有前途的工法。

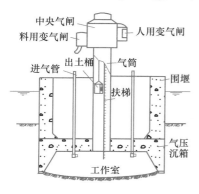

图 4-11　沉箱基础

4.4.4　地下连续墙基础

　　地下连续墙是在地面用专用挖槽设备，在泥浆护壁作用下，开挖一条狭长的深槽，清槽后在槽内放置钢筋笼并浇灌混凝土，形成一段钢筋混凝土墙段（图 4-12）。各墙段顺次施工并连成整体，形成一条连续的地下墙体。地下连续墙可以作为截水防渗、挡土及承重之用。

　　地下连续墙的优点是刚度大、整体性好，结构和地基的变形较小；结构耐久性和抗渗性好；可以实行逆作法施工，施工安全，工期短，

图 4-12　地下连续墙基础

质量高，造价低，施工时振动少，噪声低，对沉降和变形易于控制。地下连续墙按用途分为临时挡土墙、防渗墙以及用作主体结构兼作挡土墙的地下连续墙。按建筑材料分为土质墙、混凝土墙、钢筋混凝土墙和组合墙。按成墙方式分为桩排式、壁板式、桩壁组合式。按构造形式分为分离壁式、整体壁式、单独壁式、重壁式。地下连续墙施工技术逐渐趋于成熟，广泛应用于高层建筑的深大基坑、大型地下商场、地下停车场、地铁车站、桥梁基础等。

4.5 地基处理

4.5.1 概述

据调查统计，在众多的土木工程事故中，由于地基问题而发生的事故占多数。地基处理好坏，不仅关系到所建工程是否安全可靠，而且关系到所建工程投资的大小。随着经济的快速发展，土木工程建设的规模逐渐扩大，要求逐渐提高，高层建筑、大跨度桥梁、地下工程等不断涌现，对天然地基进行处理的工程日益增多。了解和掌握地基处理技术对工程技术人员显得尤为重要。

我国地域辽阔，工程地质条件复杂，不能满足建筑物地基要求的天然软弱地基或不良地基普遍存在。工程中常见不良土和软弱土主要包括软黏土、湿陷性土、膨胀土、冻土等。

1. 软黏土

软黏土以饱水的软弱黏土沉积为主，包括饱水的软弱黏土和淤泥。软黏土的特点是天然含水量高，天然孔隙比大，抗剪强度低，压缩系数高，渗透系数小。在荷载作用下，软黏土地基承载力低，地基沉降变形大，可能产生的不均匀沉降也大，而且沉降稳定历时比较长，一般需要几年甚至几十年。我国沿海、沿湖、沿河地带都有广泛的软黏土分布。

2. 湿陷性土

湿陷性土包括湿陷性黄土、粉砂土以及干旱、半干旱地区具有崩解性的碎石土等，以湿陷性黄土为主。判断土是否具有湿陷性可根据野外浸水荷载试验确定并采用湿陷系数 δ_s 进行衡量。湿陷系数的大小反映土对水的敏感程度，其值越小，湿陷性越小，受水浸润后的附加下沉也越小。$\delta_s < 0.015$ 时为非湿陷性黄土；$\delta_s > 0.015$ 时为湿陷性黄土。湿陷性黄土受水浸润后，在覆盖土层的自重应力或自重应力和附加应力的综合作用下，土的结构迅速破坏，发生显著的附加沉降，强度迅速降低。湿陷性黄土广泛分布在我国甘肃、陕西、山西大部分地区。在湿陷性土地区修建建筑物时，要综合采用地基处理措施、防水措施和结构措施等各种手段，以保证工程的安全可靠和正常使用。

3. 膨胀土

具有较大吸水膨胀、失水收缩特性的高液限黏土称为膨胀土。膨胀土黏性成分含量很高，其中粒径为 0.002mm 的胶体颗粒一般超过 20%，自由膨胀率一般超过 40%。按工程性质，膨胀土分为强膨胀土、中等膨胀土、弱膨胀土三类。膨胀土的黏土矿物成分主要由蒙脱石、伊利石等亲水性矿物组成。膨胀土有较强的胀缩性，有多裂隙性结构，有显著的强度衰减期，多含有钙质或锰、铁质结构，一般呈棕、黄褐及灰白色。膨胀土分布范围很广，在广西、云南、湖北、河南、安徽、四川、河北、山东、陕西、江苏等地均有分布。膨胀土地区的工程设计施工必须根据膨胀土的特性，充分考虑地区的气候特点、地形条件、地貌条件和土中含水率的变化情况，因地制宜地采取各种有效的设计和施工措施。

4. 冻土

冻土是指温度低于 0℃，土中部分或大部分水冻结成冰的土。冻土分为季节性冻土和多年冻土，多年冻土的强度和变形具有许多特殊性，冻土由土颗粒、冰、未冻水、气体四项组成。由于冰的存在，冻土地基的瞬时承载力很大，在长期荷载作用下具有强烈的流变性。多年冻土在人类活动的影响下可能产生融化。所以多年冻土作为建筑物地基需要慎重考虑，需要采取必要的地基处理措施。多年冻土主要分布在纬度较高的内蒙古和黑龙江的大兴安岭和小兴安岭一带以及地势较高的青藏高原和甘肃、新疆高山区。

4.5.2　地基加固

为满足建筑物特殊要求、达到工程使用目的，需要对软弱地基和特殊地基进行处理。地基处理方法分类可按地基处理原理、地基处理目的、地基处理性质、地基处理时效等原则进行分类。不少地基处理方法具有多种效用，如土桩和灰土桩既有挤密作用又有置换作用。已经发展的地基处理方法很多，新的地基处理方法还在不断发展。常用的地基处理方法主要有以下六类。

1. 置换

置换是利用物理力学性质好的岩土材料置换天然地基中部分或全部软弱土体，以形成双层或复合地基，达到提高地基承载力、减小沉降的目的，主要有换土垫层法、挤淤置换法、褥垫法、砂石桩置换法、强夯置换法等。

2. 排水固结法

排水固结是指土体在一定荷载作用下排出孔隙中的水分，孔隙比减小，抗剪强度提高，以达到提高地基承载力、减小沉降的目的，主要有堆载预压法、真空预压法、真空预压和堆载预压联合作用法、电渗法、降低地下水位法。

3. 固化法

固化法是指向土体中灌入或拌入水泥、石灰或其他化学、生物固化浆材，在地基中形成增强体，以达到处理地基的目的，主要方法有深层搅拌法、高压喷射注浆法、渗入性灌浆法。

4. 振密、挤密

振密、挤密是指采用振动或挤密的方法使地基土体密实，以达到提高地基承载力和减少沉降的目的，主要方法有表层原位压实法、强夯法、振冲密实法、挤密砂石桩法、爆破挤淤法等。

5. 加筋

加筋是指在地基中设置土工格栅、土工织物等强度高、模量大的筋材，以达到提高地基承载力、减小沉降的目的，主要方法有加筋土垫层法、加筋挡土墙法和土钉墙法等。

6. 冷热处理

冷热处理是通过冻结地基土体，或焙烧、加热地基土体以改变土体物理力学性质达到地基处理的目的，主要方法有冻结法和烧结法。

在实际工程中，地基处理方案的选择首先应根据搜集的资料，初步选定可供考虑的几种地基处理方案。然后对选定的几种地基处理方案进行技术经济分析和对比，从中选择一种或两种最佳的地基处理方案。

4.5.3 桩土复合地基

复合地基是指天然地基在地基处理过程中部分土体得到增强，或被置换，或在天然地基中设置加筋材料，加固区是由基体（天然地基土体或被改良的天然地基土体）和增强体两部分组成的人工地基。在荷载作用下，基体和增强体共同承担荷载的作用。根据复合地基荷载传递机理将复合地基分成竖向增强体复合地基和水平向增强复合地基。竖向增强体复合地基分为散体材料桩复合地基、柔性桩复合地基和刚性桩复合地基三种。

1. 复合地基的作用机理

复合地基在施工阶段的作用机理主要表现为挤密效应和排水固结效应，工作阶段的作用机理主要表现为桩体效应、垫层效应、加筋效应和协作效应。

1）挤密效应：竖向增强体复合地基在施工过程中将桩位处的土部分或者全部挤压到桩侧，使桩间土体挤压密实。

2）排水固结效应：增强体透水性强，是良好的排水通道，能有效地缩短排水距离，加速桩间饱和软黏土的排水固结。

3）桩体效应：复合地基中桩体刚度较大，强度高，承担的荷载大，能将荷载传到地基深处，从而使复合地基承载力提高，地基沉降减小。

4）垫层效应：复合地基的复合土层宏观上可视为一个深层的复合垫层，具有应力扩散效应。

5）加筋效应：水平向增强复合地基，在荷载的作用下，发生竖向压缩变形，同时产生侧向位移。复合地基中的加筋材料，将阻碍地基土侧向位移，防止地基土侧向挤出，提高复合地基中水平向的应力水平，改善应力条件，增强土的抗剪能力。

6）协作效应：增强体与周围土体协调变形、共同工作。竖向增强体复合地基，桩体强度高，刚度大，约束土体侧向变形，改善土体的应力状态，使土体在较高的应力状态下不致发生剪切破坏。同时，土体也约束桩体的侧向变形，保持桩体的形状，提高桩的强度和稳定性。

2. 复合地基设计要求

桩土复合地基在设计时应当注意对设计参数进行控制。复合地基的设计参数主要有处理范围、处理深度、桩体直径、间距、布置方式、增强体材料、面积置换率、配合比和桩土应力比等。其中面积置换率和桩土应力比是复合地基承载力确定和沉降计算的两个基本参数。

1）处理范围

地基处理范围应根据建筑物的重要性、平面布置、地基土质条件和增强体的类型确定，一般应大于基础底面积，满足应力扩散的要求。对于刚性桩和部分半刚性桩，由于基础荷载主要由桩体承担，并通过桩体传到地基深处，桩可只布置在基础底部。

2）处理深度

柔性桩和半刚性桩易发生鼓桩破坏。就承载力而言存在一个有效桩长，桩长大于有效桩长后，承载力不再随桩长增加或增加的幅度很小，从这个角度讲桩长不宜过长；但增加桩长对减少基础沉降是有利的。

当土层厚度不大时，一般应达松软土层底面；当松软土层厚度较大时，对按稳定性控制的工程，应达到最危险滑动面以下 2m 以上；对按变形控制的工程，应满足处理后的地基变形量不超过建筑物的地基变形允许值并满足软弱下卧层承载力的要求；在可液化地基中，应按抗震的要求处理深度确定。

3）桩体直径

桩体直径可根据地基土的性质、处理深度、桩的类别、作用、当地经验和选用的施工机械确定。地基处理深度大时，桩直径应大些，挤密桩直径应大些，以承载力为主的桩直径应大些，兼有排水固结的桩直径应小些。

4）桩间距

一般取桩径的 3～5 倍。对于不可挤密土和挤土成桩工艺宜采用较大的桩间距。

5）布置形式

布置形式可采用等边三角形、等腰三角形、正方形、矩形等。

6）增强体材料和配合比

增强体材料应本着就地取材，充分利用工业废料的原则，如砂石、粉煤灰、矿渣、水泥、石灰等，配合比应根据增强体的强度要求由试验确定。

7）面积置换率

面积置换率是指竖向增强体复合地基中，竖向增强体的横断面积与其所对应的（或所承担的）复合地基面积的比值。面积置换率以满足复合地基承载力特征值为要求。

8）桩土应力比

桩土应力比是指桩顶的竖向应力与桩间土的平均竖向应力的比值。桩土应力比用于初步设计符合地基承载力特征值的估算，取 2～4，原土强度高时取小值，否则取大值。桩土应力比与荷载大小、桩土相对刚度、垫层厚度和桩的长径比有关。

本章小结

（1）工程地质勘察的主要任务是查明建筑场地的工程地质条件，对岩土工程进行分析评价，为基础设计以及不良地质条件的治理提供建议。工程地质勘察分为可行性研究勘察、初步勘察、详细勘察、施工勘察四个阶段。

（2）地基是承受建筑物荷载的地层，不同的地基承载能力不同。地基土按沉积年代和地质成因划分为老沉积土和新近沉积土；按颗粒级配和塑性指数划分为碎石土、砂土、粉土和黏性土四大类。

（3）建筑基础分为浅基础、深基础，各类基础的分类及特点不同，设计时根据工程需要合理选取。

（4）当软弱地基和特殊地基不能满足工程要求时，需要对地基进行处理。按地基处理原理、地基处理目的、地基处理性质、地基处理时效等原则，可将常用的地基处理方法分为置换法、排水固结法、固化法、振密（挤密）法、加筋法、冷热处理法六类。

思考与练习题

4-1　工程地质勘察的目的和任务是什么?

4-2　工程地质勘察包含哪几个阶段? 各阶段的任务分别是什么?

4-3　工程土按颗粒级配和塑性指数划分为哪几类?

4-4　浅基础按构造形式分为哪几类?

4-5　桩基础有哪些特点?

4-6　常用的地基处理方法有哪些?

4-7　什么是浅基础和深基础? 它们分别如何分类?

第 5 章　建　筑　工　程

本章要点及学习目标

本章要点：

（1）建筑工程及建筑的分类；（2）不同材料建筑的概念、特点以及应用；（3）各种建筑结构体系的概念、特点、基本构造形式以及应用。

学习目标：

（1）掌握建筑工程的基本概念；（2）了解建筑的分类及特点；（3）了解各类建筑结构体系建筑的概念、特点、基本形式和构造；（4）理解建筑工程发展现状及未来前景。

5.1　概述

5.1.1　建筑工程

建筑广义上讲是指人类为了生存和发展而产生的建造物。"建筑"一词源于古希腊语，古希腊人把建筑师称为"architecton"，意思是"始创者"。我国古代将其称为"营造、营建或营缮"。因此，目前所说的建筑的概念应有三方面的含义：

一是建筑物与构筑物的总称，是人们为了满足社会生活需要，利用所掌握的物质技术手段，并运用一定的科学规律、自然和美学法则创造的人工环境。建筑物是指有基础、墙、顶、门、窗，能够遮风避雨，供人在其内生产、生活或进行其他活动的空间场所，如居住建筑、公共建筑、工业建筑物等；构筑物是指房屋以外的建筑物，人们一般不直接在其内进行生产和生活活动，而是满足人们生活、生产需要的一些设施，如烟囱、水塔、电视塔等。

二是人们进行建造的行为。

三是涵盖了经济与社会科学、文化艺术、工程技术等多领域和多学科的综合学科。

狭义上的建筑，是指人们用泥土、砖、瓦、石材、木材、钢材、玻璃等各种建筑材料搭建的供人居住、工作、休憩等，具有各种使用功能的空间物体，如住宅、商场、厂房、场馆、窑洞、水塔、寺庙等。

更广义的层面上讲，建筑是技术、经济和艺术的统一体。古罗马建筑家维特鲁威所著的现存最早的建筑理论经典名作《建筑十书》中记载，建筑应兼备用（实用）、强（坚固）、美（美观）三个标准，即建筑构成三要素：建筑功能、建筑技术和建筑艺术形象。

建筑工程是指为新建、改建或扩建房屋建筑物和附属构筑物设施所进行的规划、勘察、设计、施工、竣工等各项技术工作和完成的工程实体以及与其配套的线路、管道、设备的安装工程。其中"房屋建筑物"的建造工程包括厂房、剧院、旅馆、商店、学校、医院和住宅等，其新建、改建或扩建必须兴工动料，通过施工活动才能实现。"附属构筑物设施"是指与房屋建筑配套的水塔、自行车棚、水池等。"线路、管道、设备的安装"是指与房屋建筑及其附属设施相配套的电气、给水排水、暖通、通信、智能化、电梯等线路、管道、设备的安装活动。

显然，建筑工程为建设工程的一部分，与建设工程的范围相比，建筑工程的范围相对为窄，其专指各类房屋建筑、附属构筑物设施及其配套的线路、管道、设备的安装工程，因此也被称为房屋建筑工程。

5.1.2 建筑的分类

建筑的类别有多种分法。

1. 按建筑的使用性质分类

1）民用建筑：指供人们居住和进行公共活动的，直接用于满足人们的物质和文化生活需要的非生产性建筑。

民用建筑包括以下两类：

（1）居住建筑：指供人们日常居住生活使用的建筑，可分为住宅和宿舍建筑，如别墅、宿舍、公寓等。

（2）公共建筑：指供人们进行各类社会、文化、经济、政治等公共活动的建筑，如行政办公建筑（办公楼）、文教建筑（学校、图书馆、文化宫、文化中心）、托教建筑（托儿所、幼儿园）、科研建筑（研究所、科学实验楼）、医疗建筑（医院、诊所、疗养）、商业建筑（商店、商场、购物中心、超级市场）、观览建筑（电影院、剧院、音乐厅、影城、会展中心、展览馆、博物馆）、体育建筑（体育馆、体育场、健身房）、旅馆建筑（旅馆、宾馆、度假村、招待所）、交通建筑（航空港、火车站、汽车站、地铁站、水路客运站）、通信广播建筑（电信楼、广播电视台、邮电局）、园林建筑（公园、动物园、植物园、亭台楼榭）、纪念性建筑（纪念堂、纪念碑、陵园）等。

2）工业建筑：指供人们从事各类生产活动的建筑，如机械厂房、纺织厂房、制药厂房、食品厂房等。

2. 按建筑的结构材料分类

按建筑的结构材料，建筑可分为生土结构建筑、木结构建筑、砌体结构建筑、钢筋混凝土结构建筑、钢结构建筑、钢-混凝土组合结构建筑、膜结构建筑等。

1）生土结构建筑

生土结构建筑狭义上来讲，是指用自然界未焙烧的土壤或仅做简单加工的原状土作为主要承重材料，辅助以木、石等天然材料营造主体结构的建筑。比较有代表性的生土结构建筑有陕北窑洞、宁夏回族民居等。广义的生土结构建筑是指利用区域环境中自有的材料加工、建造而成，具有低耗、无污、高效的生态建筑，代表性的建筑有福建土楼、西双版纳"干阑"。生土结构建筑是人类从原始进入文明的最具有代表性的特征之一。按材料、结构和建造工艺分，生土结构建筑有：黄土窑洞、土坯拱窑洞、砖石掩土窑洞、夯土墙、土坯墙及草泥垛墙的各类民居和夯土的大体积构筑物。

　　生土结构建筑可以就地取材，造价低廉；可塑性好，易于成形，便于施工；冬暖夏凉，节省能源；无须焙烧，节省燃料；融于自然，保护环境，维持生态平衡。因此，这种古老的建筑类型至今仍然具有生命力。其优点：具有"呼吸"功能，可有效调节室内湿度与空气质量；具有可再生性，房屋拆除后生土材料可反复利用，甚至可作为肥料回归农田；加工过程低能耗、无污染，据测算其加工能耗和碳排放量分别为黏土砖和混凝土的3％和9％；基于生土材料的建筑施工简易，造价低廉。但是各类生土结构建筑都有开间不大、布局受限、日照不足、通风不畅、阴暗潮湿等缺点，需进一步改进。

　　自20世纪70年代第一次全球能源危机起，以夯土建筑为代表的传统生土建筑受到国际相关研究领域的普遍关注。过去40多年来，欧美发达国家针对传统夯土建筑技术的改良和现代化进行了大量的基础研究和实践，尤其对生土建筑材料及结构的科学机理、建造工具和方法进行了大量的基础研究和实践，取得了大量研究成果，形成了一系列具有广泛应用价值的现代夯土建造技术体系。至今，现代夯土建筑已成为实现绿色建筑、可持续建筑最为有效的途径之一（图5-1为墨西哥夯土独立住宅和图5-2甘肃毛寺生态实验小学），该领域的研究也越来越受到重视。

图5-1　墨西哥夯土独立住宅

图5-2　甘肃毛寺生态实验小学

　　2）木结构建筑

　　木结构是将木材（方材、圆材、条材、板材等）经过各种方式的连接，形成各种形式的结构，如木桁架、木框架、木拱、木网架等。

　　我国古代大量宫殿、庙宇、民居建筑采用的是抬梁式木结构（也称木举架）（图5-3a）。现在最常用于房屋工程的是木桁架，在木桁架上架设垂直于桁架平面方向的木檩条，并在木檩条上铺置木望板，在木望板上铺瓦，就做成了一般的木屋面（图5-3b）。木结构建筑还可以做成"板-梁（屋架）-柱"式的传统木框架结构体系（5-3c），也可以做成木刚架（5-3d）、木拱（5-3e）、木扭壳（5-3f）或网状围合圆顶（5-3g）等新型结构体系。

　　现代木结构中连接方式主要有：榫卯连接、齿连接、销连接、齿板连接、键连接、胶连接、植筋连接、承拉连接等。

　　发展现代木结构建筑是绿色低碳和建筑工业化的重要途径。加快装配式木结构建筑的发展，有利于建筑业企业的转型升级。要以国家大力发展装配式建筑为契机，尽快形成装配式木结构建筑的产业链。要加大工程木材的研发投入，在技术上，争取早日达到世界领先水平。

　　3）砌体结构建筑

　　砌体结构建筑是指由天然的或人工合成的石材、黏土、混凝土、工业废料等材料制成

图 5-3　各种木结构形式示意及实物图
（a）木举架；（b）木屋面；（c）木框架；（d）木刚架；（e）木拱；（f）木扭壳；（g）网状围合圆顶

的块体和水泥、石灰膏等胶凝材料与砂、水拌合而成的砂浆砌筑而成的墙、柱等作为建筑物主要受力构件的结构建筑。根据需要在砌体的适当部位配置水平钢筋、竖向钢筋或钢筋网作为建筑物主要受力构件的结构则总称为配筋砌体结构建筑。

砖砌体、石砌体和砌块砌体以及配筋砌体结构建筑统称砌体结构建筑。在这类房屋中，砖砌体、石砌体和砌块砌体以及配筋砌体为竖向承重构件（墙、柱、基础等），钢筋混凝土梁板为水平方向承重构件（楼板、屋面、楼梯、阳台等）。由于在同一房屋结构体系中采用了砖、石等和钢筋、混凝土不同材料组成承重结构，故也称混合结构建筑。

随着砌体结构建筑的不断发展，砌体材料和砌体结构理论的研究也得到长足发展。苏联是世界上最先建立砌体结构理论和设计方法的国家。随后欧美各国加强了对砌体结构材料的研究和生产，在砌体结构的理论研究和设计方法上取得了许多成果，推动了砌体结构的发展。目前我国多层建筑中仍然广泛采用砌体结构建筑。

砌体结构发展的主要趋向是要求砖及砌块材料具有轻质高强，砂浆具有高强度，特别是高粘结强度的性能，尤其是采用高强度空心砖或空心砌块砌体时。在墙体内适当配置纵向钢筋，对克服砌体结构的缺点，减小构件截面尺寸，减轻自重和加快建造速度，具有重要意义。相应地研究设计理论，改进构件强度计算方法，提高施工机械化程度等，也是进一步发展砌体结构的重要课题。

4）钢筋混凝土结构建筑

房屋建筑中，主要承重构件由钢筋、混凝土材料制作的建筑物称为钢筋混凝土结构建筑。如建筑物的梁、柱、楼板、屋面板、楼梯、基础由钢筋混凝土制作；墙体则由砖或其他建筑材料砌筑，亦可用钢筋混凝土制作。

混凝土结构是在 19 世纪中期开始得到应用的，由于当时水泥和混凝土的质量都很差，同时设计计算理论尚未建立，所以发展比较缓慢。19 世纪末以后，随着生产的发展，以及试验工作的开展、计算理论的研究、材料及施工技术的改进，这一技术才得到了较快的发展。目前钢筋混凝土结构已成为现代工程建设中应用最广泛的建筑结构之一。

由于钢筋混凝土结构合理地利用了钢筋和混凝土两者性能特点，钢筋承受拉力，混凝土承受压力，可形成强度较高、刚度较大的结构，其耐久性和防火性能好，可模性好，结构造型灵活，以及整体性、延性好，减少自身重量，适用于抗震结构等特点，在建筑结构及其他土木工程中得到广泛应用。

钢筋混凝土结构按结构的初始应力状态可分为普通钢筋混凝土结构和预应力钢筋混凝土结构。预应力钢筋混凝土是指配置了受力的预应力筋，通过张拉或其他方法建立预加压应力的钢筋混凝土结构。预应力钢筋混凝土在混凝土结构构件承受荷载之前，利用张拉配在混凝土中的高强度预应力钢筋而使混凝土受到压缩，所产生的预压应力可以抵消外荷载所引起的大部分或全部拉应力，提高了结构构件的抗裂度。预应力钢筋混凝土，一方面由于不出现裂缝或裂缝宽度较小，所以比相应的普通钢筋混凝土的截面刚度要大，变形要小；另一方面预应力使构件或结构产生的变形与外荷载产生的变形方向相反（习惯称为"反拱"），因而可抵销后者一部分变形，使之容易满足结构对变形的要求，故预应力钢筋混凝土适宜于建造大跨度结构。混凝土和预应力钢筋强度越高，可建立的预应力值越大，则构件的抗裂性越好；同时，由于合理有效地利用高强度钢材，从而节约钢材，减轻结构自重。由于抗裂性高，它可建造水工、储水和其他不渗漏结构。预应力钢筋混凝土结构一般采用张拉钢筋的方法来达到对混凝土施加预压应力，因此，根据张拉钢筋的方法不同，分为先张法和后张法。① 先张法：先张拉钢筋，后浇灌混凝土，待混凝土达到规定强度时，放松钢筋两端，由于钢筋放松后的回弹，使混凝土结构建立起预压应力。② 后张法：先浇灌混凝土，待混凝土达到规定强度时，再张拉穿过混凝土内预留孔道中的钢筋，并在两端锚固，依靠锚具使混凝土结构建立预压应力。

钢筋混凝土结构按照建造方式可分为现浇钢筋混凝土结构、装配式钢筋混凝土结构和装配整体式钢筋混凝土结构。现浇钢筋混凝土结构是由现场支模并整体浇筑而成的钢筋混凝土结构，整体性比较好，刚度比较大；但生产较难工业化、施工工期长，模板用料较多。装配式钢筋混凝土结构是由预制钢筋混凝土构件或部件通过各种连接方式装配而成的钢筋混凝土结构。采用装配式结构可使建筑事业工业化（设计标准化、制造工业化、安装机械化）；制造不受季节限制，能加快施工进度；利用工厂有利条件，提高构件质量；模板可重复使用，还可免去脚手架，节约木料或钢材。目前装配式钢筋混凝土结构在建筑工程中已普遍采用。但装配式结构的接头构造较为复杂，整体性较差，对抗震不利，装配时还需要有一定的起重安装设备。装配整体式钢筋混凝土结构是由预制钢筋混凝土构件或部件通过钢筋或施加预应力的连接并现场浇筑混凝土而形成整体的结构；预制装配部分通常可作为现浇部分的模板和支架；它比整体式结构有较高的工业化程度，又比装配式结构有较好的整体性。

5）钢结构建筑

钢结构建筑是指采用钢板、热轧型钢或冷弯薄壁型钢等钢材为主要承重材料，通过连接而成的承重结构的建筑。

与其他材料的结构相比，钢结构具有强度高、塑性和韧性好、重量轻、工业化程度高、制造简便、施工工期短等优点，被广泛应用于各种建筑结构形式当中。

连接在钢结构中占有重要地位。无论由型钢组成构件，或由构件组成结构，都必须通过连接而形成整体结构。钢结构的连接方式有焊接连接、铆钉连接和螺栓连接三种。其中普通螺栓连接使用最早，约从18世纪中叶开始，至今仍是安装连接的一种重要方法。19世纪20年代开始使用铆钉连接，此后发展成在钢结构连接中占统治地位。19世纪下半叶出现焊缝连接，在 20 世纪 20 年代后逐渐广泛使用并取代铆钉连接成为钢结构的主要连接方法。20 世纪中叶又发展使用高强度螺栓连接，现已在一些较大钢结构的安装连接中得到较多的使用。

大型冶金企业的炼钢、轧钢车间，火力发电厂、重型机械制造厂等车间，跨度大、局部高并设有重级工作制的大吨位吊车和有较大振动的生产设备，有的车间承重骨架还要求受较高的热辐射，钢材的特质较其他建筑材料有无可替代的优势。一般空间及跨度要求较大的工业厂房可选择采用钢结构，此外，网架结构及轻型门式刚架在大跨度工业厂房中也得到了大量应用。高层建筑、超高层建筑的承重骨架，也是钢结构应用范围的一个方面。于 1931 年建成的美国帝国大厦，采用钢框架结构体系。美国世界贸易中心大楼即世贸双子塔（2001 年 9 月 11 日惨遭恐怖袭击），采用纯钢框筒结构体系，117 层，417m（北塔）和 415m（南塔）高。1973 年建成的美国西尔斯大楼，采用成束筒结构体系，高 443m，是现今全钢结构的最高建筑。钢材以其轻质高强、易加工、塑性良好等优质建筑材料的特性在大跨度空间结构中得到广泛的应用，如体育馆、文化场、火车站、航站楼、机库等大空间和超大空间建筑物的屋盖结构。高耸结构如塔架和桅杆结构、高压输电线路塔架、广播和电视发射用的塔架和桅杆、钻井塔架等，要求具有较强的抗风、抗震能力和较轻的结构自重，此类结构常采用钢结构。此外，新型单层和多层轻型房屋钢结构体系，采用轻质屋面、轻质墙体和高效型材（例如热轧 H 型钢、冷弯薄壁型钢、钢管、低合金高强度钢材等），单位面积用钢量较低，因其适应建筑市场标准化、模数化、系列化、构件工厂化、生产化的要求，在我国得到迅速发展。

6）钢-混凝土组合结构建筑

组合结构是指由两种以上性质不同的材料组合成整体，并能共同工作的结构。钢-混凝土组合结构是我国目前在高层建筑领域里应用较多的一种结构形式，它是由钢部件和混凝土或钢筋混凝土部件组合成为整体而共同工作的一种结构，兼具钢结构和钢筋混凝土结构的一些特性；前者具有重量轻、强度高、延性好、施工速度快、建筑物内部净空高度大等优点；而后者刚度大、耗钢量少、材料费省、防火性能好。统计分析表明，高层建筑采用钢-混凝土混合结构的用钢量约为钢结构的 70%，而施工速度与全钢结构相当，在综合考虑施工周期、结构占用使用面积等因素后，混合结构的综合经济指标优于全钢结构和混凝土结构的综合经济指标。

钢与混凝土组合结构构件依据钢材形式与配钢方式不同，包括压型钢板与混凝土组合板、组合梁、型钢（劲性）混凝土构件、钢管混凝土构件、组合桁架以及外包型钢混凝土构件等。

目前，世界上最高的建筑物哈利法（迪拜）塔采用核心筒＋剪力墙＋端部柱的组合结构体系。为了提高建筑物的刚度，601m 以下（含 30m 深的地下结构）采用钢筋混凝土结构，混凝土强度达到 80N/mm^2；601m 以上则采用钢框架结构。2016 年建成的我国最高建筑上海中心大厦，旋转上升并均匀缩小，演进为一个平滑光顺的非线性扭曲面，形成了大厦独特的立面造型；该建筑主体为 119 层，总高为 632m，结构高度为 574m，结构采用"巨型框架-核心筒-伸臂桁架"混合抗侧力结构体系。这些建筑代表了组合结构的发展方向。

组合结构作为一种新型的结构形式，将会在新材料的推动下朝着经济合理化、资源节约化、人工智能化的方向发展。

　　7）薄膜结构建筑

　　薄膜结构是 20 世纪中期发展起来的一种新型建筑结构形式，是由高强度薄膜材料及辅助加强结构（钢桁架、钢柱或钢索）通过一定方式使其内部产生一定的预张应力以形成应力控制下的某种空间形态。由于构成膜结构的膜材是一种柔性材料，只能传递膜面内的拉力，不能承受压力、弯矩，因此膜结构是以在膜面内引入初始预张力而抵抗外荷载的一类结构体系。

　　膜建筑不仅能满足一般传统建筑的功能要求，而且还有明显的优越性，如重量轻、强度高、高透光率、防火难燃、抗疲劳、耐扭曲、耐老化、造价低、施工快，能够实现大跨度，便于移动搬迁和更新改造。正是因为这种跨时代的膜材料的发明，使膜结构建筑已经成为现代化的永久性建筑。但是，由于膜材质轻，热工性能较差，需要采取防结露措施；另外，由于薄膜张力的连续性，局部的破坏有可能造成整个薄膜结构的垮塌；此外，膜结构隔声效果差。

　　膜结构具有强烈的时代感和代表性，其设计和施工需要集建筑学、结构力学、精细化工、材料科学、计算机技术等为一体的多学科交叉应用；膜结构具有很高的技术含量和艺术感染力，其曲面可以随建筑师的设计需要任意变化，结合整体环境，建造出标志性的形象工程，并且实用性强，应用领域广泛。

　　3. 按建筑的外形特点分类

　　1）低层或多层建筑：地上建筑高度不大于 24m，住宅高度不大于 27m 及高度大于 24m 的单层建筑。

　　2）高层建筑：地上建筑高度大于 24m 的非单层建筑和住宅高度大于 27m（另《高层建筑混凝土结构技术规程》JGJ 3—2010 2.1.1 条：10 层及 10 层以上或房屋高度大于 28m 的住宅）且高度不大于 100m 的建筑。

　　3）超高层建筑：地上建筑高度大于 100m 的民用建筑。

　　4）大跨度空间建筑：通常建筑跨度在 60m 以上，主要用于影剧院、体育场馆、展览馆、大会堂、航空港以及其他大型公共建筑及飞机装配车间、飞机库和其他大跨度厂房。

　　4. 按建筑的结构体系分类

　　多层、高层、超高层建筑的结构体系主要有：墙承重结构、框架结构、剪力墙结构、框架-剪力墙结构、筒体结构、巨型结构等。

　　大跨度空间建筑的结构体系主要有：排架结构、刚架结构、桁架结构、拱结构、壳体结构、折板结构、网架结构、悬索结构、薄膜结构等基本空间结构及各类组合空间结构。

5.2　多高层建筑结构体系

5.2.1　墙承重结构

　　墙承重结构是指房屋墙体作为主要承重结构，即以墙体、梁板、基础等构件组成承重结构系统。墙承重结构分为横墙承重（图 5-4a）、纵墙承重（图 5-4b）、纵横墙混合承重（图 5-4c）三种方案。砌体结构是墙承重结构，取材方便，造价低，施工方便，广泛应用于多层民用建筑中。但是，砌体结构承载力低、自重大、抗震性能差，一般用于7层及7层以下的建筑。

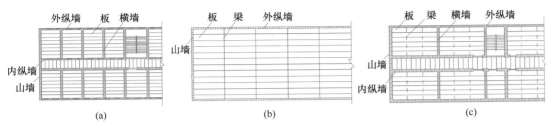

图 5-4 墙承重结构

（a）横墙承重；（b）纵墙承重；（c）纵横墙承重

5.2.2 框架结构

框架结构指由楼板、梁、柱及基础四种承重构件组成承重结构系统，柱在两个方向（横、纵向）均有梁拉结，构成一个空间受力体系。为计算方便起见，可把空间框架分解为纵、横两个方向的平面框架，如图 5-5（a）为一榀横向平面框架。为利于结构受力合理，框架结构一般要求框架梁连通，梁、柱中心线宜重合，框架柱宜纵横对齐、上下对中等。但有时由于使用功能或建筑造型上的要求，框架结构也可做成抽梁（图 5-5b）、抽柱（图 5-5c）、内收（图 5-5d）、外挑（图 5-5e）、斜梁（图 5-5f）、斜柱等形式。

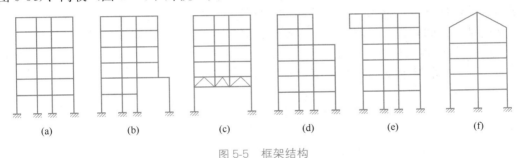

图 5-5 框架结构

（a）平面框架；（b）抽梁；（c）抽柱；（d）内收；（e）外挑；（f）斜梁

框架结构的最大特点是承重构件与围护构件有明确分工，梁和柱承受竖向和水平荷载，墙体起维护作用，建筑的内外墙处理十分灵活，能获得较大的建筑平面空间。框架结构整体性和抗震性均好于混合结构，且平面布置灵活，可提供较大的使用空间，也可构成丰富多变的立面造型。框架结构自重轻，计算理论也比较成熟，在一定高度范围内造价较低。随着层数和高度的增加，结构构件截面面积和钢筋用量增多，侧向刚度越来越难以满足要求，一般不宜用于过高的建筑。框架结构合理层数一般是6～15层，最经济的层数是10层左右，因此应用范围很广。

5.2.3 剪力墙结构

剪力墙结构是指利用建筑物的部分或全部墙体作为竖向承重和抵抗水平侧力的结构。随着房屋层数和高度的进一步增加（一般当房屋层数超过25层时），水平荷载对房屋的影响更加严重，则宜采用全部剪力墙结构。剪力墙一般为刚度较大钢筋混凝土的墙片（图5-6a）。此墙片在水平荷载作用下的工作犹如悬臂的深梁（图5-6b）。这种墙片为整个房屋提供很大的抗剪强度和刚度，所以一般称这种墙片为"抗剪墙"或"剪力墙"。墙体同时也作为围护及房间分隔构件。剪力墙结构平面布置示例如图5-6（c）所示。

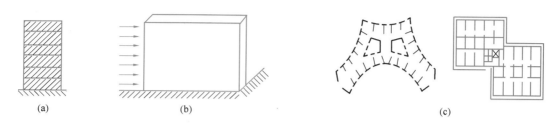

图 5-6　剪力墙结构

（a）墙片；（b）水平力作用下的墙片；（c）剪力墙结构平面布置

　　剪力墙结构整体性好、刚度大、抗震性能好，适用于住宅和宾馆等建筑，常用于20～50层的高层建筑。国外采用剪力墙结构的公共建筑已高达70层，并且可以建造高达100～150层的居住建筑。

5.2.4　框架-剪力墙结构

　　框架-剪力墙结构称框-剪结构，是指在框架结构中布置一定数量的剪力墙，共同作为承重结构的结构体系。框架-剪力墙结构将框架结构和剪力墙结构结合起来，取长补短，在框架的某些柱间布置剪力墙，可以形成承载能力较大且建筑布置较灵活的结构体系。框架-剪力墙结构既能满足平面布置灵活，又能满足抗侧力要求，一般常用于10～25层的建筑中。图5-7为框架-剪力墙结构的平面布置图（粗线为剪力墙）。

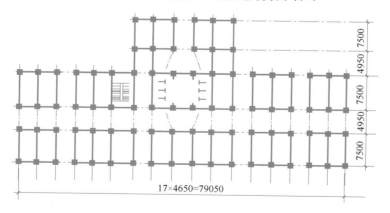

图 5-7　框架-剪力墙结构的平面布置图

5.2.5　筒体结构

　　筒体结构是指由一个或数个筒体作为主要抗侧力构件而形成的结构。筒体结构适用于平面或竖向布置繁杂、水平荷载大的高层建筑。筒体结构可分为：框-筒结构（图5-8a、

b)、筒中筒结构（图 5-8c）、框架核心筒结构（图 5-8d）、多重筒结构（图 5-8e）和成束
筒结构（图 5-5f）等。

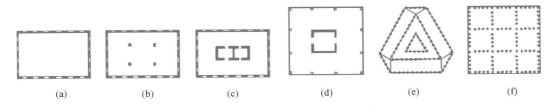

图 5-8 筒体结构

（a）、（b）框-筒；（c）筒中筒；（d）框架核心筒；（e）多重筒；（f）成束筒

5.2.6 巨型结构

巨型结构是一种新型结构体系，是由不同于通常梁柱概念的大型构件——巨型梁和巨型
柱组成主结构，主结构与常规结构构件组成的次结构共同工作的一种结构体系。主结构本身
可以是独立的结构，其中巨型柱的尺寸常超过一个普通框架的柱距，形式上可以是巨大的实
腹钢骨混凝土柱、空间格构式桁架或是筒体；巨型梁高度可以是在一层以上的平面或是空间
格构式桁架，或是跨越好几层的支撑或斜向布置的剪力墙板，一般隔若干层设置一道。次结
构即巨型"梁""柱"之间的若干层可以为一般框架结构。巨型结构充分发挥了立体构件的
空间工作性能，主结构为主要抗侧力体系，次结构只承担竖向荷载，并负责将力传递给主结
构。巨型结构是一种超常规的具有巨大抗侧力刚度及整体工作性能的大型结构。

巨型结构按材料可分为：巨型钢筋混凝土结构、巨型钢骨钢筋混凝土结构、巨型钢-
钢筋混凝土混合结构和巨型钢结构。

按主要受力体系形式，巨型结构可分为：巨型框架结构（包括巨型钢筋混凝土框架和
巨型钢框架等，如图 5-9a 北京电视中心）、巨型桁架结构（如图 5-9b、c 的美国约翰·汉

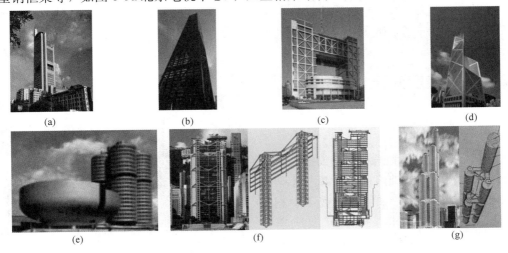

图 5-9 巨型结构体系代表建筑

（a）北京电视中心；（b）美国约翰·汉考克大厦；（c）上海证券大厦；（d）香港中国银行大厦；

（e）BMW 公司大楼；（f）汇丰银行总部大楼；（g）日本 DIB-200

考克大厦和我国上海证券大厦，也包括桁架筒体，我国香港中国银行大厦，图 5-9d)、巨型悬挂结构（BMW 公司大楼，图 5-9e，汇丰银行总部大楼，图 5-9f）和巨型分离式筒体结构（规划中的日本 DIB-200 动力智能大厦，图 5-9g），还可以由上述四种基本类型和其他常规结构体系组合出许多其他性能优越的巨型结构体系。

我国排名前十的已建成超高层建筑的建筑结构体系见表 5-1。

我国已建成超高层建筑结构体系　　　　　　　　表 5-1

建筑物名称	层数	高度（m）	结构体系
上海中心大厦	124	632	巨型框架-核心筒-伸臂桁架
深圳平安国际金融中心	118	592.5	核心筒结构
天津高银	117	597	巨型框架支撑＋核心筒（筒中筒）
广州东塔	111	530	带伸臂巨型框架＋核心筒结构
天津周大福金融中心	103	530	巨型框架（斜柱＋环带桁架）＋核心筒
中国尊	108	528	巨型外框筒（斜撑＋转换桁架）＋核心筒
台北 101 大厦	101	509	巨型桁架
上海环球金融中心	101	492	巨型柱＋核心筒
香港环球贸易广场	118	484	巨型柱＋核心筒
武汉绿地中心	98	475	钢巨型框架＋混凝土核心筒

从材料的物尽其用上看，巨型结构体系由主结构和次结构共同工作，主结构和次结构可以采用不同的体系和材料，可以有各种不同的结构形式及不同材料组合和变化，可以充分发挥材料性能。从结构角度看，巨型结构是一种超常规的具有巨大抗侧刚度及整体工作性能的大型结构，是一种非常合理的超高层结构形式。从建筑角度看，巨型结构可以满足许多具有特殊形态和使用功能的建筑平立面要求，如大柱网大开间，以便有灵活的平面布置或便于房屋改造；在立面上出现天井以及具有特殊形态，如空中台地的建筑；具有多样性和满足多种功能要求的建筑设计，使建筑师们的许多天才想象得以实施。

巨型结构作为高层或超高层建筑的一种崭新体系，由于其自身的优点及特点，已越来越被人们重视，并越来越多地应用于实际工程，是一种很有发展前途的结构形式。

5.3　大跨度空间建筑结构体系

5.3.1　排架结构

排架结构一般是由预制的钢筋混凝土屋架或屋面梁、柱和基础组成，柱顶与屋架铰接，柱底与基础刚接，如图 5-10 所示。根据生产工艺与使用要求，排架可做成单跨（图 5-11a）、等高多跨（图 5-11b）、不等高多跨（图 5-11c）和锯齿形（图 5-11d）等形式。

图 5-10　排架结构

图 5-11 排架结构的类型

（a）单跨；（b）等高多跨；（c）不等高多跨；（d）锯齿形

排架结构传力明确，构造简单，有利于实现设计标准化，构件生产工业化、系列化，施工机械化，提高建筑工业化水平。

5.3.2 刚架结构

刚架结构是指由直线形杆件通过刚性节点连接起来的结构。常见的单层刚架，因其"口"字形的外形之故，习惯称门式刚架，如图 5-12 所示。

在一般情况下，当跨度与荷载相同时，刚架结构比屋面大梁（或屋架）与立柱组成

图 5-12 刚架结构

的排架结构轻巧，并可节省钢材约 10%，混凝土约 20%。单层刚架为梁柱合一的结构，杆件较少，结构内部空间较大，便于利用。而且刚架一般由直杆组成，制作方便。因此，在中小型厂房、体育馆、礼堂、食堂等中小跨度的建筑中得到广泛应用。

门式刚架的建筑形式丰富多样，根据结构受力条件，可分为无铰刚架、两铰刚架、三铰刚架，如图 5-13 所示；按结构材料分类，有胶合木结构、钢结构、混凝土结构；按构件截面分类，可分成实腹式刚架、空腹式刚架、格构式刚架、等截面与变截面杆刚架；按建筑形体分类，有平顶、坡顶、拱顶、单跨与多跨刚架；从施工技术分，有预应力刚架和非预应力刚架等。

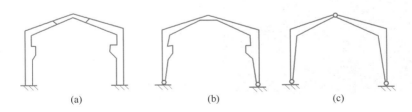

图 5-13 刚架结构的形式

（a）无铰刚架；（b）两铰刚架；（c）三铰刚架

5.3.3 桁架结构

桁架结构的桁架指的是桁架梁，是格构化的一种梁式结构，如图 5-14 所示。从梁发展成为桁架，构件已从实腹式受弯构件变为由杆件组成的格构体系。受力情况也发生了变化，从梁的受弯变为杆件的轴向受力，从而结构更为有利。

桁架结构多用在由杆件组成的屋架结构中，根据材料的不同，有木屋架、钢屋架、钢-木组合屋架、轻型钢屋架、钢筋混凝土屋架、预应力混凝土屋架、钢筋混凝土-钢组合屋架等。按屋架外形的不同，有三角形屋架（图5-15a）、梯形屋架（图 5-15b）、抛物线（拱）形屋架（图5-15c）、折线形屋架（图5-15d）、平行弦屋架（图5-15e）、立体桁架（矩形、倒三角形、正三角形）（图5-15f）等。

图 5-14　桁架结构

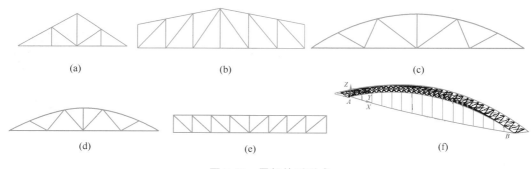

图 5-15　屋架外形形式

（a）三角形屋架；（b）梯形屋架；（c）抛物线（拱）形屋架；（d）折线形屋架；（e）平行弦屋架；（f）立体桁架

5.3.4　拱结构

拱结构是一种主要承受轴向压力并由两端推力维持平衡的曲线或折线形结构，如图 5-16 所示。

图 5-16　拱结构

拱结构由拱圈及其支座组成。支座可做成能承受垂直力、水平推力以及弯矩的支墩；也可用墙、柱或基础承受垂直力而用拉杆承受水平推力。拱圈主要承受轴向压力，较同跨度梁的弯矩和剪力为小，从而能节省材料、提高刚度、跨越较大空间，可作为礼堂、展览馆、体育馆、火车站、飞机库等的大跨屋盖承重结构；有利于使用砖、石、混凝土等抗压强度高、抗拉强度低的廉价建筑材料。一般的屋盖、吊车梁、过梁、挡土墙、散装材料库等承重结构以及地下建筑、桥梁、水坝、码头等，均可采用拱。

拱结构在国内外得到广泛应用，类型也多种多样；按建造的材料分，有砖石砌体拱结构、钢筋混凝土拱结构、钢拱结构、胶合木拱结构等；按结构组成和支承方式分，有无铰拱、两铰拱和三铰拱，无拉杆拱和带拉杆拱，如图 5-17 所示；按拱轴的形式分，常见的有半圆拱和抛物线拱；按拱身截面分，有实腹式和格构式、等截面和变截面等。

图 5-17 拱的结构组成形式

（a）三铰拱；（b）无铰拱；（c）两铰拱；（d）带拉杆拱

5.3.5 壳体结构

壳体结构是由空间曲面型板或加边缘构件组成的空间曲面层状结构，如图 5-18 所示。

图 5-18 壳体结构

壳体的厚度远小于壳体的其他尺寸，因此壳体结构具有很好的空间传力性能，能以较小的构件厚度形成承载能力高、刚度大的承重结构，能兼承重结构和围护结构的双重作用，能覆盖或维护大跨度的空间而不需要空间支柱；而且其造型多变，曲线优美，表现力强，因而深受建筑师们的青睐，故多用于大跨度的建筑物，如展览厅、食堂、剧院、天文馆、厂房、飞机库等。

一般当壳体的厚度 δ/曲率半径 $R \leqslant 1/20$ 称为薄壳结构。现代建筑工程中所采用的壳体一般为薄壳结构。

工程中，薄壳的基本曲面形式按其形成的几何特点可以分为旋转曲面（图 5-19）、平移曲面（图 5-20）、直纹曲面（图 5-21）和复杂曲面（图 5-22）四类。

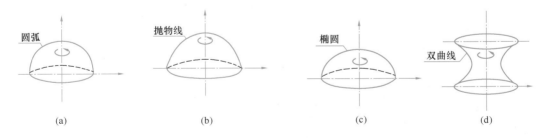

图 5-19 旋转曲面

（a）球形曲面；（b）旋转抛物面；（c）椭球面；（d）旋转双曲面

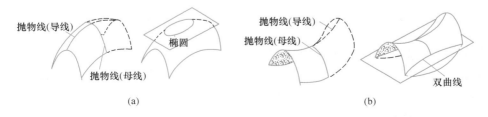

图 5-20 平移曲面

（a）椭圆抛物面；（b）双曲抛物面

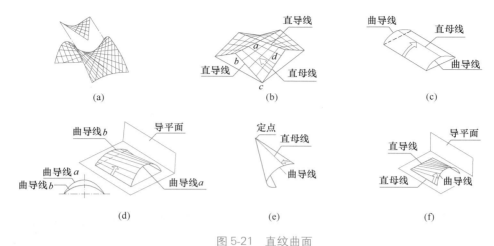

图 5-21　直纹曲面

（a）鞍壳；（b）扭曲面；（c）柱面；（d）柱状面；（e）锥面；（f）锥状面

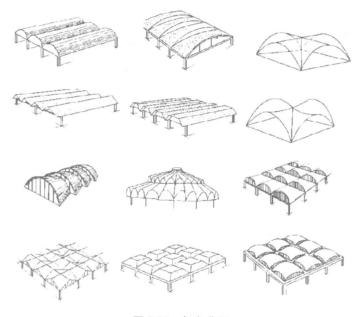

图 5-22　复杂曲面

5.3.6　折板结构

折板结构是由若干狭长的薄板以一定角度相交连成折线形的结构体系（图5-23），与壳体结构一样，都是利用了形的作用提高整体刚度。

折板结构既能承重，又可围护，用料较省，一般用作车间、仓库、车站、商店、学校、住宅、亭廊、体育场看台等工业与民用建筑的屋盖。此外，折板还可用作外墙、基础及挡土墙等。

典型的折板结构主要由三部分组成：折板、边梁、横隔。折板主要起承重及维护作用；边梁连接相邻折板，加强折板的纵向刚度，同时增加折板的平面外刚度；横隔一般布

图 5-23 折板结构

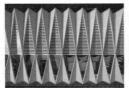

图 5-24 青岛国际邮轮母港客运中心

置在端部，使折板结构形成几何不变体系，并作为折板边梁的纵向支座。

由于折板结构造型富有表现力、受力合理、制作简单、安装方便、节省材料，因此，受很多建筑师与结构工程师的喜爱，被用在很多经典项目中。折板结构不仅可以用混凝土薄壳实现，同时还可以用钢结构网格实现，如青岛国际邮轮母港客运中心（图5-24）的变截面桁架折板钢屋盖结构。

5.3.7 网架结构

网架结构是由很多杆件通过节点，按照一定规律组成的网状空间杆系结构。平板网

图 5-25 平板网架结构

架简称为网架，如图 5-25 所示。曲面网架简称为网壳，分为单层网壳和双层网壳，如图 5-26所示。

网架结构能适应不同跨度、不同平面形状、不同支承条件、不同功能的需要，不仅在中小跨度的工业与民用建筑中有应用，而且被大量应用于中大跨度的体育馆、展览馆、大会堂、影剧院、车站、飞机库、厂房、仓库等建筑中。

5.3.8 悬索结构

悬索结构也称钢索结构，是指由一系列钢索（钢丝束、钢绞绳、钢铰线、链条、圆钢等）作为主要承重构件的结构体系。同悬索的长度相比，悬索的横截面积较小，不具有弯曲刚度，悬索需要通过施加预张拉力来形成稳定的形状以抵抗外荷载。建筑用索主要有钢

 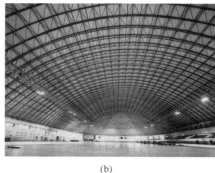

(a)　　　　　　　　　　　　　　　　(b)

图 5-26　网壳结构

（a）单层网壳；（b）双层网壳

丝缆索（钢绞线、钢丝绳、平行钢丝束）、高强钢棒、劲性索（型钢、带钢等）。由于钢索承拉能力强，能够充分发挥其强度优势，悬索结构是一种比较理想的大跨度结构形式。

悬索结构的主要形式有单层悬索结构（图 5-27a）、双层悬索结构（图 5-27b）、双索网结构（图 5-27c）等。

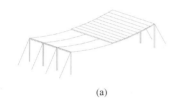 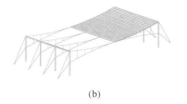 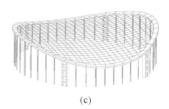

(a)　　　　　　　　　　　　(b)　　　　　　　　　　　　(c)

图 5-27　悬索结构形式

（a）单层悬索结构；（b）双层悬索结构；（c）双索网结构

除上述悬索结构外，工程中还常用斜拉索结构、悬挂式结构等体系。

5.3.9　薄膜结构

薄膜结构是由具有高强度的柔性薄膜材料和支撑体系共同形成的具有一定刚度的结构体系。薄膜材料由基布和涂层组成，如图 5-28 所示，基布由经线和纬线构成，是承受外力的骨架材料，通常是高强涤纶织物或玻璃纤维布，涂层涂覆在基布的两面，作用是防水、遮光、防止基布老化，通常采用 PVC（聚氯乙烯）、PTFE（聚四氟乙烯）和 ETFE（乙烯-四氟乙烯）。作为覆盖结构或建筑物主体，膜材具有足够的刚度以抵御外部荷载。

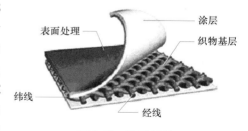

图 5-28　薄膜材料

薄膜结构体系主要包括空气支撑式（图 5-29a）、骨架支撑式（图 5-29b）、整体张拉式（图 5-29c）、索系支撑式（图 5-29d）。

薄膜结构作为一种新型的大跨度空间结构体系，可以达到超大的跨度，且自重极轻，

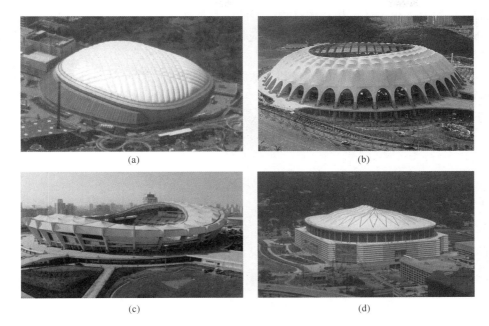

图 5-29　薄膜结构形式
(a) 空气支撑式；(b) 骨架支撑式；(c) 整体张拉式；(d) 索系支撑式

结构的表面覆盖以特殊的材料——膜材，透光性强，整个结构外观十分美丽。这种结构的另一大特点，是随结构跨度的增大，其造价的增加并不大。由于其不可比拟的跨越超大跨度空间的优越性，因此有着广泛的应用前景。

本章小结

（1）建筑是指人类为了生存和发展而建造的空间场所；而为其所进行的规划、勘察、设计、施工、竣工等各项技术工作和完成的工程实体以及与其配套的线路、管道、设备的安装工程统称为建筑工程。

（2）建筑按使用性质可分为民用建筑和工业建筑；按外形特点可分为低层或多层建筑、高层建筑、超高层建筑、大跨度空间建筑等；按结构材料可分为生土结构、木结构、砌体结构、钢筋混凝土结构、钢结构、钢-混凝土组合结构、膜结构等。

（3）多层、高层、超高层建筑结构体系主要有：墙承重结构、框架结构、剪力墙结构、框架-剪力墙结构、筒体结构、巨型结构等。

（4）大跨度空间建筑结构体系主要有：排架结构、刚架结构、桁架结构、网架结构、拱结构、壳体结构、悬索结构、折板结构、薄膜结构等基本空间结构及各类组合空间结构。

思考与练习题

5-1　阐释你对建筑工程概念的理解。

5-2　在建筑工程中建筑物和构筑物主要的区别是什么？

5-3　古代建筑和现代建筑相比在材料应用、建筑形式、建筑尺度、结构体系等方面有何区别？

5-4　木结构和钢结构的连接方式和方法是什么？它们之间有什么不同？如何理解装配式钢筋混凝土结构？

5-5　各种结构体系各有什么优越性？

第6章 道 路 工 程

本章要点及学习目标

本章要点：

(1) 道路工程的概念、组成、主要特点；(2) 道路的结构、设计、施工注意事项；(3) 公路、市政道路、高速公路的异同点；(4) 线路和线形、设计原则和一般方法。

学习目标：

(1) 了解道路的结构特点和组成；(2) 了解道路设计的原则和普遍方法；(3) 掌握公路、高速公路、市政道路的特点；(4) 了解智慧交通的概念与技术特点。

6.1 概述

现代交通运输系统由铁路、道路、水运、航空及管道五种运输方式组成。道路是供各种无轨车辆和行人通行的工程设施的总称，是为国民经济、社会发展和人民生活提供服务的公共基础设施。道路运输以其便捷直达、通达深度广、覆盖面积大等特点在交通运输系统中起着主导作用，是国民经济发展的主动脉。

至 2022 年底，我国公路总里程已超过 528 万 km，居世界第一。早在中华人民共和国成立之初，全国能通车的公路仅 8.08 万 km，我国公路交通总体上经历了从"瓶颈制约"到"初步缓解"，再到"基本适应"经济社会发展需求的发展历程，一个走向现代化的综合交通运输体系正呈现在世界面前。

我国道路建设虽然取得较大发展，但线路总量依然不足，路网结构尚不合理，网络衔接不协调。国、省干线公路的改造，农村公路的建设，各级公路的养护、维修和改造等任务仍然很艰巨。城市道路的供需矛盾仍很突出，城市道路交通的拥堵、安全和环保等问题仍有待我们进一步努力解决。

6.2 道路的分类

根据道路所处位置、交通性质、使用特点分为公路、城市道路和专用道路（如厂矿道路、林区道路及乡村道路等）。

位于城市郊区及城市以外，连接城市与乡村，主要供汽车行驶的具备一定技术条件和设施的道路，称为公路。按其行政等级分为国道、省道、县道、乡道、村道等。其中，国道包括国家高速公路和普通国道，省道包括省级高速公路和普通省道。

在城市范围内，供车辆及行人通行的具备一定技术条件和设施的道路，称为城市道路。它是城市组织生产、安排生活、发展经济、物质流通所必需的交通设施。按其地位、功能可分为快速路、主干路、次干路和支路。

此外，在工厂、矿区、码头内部的专用道路，称为厂矿道路。用于林区内部的生产、生活专用道路，称为林区道路。连接乡、村、居民点，主要供行人及各种农业运输工具通行的道路，称为乡村道路。

本章主要介绍城市道路和高速公路。

6.3　道路的组成与构造

道路是线形结构物，包括线形和结构两个基本的组成部分。

6.3.1　道路的线形

道路的中线是一条三维空间曲线，称为路线。线形就是指道路中线在空间的几何形状和尺寸。在道路线形设计中，为了便于确定道路中线的位置、形状、尺寸，可从路线平面、路线纵断面和横断面三个方面研究路线。

1. 道路中线在水平面上的投影称为路线平面。平面线的组成要素有直线、圆曲线、缓和曲线。

2. 用一曲面沿道路中线竖直剖切展成的平面称为路线纵断面。纵断面线形由直线（坡度线）与曲线（竖曲线）组成，它反映路中线的地面起伏和设计路线的坡度情况。

3. 沿道路中线上任一点所做的法线方向切面称为横断面，由横断面设计线和地面线构成，反映路基的形状和尺寸，是道路设计的技术文件之一。横断面设计线包括行车道、路肩、分隔带、边沟、边坡、截水沟、护坡道、取土坑、弃土堆、环境保护设施等。横断面的设计目的是保证公路具有足够的断面尺寸、强度和稳定性，使之经济合理，同时为路基土石方工程数量计算、公路的施工和养护提供依据。通常横断面设计在平面设计和纵断面设计完成后进行。

城市道路的横断面组成包括机动车道、非机动车道、人行道、绿化带等（图6-1）。高速公路和一级公路上还设有变速车道、爬坡车道等（图6-2）。此外，道路与其他道路及道路与铁路的连接称为交叉，分为平面交叉和立体交叉，见图6-3。

道路纵断面线形由直坡段、竖曲线组成。竖曲线分为凸形竖曲线和凹形竖曲线，

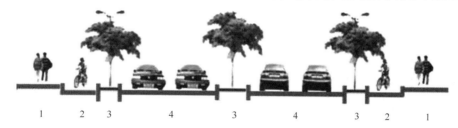

图6-1　城市道路横断面布置示意图

1-人行道；2-慢车道；3-绿化带；4-快车道

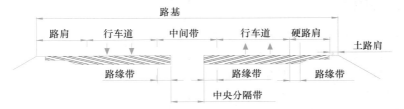

图 6-2 高速公路横断面布置图

图 6-3 道路的立体交叉

如图 6-4 所示。纵断面线形设计主要是解决道路线形在纵断面上的位置、形状和尺寸，具体内容包括纵坡设计和竖曲线设计两项。纵断面设计应根据道路性质、任务、等级和自然因素，考虑平纵组合、路基稳定、排水、工程量和环境保护等要求，对纵坡的大小、长短、竖曲线半径以及与平面线形的组合关系等进行综合设计，从而得出坡度合理、线形平顺圆滑的最优线形，以达到行车安全、快速、舒适，工程造价较低，营运费用省的目的。纵断面线形的设计质量在很大程度上决定着道路的安全性与使用功能的好坏。

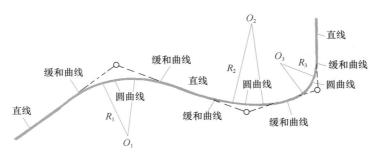

图 6-4 道路纵断面线形示意图

6.3.2 道路的结构

道路的结构主要包括五部分：路基、路面、排水系统、特殊构筑物以及沿线设施。

1. 路基

路基是道路结构的基础，由土、石按照一定尺寸、结构要求建造成带状土工结构物。

路基必须具有一定的力学强度和稳定性，且经济合理，以保证行车部分的稳定性和防止自然破坏力的损害。公路路基的横断面一般有三种形式：路堤（图 6-5a）、路堑（图 6-5b）和填挖结合路基（图 6-5c）。以填方方式构成为路堤，以开挖方式构成为路堑。路基的几何尺寸由路基高度、路基宽度和边坡坡度组成。路基高度由地形和路线纵断面设计确定；路基宽度则根据设计交通量和公路技术等级确定；路基边坡则取决于土质、地质、水文与水文地质条件、路基高度等因素。

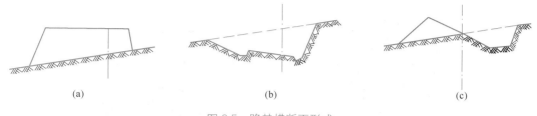

(a)　　　　　　　　　　　(b)　　　　　　　　　　　(c)

图 6-5　路基横断面形式

（a）路堤；（b）路堑；（c）挖填结合路基

路基完全暴露在大自然中，受到各种复杂的地形、地质、气候、水文以及地震等自然条件的影响，从而引发各种路基病害。如路堑边坡被水流冲蚀，路基冻害，雨季发生滑坡以及地层砂土液化引起路基滑走等路基病害，均与自然条件有密切关系。路基同时受静荷载（路面结构和附属建筑物产生）和动荷载（车辆荷载产生）的作用，动荷载是引起路基病害的主要原因之一。为保证路基正常工作，路基结构应满足三个基本要求：①路基必须平顺，路基面有足够宽度和限界，以保证行车安全和便于线路维修养护的安全空间；②路基必须具有足够的强度、刚度、稳定性和耐久性，即在自重作用下没有过大沉降，在车辆荷载作用下没有过大变形，在地面及地下水冰冻时承载力不降低，在车载或各种自然因素作用下路基不会发生整体滑坡；③路基的设计和施工应满足技术经济要求。

2. 路面

路面是在路基表面的行车部分。行车荷载和自然因素对路面的作用和影响是随着深度增加而递减的。因此，对路面结构的强度、抗变形能力和稳定性的要求也是随着深度的增加而逐渐降低的。根据这一特点，同时考虑到筑路的经济性，路面通常用力学性能较好的材料分层铺筑而成，各个层位分别承担不同的功能，通常将路面结构分为面层、基层和功能层，如图 6-6 所示。

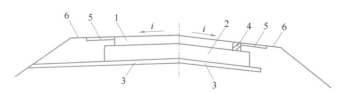

图 6-6　路面结构层次示意图

i-路拱横坡度；1-面层；2-基层；3-功能层；

4-路缘石；5-加固路肩；6-土路肩

面层是直接同行车和大气相接触的层位，承受行车荷载较大的竖向力、水平力和冲击力的作用，同时又受降水的侵蚀作用和温度变化的影响。因此面层应具有较高的结构强度、刚度、耐磨、不透水和高低温稳定性，并且其表面层还应具有良好的平整度和粗糙度。高等级路面可包括磨耗层、面层上层、面层下层，或称上（表）面层、中面层、下（底）面层。

基层是路面结构中的承重层，主要承受车辆荷载的竖向力，并把由面层下传的应力扩散到垫层或土基，故基层应具有足够的、均匀一致的强度和刚度。基层受自然因素的影响虽不如面层强烈，但沥青类面层下的基层应有足够的水稳定性，以防基层湿软后变形大，导致面层损坏。

垫层是介于基层和土基之间的层位，其作用为改善土基的湿度和温度状况，保证面层和基层的强度稳定性和抗冻胀能力，扩散由基层传来的荷载应力，以减小土基所产生的变形。因此，通常在土基湿、温状况不良时设定。垫层材料的强度要求不一定高，但其水稳定性必须要好。路基经常处于潮湿或过湿状态的路段，以及在季节性冰冻地区产生冰冻危害的路段应设垫层。垫层材料有粒料和无机结合料稳定土两类。粒料包括天然砂砾、粗砂、炉渣等。垫层厚度可按当地经验确定，一般宜大于或等于150mm。

路面必须具有足够的力学强度和良好的稳定性，以及表面平整和良好的抗滑性能。具体来说，路面应该满足4个基本要求：

1）功能性好。路面应是能提供快速、安全、舒适和经济的车辆行驶表面。它和路面的平整度、车辆悬挂系统的振动特性和人对振动的接受能力三方面因素有关，其中最主要的影响因素是路面的平整度。

2）结构性能好。路面在使用过程中，受到行车荷载和环境等因素的作用不出现以下损坏：断裂或裂缝类损坏，使路面结构的整体性受到破坏；永久变形类损坏，使路面结构有永久的较大变形；耗损类损坏，使路面部分材料散失或磨损。

3）耐久性好。路面在达到预定的损坏状况之前能承受行车荷载作用的次数或使用年限。

4）安全性好。路面表面的抗滑能力要好。如车辙深度为10~13mm，车辆高速行驶时会因车辙内积水而出现打滑现象。

路面按其力学性能可分为柔性路面、刚性路面和半刚性路面；按其所用材料不同可分为沥青路面、水泥混凝土路面、砂石路面等。柔性路面指的是刚度较小、抗弯拉强度较低，主要靠抗压、抗剪强度来承受车辆荷载作用的路面。柔性路面主要包括各类沥青面层、块石面层、砂石路面中的级配碎（砾）石、水结构碎石、填隙碎石及其他粒料路面面层。刚性路面，是指水泥混凝土路面，一般强度高，刚性大，整体性好，在车轮的作用下路面的变形较小。半刚性路面主要由无机结合料（水泥、石灰）、水硬性材料（稳定土、砂、砾石）和工业废料（如粉煤灰、矿渣等）铺设。此类材料后期强度增长较大，最终强度比柔性路面强度高，但比刚性路面强度低。但是，它不耐磨耗，只作为柔性或刚性路面的基层使用。

根据我国现行标准，通常按路面的使用品质、材料组成类型及结构强度和稳定性将路面分为4个等级：

1）高等级路面：路面强度高、刚度大、稳定性好，使用年限长，适应繁重交通量，且路面平整，车速高，运输成本低，建设投资高，养护费用少。

2）次高等级路面：路面强度、刚度、稳定性、使用寿命、车辆行驶速度、适应交通量等均低于高级路面，维修、养护、运输费用较高。

3）中等级路面：强度、稳定性、平整度差，使用寿命短，易扬尘，车速低，但养护、维修、运输成本高。

4）低等级路面：强度、水稳定性、平整度最差，易扬尘，可大量使用当地材料，只能保证低速行车，初期投入少，运输成本高，一般雨期影响通车。

路面设计的主要内容为：路面结构层的选择；组合方案的提出；各结构层混合料的组合设计；各结构层的厚度设计；方案的工程经济分析和比选；实施方案的确定。

3. 排水系统

为了确保路基稳定，免受地面水和地下水的侵害，公路还应修建专门的排水设施。地面水的排出系统按其排水方向不同，分为纵向排水和横向排水。纵向排水有边沟、排水沟和截水沟等。横向排水有桥梁、涵洞、路拱、透水路堤、过水路面和渡水槽等。道路排水系统按照排水位置又分为地面排水和地下排水设施两部分：地面排水设施用以排出危害路基的雨水等外来水；地下排水设施主要用于降低地下水位及排出地下水。

4. 特殊构筑物

除上述常见的构筑物外，为了保证道路连续、路基稳定及行车安全，遇有山区地形地质特别复杂的路段还应修建一些特殊构筑物，如隧道、悬出路台、半山桥、防石廊以及挡土墙和防护工程等。其中，隧道是为公路从地层内部或水层下通过而修建的结构物，当公路翻山越岭或穿过深水时，为了改善平面、纵面的线形和缩短路线长度，一般通过开凿隧道来解决。陡峻的山坡或沿河一侧的路基边坡受水流冲刷，会威胁路段的稳定。为保证路基的稳定，加固路基边坡所修建的人工构造物称为防护工程。

5. 沿线设施

除了上述各种基本结构以外，为了保证行车安全、迅速、舒适和美观，还需设置交通管理设施、交通安全设施、服务设施和环境美化设施等。

交通管理设施是为了保证行车安全，沿线设置的交通标志、路面标线和交通信号等。公路交通标志分为以下三类：①指示标志：指示司机行驶的方向、行驶里程等；②警告标志：警告前方有行车障碍物和行车危险的地方等；③禁令标志：如限速标志、载重标志和不准停车的标志等。路面标线是布设在路面上的一种交通限制的标志。白色连续实线表示不准逾越的车道分界线；白色间断线表示车辆可以逾越的车道分界线；白色箭头指示线用以指引汽车左、右转弯或直行；黄色连续实线表示严禁车辆逾越的车道分界线等。

交通安全设施是为了保证行车安全和发挥道路的作用，在各级道路的急弯、陡坡等路段，均需按规定设置必要的安全设置，如护栏、护柱等。

服务性设施，一般是指渡口码头、汽车站、加油站、修理站、停车场、餐厅、旅馆等。

环境美化设施是美化公路、保护环境不可缺少的部分。如道路分割带、路旁、立交枢纽、休息设施、人行道等处的绿化，以及道路防护林带和集中的绿化区等，起到美化和保护环境的作用，同时使司机和旅客缓解视觉疲劳，以不影响司机的视线和视距为宜。

6.4 城市道路

城市道路一般比公路宽阔，为适应城市里种类繁多的交通工具，常划分为机动车道、公共交通优先专用道、非机动车道等。道路两侧有高出路面的人行道和房屋建筑。人行道下一般多埋设公共管线。城市道路两侧或中心地带，有时还设置绿化带、雕塑艺术品等，起到美化城市的作用，如图6-7所示。

图6-7 城市道路示意图

6.4.1 城市道路的组成

城市道路通常由以下部分组成：

1. 供各种车辆行驶的车行道，其中供机动车行驶的称为机动车道，供自行车、三轮车等行驶的为非机动车道。

2. 专供行人步行交通用的人行道（地下人行道、人行天桥）。

3. 交叉口、交通广场、停车场、公共汽车停靠站台。

4. 交通安全设施，如交通信号灯、交通标志、交通岛、护栏等。

5. 排水系统，如街沟、边沟、雨水口、雨水管等。

6. 沿街地上设施，如照明灯柱、电杆、邮筒、清洁箱等。

7. 地下各种管线，如电缆、煤气管、给水管等。

8. 具有卫生、防护和美化作用的绿化带。

9. 交通发达的现代化城市，还建有地下铁道、高架道路等。

6.4.2　城市道路的功能

城市道路的功能主要包括交通设施功能、公用空间功能、防灾救灾功能和城市结构功能。

1. 交通设施功能：指城市各种活动产生的交通需求中，对应于道路交通需求的交通供给功能，也就是道路的运输和集散功能。

2. 公用空间功能：随着城市发展，道路除了采光、日照、通风、景观作用外，还为供水、供电、通信、电力、热力等提供布设空间。

3. 防灾救灾功能：指道路所附带的提供避难的场所，防火、消防、救援通道等功能。

4. 结构功能：指城市的分布沿着城市道路的分布，道路的分布体现城市平面结构的功能。

6.4.3　城市道路的特点

城市道路的特点较多，可以概括为以下 10 个方面：

1. 功能多样。除了用作城市交通运输外，还用于布置公用设施（自来水、污水管等）、停车场、城市通风、房屋日照、城市艺术轴线等。所以，在规划布局城市道路网和设计城市道路时，都要兼顾到各个功能方面的要求。

2. 组成复杂。城市道路的组成很多，包括车行道、人行道、绿化、照明、停车场、地上杆线、地下管道等，有的还可能设有架空道路、地下道路、地下铁道、人防工程等，在进行道路横断面设计时，各个组成部分要布置得当，各得其所。

3. 行人交通量大。城市道路的行人比公路多得多，尤其在商业区、车站、码头、大型公共娱乐场所等处的道路，人流量尤为集中，要妥善设计和组织好行人交通。

4. 车辆多、类型杂、车速差异大。城市道路交通运输的车辆类型多，有客运和货运，有各种大小吨位的机动车，还有大量的非机动车和畜力车，它们的交通量大、车速差别大、相互干扰大，在道路设计和交通组织管理中要很好解决这"三大"所带来的问题。

5. 道路交叉点多。纵横交错的城市道路网形成很多交叉点（口），例如，上海市的道路交叉点，据不完全统计，全市至少有 2229 个，可行驶公共交通车辆的道路交叉点至少有 278 个。城市道路大量交叉口的存在，既影响车速，也影响道路的通行能力，因此，交叉口设计是否合理往往是能否提高道路通行能力的症结所在。

6. 沿路两侧建筑密集。当道路一旦建成，沿街两侧的各种建筑也相应建成且固定下来，以后很难拆迁房屋拓宽道路。因此，在规划设计道路的宽度时，必须充分预计到远期交通发展的需要，并严格控制好道路红线宽度。

7. 道路交通联系点。由于道路分布在城市的各个角落，所以，全市的道路交通也相应地分散在各条线路上，但各条道路所分布的交通量并不完全一样，有大有小，有主有次，在规划道路网时，就应进行调查研究，分清人流、车流的主次方向和大小，用不同等级的通路分别加以连接。

8. 艺术要求高。城市干道网是城市的骨架，城市总平面的布局是否美观合理，在很大程度上体现在道路网，特别是干道网的布局；而城市环境的景观和建筑艺术，也必须通过道路才能反映出来。所以，不仅要求道路本身具有良好的景观，而且也要求与城市的建筑群体、名胜古迹、自然风光等配合，以取得良好的艺术效果。

9. 城市道路规划、设计的影响因素多。城市里人来车往，同时绿化、照明、通风、防火和各种市政公共设施，无一不在道路用地上，这些影响因素在规划、设计时都必须综合考虑。

10. 政策性强。在道路网规划和道路设计中，经常需要考虑城市发展规模、技术设计标准、房屋拆迁、土地征用、工程造价、近期与远期、需要与可能、局部与整体等问题，这都牵扯到有关的方针、政策。所以，城市道路规划与设计工作是一项政策性强的工作，必须贯彻实施有关的方针、政策。

6.4.4 城市道路分级

根据《城市道路工程设计规范》CJJ 37—2012（2016 年版），城市道路按在道路网中的地位、交通功能以及对沿线的服务功能等，分为快速路、主干路、次干路和支路四个等级。快速路、主干路设计年限应当为 20 年；次干路应当为 15 年；支路宜为 10～15 年。

快速路应中央分隔、全部控制出入、控制出入口间距及形式，应实现交通连续通行，单向设置不应少于两条车道，并应设有配套的交通安全与管理设施。快速路两侧不应设置吸引大量车流、人流的公共建筑物的出入口。

主干路应连接城市各主要分区，应以交通功能为主。主干路两侧不宜设置吸引大量车流、人流的公共建筑物的出入口。

次干路应与主干路结合组成干路网，应以集散交通的功能为主，兼有服务功能。

支路宜与次干路和居住区、工业区、交通设施等内部道路相连接，应解决局部地区交通，以服务功能为主。

6.4.5 城市道路设计内容

城市道路设计的内容包括：路线设计、交叉口设计、道路附属设施设计、路面设计和交通管理设施设计五个部分。道路选线、道路横断面组合、道路交叉口选型等都是城市总体规划和详细规划的重要内容，城市规划工作者必须掌握城市道路设计的基本知识和技能。

6.4.6 城市道路的设计原则

1. 城市道路的设计必须在城市规划，特别是土地使用规划和道路系统规划的指导下进行。必要时，可以提出局部修改规划的道路走向、横断面形式、道路红线等建议，经批准后进行设计。

2. 要求在经济、合理的条件下，考虑道路建设的远近结合、分期发展，避免不符合规划的临时性建设。

3. 要求满足交通量在一定时期内的发展要求。

4. 综合考虑道路的平面线形、纵断面线形、横断面布置、道路交叉口、各种道路极限标准。

6.4.7 城市道路的设计步骤

1. 资料准备如下：

1）进行城市道路附属设施、路面类型，满足行人及各种车辆行驶的技术要求：

（1）设计时应同时兼顾道路两侧城市用地、房屋建筑和各种工程管线设施的高程及功能要求，与周围环境协调，创造好的街道景观。

（2）合理使用各项技术标准，尽可能采用较高的线形技术标准。

2）设计需要准备下列资料：

（1）城市规划确定的道路性质和控制性要求资料。

（2）道路沿线的地质资料、水文资料和气象资料。

（3）道路沿线现状地形图，其比例按平面图设计要求。

（4）现状道路交通量资料和规划交通量资料。

2. 测设定线如下：

1）先在现状地形图上（或较小比例地形图上）按照规划给定的控制坐标及红线、横断面等，初步确定道路的走向及平面布置。

2）现场测设道路中心线，并按照道路中心线测量原地面的纵断面和横断面。

3. 综合进行路基路面设计和道路平面、纵断面和横断面的设计，以及附属设施设计。

4. 完成设计文件，包括：设计说明书；道路设计资料（现状及设计计算资料）；道路设计图，如平面设计图（含横断面）、纵断面设计图、交叉口设计图、道路附属设施设计图（或选用标准图）等；施工横断面图及土方平衡表。

6.5 高速公路

我国《公路工程技术标准》JTG B01—2014 规定，高速公路指能适应年平均昼夜小客车交通量为 25000 辆以上、专供汽车分道高速行驶、全部控制出入的公路。各国尽管对高速公路的命名不同，但都是专指有 4 车道以上、两向分隔行驶、完全控制出入口、全部采用立体交叉的公路。

高速公路一般能适应时速 120km/h 或者更高的速度，路面有 4 个以上车道的宽度。中间设置分隔带，采用沥青混凝土或水泥混凝土高级路面，设有齐全的标志、标线、信号及照明装置；禁止行人和非机动车在路上行走，与其他线路采用立体交叉、行人跨线桥或地道通过。从定义可以看出，一般来讲高速公路应符合下列 4 个条件：

1. 汽车专用公路。高速公路对车种及车速加以限制。高速公路规定，凡非机动车和由于车速低，可能形成危险和妨碍交通的车辆，均不得使用高速公路。为减少车速相差过大，减少超车次数，在高速公路上还对最高和最低车速加以限制。一般规定，凡车速在50km/h 以下的车辆不得进入高速公路，我国高速公路设计车速规定为 60～120km/h。

2. 高速公路实行分隔行驶，安全高速。高速公路一般采用两幅路的横断面形式，中央设置中间带，将对向车流分隔，从而杜绝对向撞车，既提高车速，又确保安全。对于同向车流，则采用全线画线的方法区分车道，以减少超车和同向车速差造成的干扰。

3. 立体交叉，排出平面干扰。为保证高速行车、消除侧向干扰，对于不准车辆进出的路口，均设置分离式立交加以隔绝；允许车辆进出的路门，则采用指定的互通式立交匝道连接。

4. 高速公路沿线封闭、控制出入。在高速公路的沿线用护栏和路栏把高速公路与外界隔开，以控制车辆出入。所谓控制出入有两个含义：一是只准汽车在规定的一些出入口进出高速公路，不准任何单位或个人将道路接入高速公路；二是在高速公路主线上不允许有平面交叉路口存在。对非机动车及人、畜的控制，则主要采取高路堤、护栏等措施将高速公路"封闭"，以确保汽车的快速安全行驶；同时只允许右转弯行驶，不允许左向转出入（日本、英国相反）。

6.5.1 高速公路的特点

与一般公路相比，高速公路具有以下优点：

1. 车速高、通行能力大

由于高速公路只供汽车专用，不允许行人、牲畜、非机动车和其他慢速车辆通行；同时，一般规定时速低于 50km/h 的车辆不得上路；高速公路实行的是一种封闭管理，各种车辆只能在设有互通立交的匝道进出；实行上下车道分离，杜绝对向车辆的干扰，较好地保证了高速公路的连续通畅，因此高速公路上行车车速较高。据调查，高速公路最高时速一般为 120km/h，平均车速：美国为 97km/h，英国为 110km/h，日本高速公路比一般道路的速度高 62%～70%。速度是交通运输的主要技术指标，由于速度高，使得行驶时间缩短，从而带来巨大的经济效益和社会效益，对政治和国防都有重大意义。

通行能力反映公路允许通过汽车数量的多少。据统计，一般双车道公路的通行能力为 5000～6000 辆/昼夜，而一条四车道的高速公路通行能力为 34000～50000 辆/昼夜，六车道和八道可达 70000～100000 辆/昼夜，可见其通行能力比二级公路高几倍甚至几十倍，基本上可以解决交通拥挤的问题。

2. 燃料消耗和运输成本大幅度降低

高速公路改变了行车条件，车速高、通行能力大、行车安全，轮胎消耗和事故损失大大减少，汽车效能可以充分发挥。据统计，在 300km 以内，使用大吨位车辆运输，无论从时间和经济方面考虑，均优于铁路和普通公路。尽管高速公路投资大，但其所带来的综合效益是巨大的，可在较短时间内回收。如我国已建成的 375km 的沈（阳）-大（连）高速公路，两边形成了巨大的经济带，从两侧土地的升值中，资金大量得到回收，且促进了沿线经济的迅速发展。据日本资料表明，1～11t 的六种载货汽车在高速公路上的运输成本，比普通公路下降 17%～20%，其投资费用回收期通常在 7～8 年。

3. 旅客条件改善，交通事故减少

行车安全是反映运输质量的根本标志，高速公路的特征，使其行车事故大为减少。由于没有其他运输工具的干扰，基本上按一定速度行驶，不仅乘客感到舒适，而且交通事故大幅度下降。据介绍，高速公路与一般道路相比，交通事故美国减少 56%，英国减少 62%，日本减少 89%。我国的京石高速公路的事故率下降 70%，时速提高 3 倍。高速公路具有交通构成简单、车速均匀、无横向和纵向干扰等特点，与普通公路相比，在保障交通安全、减少运输伤害等方面具有明显优势。数据显示，美国州际公路的交通死亡率比其他系统公路低 60%，致伤率低 70%；日本高速公路死亡率比其他公路低 60%，事故率低 75%。

6.5.2　高速公路在公路运输中的重要意义

1. 提高公路运输效率和运行速度，加速经济发展

提高速度始终是交通运输努力追求的目标。不论是火车、飞机，还是汽车、轮船，无不都是通过不断地提高速度来实现提高运输效率和效益的。回顾历史，最早的运输工具是靠人自己背东西，以后使用畜力来完成运输，后来出现机器牵引车辆，从陆地、水上交通发展到空中交通。不管哪一个时期，都是在新技术水平基础上，进一步追求新的快速运输，以期取得新的最大的运输效率和效益，这是交通运输的自然规律。现代小汽车的速度在技术上已达到 200km/h，甚至更高，这就要求有相应的高速公路跟上，否则这样高的时速得不到发挥，也就不能获得更大的运输效率和效益。

2. 发展市场经济，推动市场建设

市场经济中一个重要的认识就是要发展商品生产，必须通过流通环节，才能形成商品经济。商品经济的最大特点是强化商品交换和流通，流通越快，交换越充分，商品经济就越发达，整个社会也就越发达。基于这个认识，高速公路和高速运输就成为其中关键性的环节。近年来我国各地的实践表明了这一点：交通运输发达地区，经济发展快；反之，经济就发展不起来。"要致富，先修路，少生孩子多修路，修大路大富，修快速路快富"，这一民间俗语通俗地表达了交通运输与经济发展之间的相互关系。

3. 改善投资环境，促进相关产业发展

高速公路的出现，运行效率的提高，对贯彻改革开放的政策，改善投资环境，起到了巨大作用。投资环境中极为重要的一个条件，就是交通条件，交通便捷，给外商投资创造一个良好的投资环境，对外商投资富有吸引力。再有，直接地促进了一系列相关产业的发展。例如，对汽车工业提出了新要求，促进了橡胶轮胎工业、通信事业及其他有关工业的发展。此外，还带来了高速公路两边土地的升值，形成沿线经济带。

总的来说，高速公路显示了"速度快、效率高、时间省、效益好"等一般公路所不具有的优点，因此，世界上许多国家都积极修建高速公路。

6.5.3　我国高速公路的发展历程

高速公路是 20 世纪 30 年代在西方发达国家开始出现的为汽车交通提供特别服务的基础设施，经过多年的探索和发展，目前全世界已有 60 多个国家拥有高速公路，其中美国、日本、德国、加拿大等发达国家已经构筑起与本国经济和社会发展相适应的高速公路网。高速公路不仅是交通运输现代化的重要标志，同时也是一个国家现代化的重要标志。审视世界高速公路发展史，我们不难发现，以"快速、安全、经济、舒适"为特征的高速公路如同汽车一样，从诞生的那一刻起，就深刻影响着它所服务的每一个人和触及的每一寸土地，高速公路的发展不仅仅是经济的需要，也是人类文明和现代生活的一部分。

高速公路在我国，也像其他新生事物一样，经历了一个曲折的过程。我国修建高速公路，最早始于台湾省的南北高速公路，全长 373.3km，1970 年开工，1978 年 10 月建成。

该路为我国的第一条高速公路，北起台湾高雄，经台南、台中、台北到基隆止，全长 373.3km，耗资 470 亿台币，平均 1.2 亿台币/km（约 300 万美元/km，2400 万人民币/km），设计车速平原区为 120km/h，丘陵区 100km/h。

我国大陆修建高速公路的问题，从 20 世纪 70 年代初期就开始对京津塘高速公路（第一条开始研究论证的高速公路）进行研究论证，作了可行性研究，还邀请外国专家进行咨询，进行社会效益和财务效益分析（世行贷款），计算了投资偿还期，发现其效益是显著的，并报请国务院批准兴建。直到 1987 年 10 月才签订了土建工程合同，当年 12 月破土动工。1988 年，是我国公路交通史上不平凡的一年，我国大陆开始大批地建成高速公路，结束了我国大陆没有高速公路的历史，是我国公路迈入现代化的新起点。截至 2021 年底，我国国家高速公路已建成 11.7 万 km，位居世界第一。

6.5.4　高速公路的弊端

1. 占地多，对环境影响大

一般高速公路用地宽度至少为 30～35m；六车道为 50～60m；一座互通式立交用地则高达 4 万～10 万 m²。高速公路的征地费用约占总投资的 1/5。这对耕地较少的国家的农业造成一定威胁。噪声、废气对环境的污染不可避免。因此，兴建高速公路时应尽量节约用地。

2. 投资大，造价高

高速公路的投资主要用于征地、筑路、设施等，其中土方、路面、桥涵及设施等的费用约占总投资的 80%，征地及赔偿费占 20%。我国高速公路的平均造价较一般公路高 10 倍。虽然在今后的运营中可将投资回收，但鉴于当前财力所限及筹集资金的困难，只能分步建设。

6.5.5　高速公路的交通安全设施

交通安全设施是保证交通安全的重要手段，对于高速公路尤为重要，设施包括交通标志、交通标线、反光道标、防护设施和禁入设施等。

1. 交通标志

由于高速公路车速高，对车辆要提前预告前方情况，所以要设置指路标志和指路预告标志，并力求简洁、明了，避免造成信息过多或不足。

1）标志的夜间可见性

交通标志有指示标志、指路标志、警告标志和禁令标志。指示标志和指路标志的文字及图案应反光，而底色不反光，并附有外部照明。无外部照明时，重要的标志要求全幅反光。圆形指示标志、警告标志、禁令标志应全部反光。通常高速公路除互通式立交、起终点采用路灯照明外，路段上均不采用路灯照明，但必须确保安全，所以一般标志均采用定向反光膜材料。

2）标志汉字的高度

当车辆以 90km/h 速度行驶时，预先提示距离需要 200m，司机才能从容应对紧急情况，以避免事故的发生，作为指示和指路标志上的汉字高度直接影响判读距离。日本阪神高速公路规定：设计车速为 60km/h 的道路，其标志汉字高度为 50cm；车速为 80km/h

的道路，汉字高度为 60cm。我国标志尺寸最大采用 300cm×150cm。汉字高度主线部分最大为 65cm，立交指路板上采用 60cm，而匝道和地方道路的标志板上则采用 50cm。

3）标志的形式

标志形式的选择应考虑路面宽度和环境因素，通常采用的门式结构标志与环境能很好地协调。

2. 交通标线

高速公路的交通标线有车道边线、车道边界线、立交斑马线、导向箭头以及主线进出口处平面交叉的交通渠化标线等。交通标线应能分别划出左侧路缘带、车道、硬路肩以及交叉口的渠化、车道指向，使道路各部分功能明确划分，车辆各行其道，从而确保安全。

3. 防护设施

高速行驶易发生车辆失控等故障，所以高速公路的防护设施对保障安全起着重要的作用。

高速公路对防护设施的要求是：有视线诱导效果；防止车辆迎面碰撞或滑出路侧；冲撞时产生的减速度能免使乘客受害；撞车后回至原车行道时，尽可能不妨碍其他车辆行驶，如可满足上述部分要求的钢筋混凝土防冲墙，能防止车辆冲击，但因刚度大易导致乘客伤亡，波形护栏从受力角度分析，属于弹性连续梁，可起到缓冲的效果。

我国高速公路目前多采用波形护栏，由于分隔带宽度仅 3m，有冲撞危及对向行驶车辆的可能，所以大多连续设置两排单面型的防护栏。

路侧防护栏应在下列地点设置：桥梁及人工构筑物的两端；超过 3m 高的路堤路段；横向穿越孔处；平曲线超高处；标志、照明立柱及紧急电话等需保护处；匝道及视线需要诱导处。

4. 禁入设施

设于收费口及立交范围内的禁入栅有两种形式：框架式铁丝网，高 2.5m；带刺铁丝栅，高 2.5m；起到禁入的作用。

5. 反光诱导标志

车辆夜间高速行驶时，可视距离较短，因此夜间引导车辆的行驶尤为重要。高速公路反光诱导标志为车辆夜间行驶提供了安全保证。

6.6　智慧交通

智能交通系统（ITS，Intelligent Transportation System）是将先进的信息技术、数据通信传输技术、电子传感技术、控制技术及计算机技术等有效地集成并运用于交通系统，从而提高交通系统效率的综合性应用系统。

智慧交通是在智能交通的基础上，融入物联网、云计算、大数据、移动互联网等新技术，通过汇集交通信息，提供实时交通数据的交通信息服务。智慧交通大量使用了数据模型、数据挖掘等数据处理技术，实现了智慧交通的系统性、实时性、信息交流的交互性以及服务的广泛性。智慧交通建设的主要目标是提高运输效率、保障交通安全、缓解交通拥堵、减少空气污染。

在国际上，美国、欧洲、日本是世界上较早开发并应用智慧交通系统的国家和地区，已从智慧交通的研究与测试转入全面部署阶段。其他一些国家和地区的智慧交通研究也初见成效，如韩国、马来西亚、新加坡和澳大利亚等。我国的智慧交通虽然起步较晚，但是发展迅速，逐渐转向成熟阶段。我国一些大中城市已有车辆智能系统、智慧交通信号控制、智能导航、停车诱导、公交信息服务等一系列智能化交通管理及服务的普及应用。智慧交通是智慧城市建设中重要的组成部分，从底层感知设备数据采集、数据传输、数据治理、数据共享交换，到上层的数据多维度展示、基于大数据和人工智能的自动控制，是智慧城市最好的切入点，也是最容易见到效果的建设内容。目前所常用的智慧交通系统技术架构如图 6-8 所示。随着各种智能技术的不断发展，智慧交通将通过人与车、车与路、路与环境紧密协同实现高效出行，通过智能驾驶、路径优化实现低碳出行，通过车载智能终端实现快乐出行，通过主动式安全保障实现安心出行。

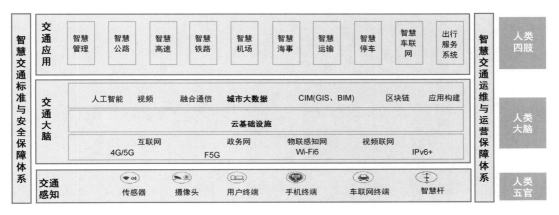

图 6-8　智慧交通系统技术架构

本章小结

（1）根据道路所处位置、交通性质、使用特点分为公路、城市道路和专用道路等。道路由线形和结构组成。道路的横断面组成包括机动车道、非机动车道、人行道、绿化带等；道路纵断面线形由直坡段、竖曲线组成。道路的结构主要包括路基、路面、排水系统、特殊构筑物以及沿线设施五部分。

（2）城市道路通常分为四类，即快速路、主干路、次干路、支路。除快速路外，每类道路按照所在城市的规模、设计交通量、地形等分为Ⅰ、Ⅱ、Ⅲ级。大城市应采用各类道路中的Ⅰ级标准；中等城市应采用各类道路的Ⅱ级标准，小城市应采用各类道路中的Ⅲ级标准。

（3）高速公路一般能适应 120km/h 或者更高的速度，路面有 4 个以上车道的宽度，中间设置分隔带，采用沥青混凝土或水泥混凝土高级路面，设有齐全的标志、标线、信号及照明装置；禁止行人和非机动车在路上行走，与其他线路采用立体交叉、行人跨线桥或地道通过。

（4）智慧交通是交通强国的发展方向。智慧交通建设的主要目标是提高运输效率、保障交通安全、缓解交通拥堵、减少空气污染。

思考与练习题

6-1　简要描述道路在国民经济建设中的重要性。

6-2　简要概括道路的结构组成。

6-3　简要概括我国城市道路的分类与分级方法。

6-4　相比于城市公路，高速公路有哪些特点？

第7章 桥 梁 工 程

本章要点及学习目标

本章要点：

(1) 国内外桥梁发展进程；(2) 桥梁的基本构造；(3) 四种基本结构体系桥梁的组成、受力特征；(4) 桥梁发展动态与展望。

学习目标：

(1) 了解桥梁工程相关概念、基本构造和主要分类方法；(2) 理解各种基本桥型的受力特征；(3) 了解桥梁工程的发展动态、现状及展望。

7.1 概述

桥梁工程在学科上属于土木工程的分支之一，在功能上是交通工程的关键节点以及城市立体交通的主要构成。桥梁是供行人、车辆、管线等跨越海峡、河流、山谷以及其他交通线路的构筑物。简而言之，桥梁是跨越障碍的通道。

在人类文明的发展史中，桥梁占有重要的一页。从古至今，其与人们的生产、生活密切相关，并与各个时代、各个民族的科技发展和文化特征有着直接的联系。因此，桥梁既是一种功能性的结构物，又是工程技术与人文艺术相结合的产物。许多桥梁已成为具有鲜明时代特征、令人赏心悦目的人文景观，是世界建筑艺术的重要组成部分，为世人所赞叹。

7.1.1 国内桥梁发展简介

早期桥梁的出现与自然有关，建桥所用的材料大多是木、石、藤、竹之类的天然材料。从倒下而横卧在溪流上的树干，衍生出建造梁桥的想法（图7-1）；从自然风化形成的石穹，萌发了修建拱桥的想法（图7-2）；受崖壁或树丛间攀爬的藤蔓启发，带来索桥的出现（图7-3）。

图 7-1 天然"木桥"　　　　图 7-2 岩石风化成的拱结构　　　　图 7-3 藤索桥

　　桥梁出现于新石器时代中晚期，距今已有 7000 余年的历史。按照时间顺序，最早诞生的是木桥，接着是石梁桥、浮桥、拱桥以及索桥。

　　我国建于公元前 1075～公元前 1046 年商纣的钜桥（多孔木梁桥）比古罗马建于公元前 630 年的桩柱式木桥早 400 年左右。在秦汉时期，我国已广泛修建石梁桥，世界上保存至今的最长石梁桥，就是 1053～1059 年在福建泉州建造的万安桥（也称洛阳桥，图 7-4），此桥长达 834m，共 47 孔，这些巨大石梁是利用潮水涨落浮运架设，可见我国古代建桥技术何等高超。

　　在距今约 3000 年的周文王时期，我国就已在宽阔的渭河上架设过大型浮桥。汉唐以后，浮桥的运用日趋普遍。公元 35 年东汉光武帝时期，在今宜昌和宜都之间，出现了长江上第一座浮桥。以后，因战时需要，在黄河、长江上曾架设过浮桥不下数十次。建于 1170～1192 年的广东省潮州市广济桥（又名湘子桥，图 7-5），集梁桥与浮桥于一体，由东西两端（浅滩处）石梁桥和中间一段（深水区）浮桥组合而成，全长 518m，其中浮桥部分为 18 艘浮船组成开合式浮桥，被誉为"世界上最早的启闭式桥梁"。

图 7-4　福建万安桥

图 7-5　广东广济桥

　　在众多富有民族风格的古代石拱桥中，因工艺精湛而闻名中外的河北赵县赵州桥（又名安济桥，图 7-6）是其中的杰出代表。赵州桥的设计构思和工艺技巧，不仅在我国古代桥梁中首屈一指，而且据对世界桥梁的考证，像这样的敞肩拱桥，欧洲到 19 世纪中叶才出现，比我国晚了 1000 余年。除赵州桥之外，其他著名的石拱桥还有北京卢沟桥、颐和园内的玉带桥和十七孔桥、苏州的枫桥以及扬州五亭桥（图 7-7）等。我国石拱桥的建造艺术在明朝时曾流传到日本等国，促进了与世界各国人民的文化交流。

图 7-6　河北赵州桥

图 7-7　扬州五亭桥

　　近代的大跨径悬索桥和斜拉桥也是由古代的藤、索吊桥发展而来的，在唐朝中期，我国就从用藤索、竹索发展到用铁链建造吊桥。1631 年建成的贵州北盘江铁索桥、保留至今的跨径约 100m 的四川泸定县大渡河铁索桥（建于 1706 年，图 7-8）和跨径 61m 全长

340m的举世闻名的安澜竹索桥（建于1803年，图7-9），为西方建造铁索桥起到了示范作用。虽然西方在1741年（英国）才建成第一座铁链桥，但是随后的发展远快于我国，1883年建成的美国纽约布鲁克林的公路悬索桥（跨度486.3m，图7-10）开创了现代悬索桥建设的先河。

图7-8　四川泸定桥　　　　图7-9　安澜竹索桥　　　　图7-10　布鲁克林桥

　　尽管我国古代桥梁建设创造了辉煌的成就，但由于历史原因，我国近、现代桥梁建设受到严重的制约，发展明显落后于世界发达国家。中华人民共和国成立以前，我国交通事业落后，可供通车的公路桥梁多为木桥，且破烂不堪，纵然当时我国也修建过一些公路钢桁架桥、悬索桥和钢筋混凝土拱桥等，但与当时世界上桥梁建造的技术水平相比，处于很落后的状态。

　　中华人民共和国成立后，在初期修复和加固了大量旧桥，随后在第一、二个五年计划期间，修建了不少重要桥梁，取得了迅速的发展。随着1957年第一座长江大桥——武汉长江大桥（图7-11）的建成，标志着我国建造大跨度钢桥的技术水平提高到新的起点。1969年我国建成了举世瞩目的南京长江大桥（图7-12），这是我国自行设计、制造和施工，并使用国产高强钢材建造的现代化大型桥梁。南京长江大桥的建成，也是我国桥梁建设史上又一个重要的里程碑。

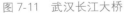

图7-11　武汉长江大桥　　　　　　　　图7-12　南京长江大桥

　　改革开放以来（特别是20世纪90年代以来），随着我国高速公路、铁路以及城镇化建设的推进，桥梁建设进入了快速发展时期，我国的桥梁建设无论是数量上还是规模上，都处于世界领先地位。

　　1982年建成的跨度220m的济南黄河公路斜拉桥成为我国早期斜拉桥建设的里程碑（图7-13）。1991年建成的跨度400m的上海南浦大桥标志着我国自主建设超大跨径桥梁的开始（图7-14），为我国桥梁在20世纪90年代崛起奠定了基础。1995年建

图 7-13　济南黄河大桥

图 7-14　上海南浦大桥

成的主跨 452m 的广东汕头海湾大桥成为我国第一座现代混凝土悬索桥。1997 年建成了我国第一座现代钢悬索桥——主跨 888m 的广东虎门大桥。1997 年建成的重庆万州长江大桥将世界混凝土拱桥最大跨径从 390m（南斯拉夫 KRK 桥）提高到 420m（图 7-15），至今仍为世界同类桥梁最大跨径。2008 年建成了世界第一座超千米的斜拉桥——主跨 1088m 的江苏苏通大桥（图 7-16），成为世界斜拉桥建设新的里程碑。2019 年建成的武汉杨泗港长江大桥（图 7-17），主跨 1700m，跨径居世界第三，为世界上最大跨度的双层公路悬索桥。2020 年建成的主跨 575m 的钢管混凝土拱桥——广西平南三桥（图 7-18），为世界最大跨径拱桥。2020 年通车的主跨 1092m 的斜拉桥——沪苏通长江大桥（图 7-19），为世界最大跨径的公铁两用斜拉桥。2020 年建成通车的连（云港）镇（江）高铁五峰山长江大桥（图 7-20），主跨 1092m，为世界上首座超千米的公铁两用悬索桥。可见，我国桥梁建设已走上复兴之路，正从桥梁大国迈向桥梁强国。

图 7-15　重庆万州长江大桥

图 7-16　江苏苏通大桥

图 7-17　武汉杨泗港长江大桥

图 7-18　广西平南三桥

图 7-19　沪苏通长江大桥

图 7-20　五峰山长江大桥

7.1.2　国外桥梁发展简介

从世界范围来看，加拿大 1917 年建成通车的魁北克大桥（图 7-21），跨径 549m，目前仍然是世界上最长的钢桁架梁桥，被认为是近现代桥梁史上的一个重要里程碑，至今运营良好，是名副其实的百年大桥。随着预应力技术及施工方法的成熟、斜拉桥的复兴以及钢箱梁悬索桥的诞生，这些具有标志性的新技术为现代桥梁工程的发展奠定了基础。

1955 年，德国工程师斯特沃尔德运用预应力混凝土技术首创无支架悬臂挂篮施工技术，建成了拉恩河桥，主跨 62m。1956 年，德国工程师迪辛格尔在瑞典建成第一座现代钢斜拉桥——主跨为 182.6m 的斯特罗姆桑特桥（图 7-22）。1959～1962 年，德国莱茵哈特教授等发明顶推法施工新技术，并于 1964 年建成了世界第一座用顶推法施工的总长 500m 的委内瑞拉切里尼桥。1962 年，委内瑞拉建成了世界上第一座现代预应力混凝土斜拉桥——马拉开波桥，跨径布置为 5×235m（图 7-23）。瑞士梅恩教授在 20 世纪 70 年代创造了连续刚构桥新桥型，并于 1979 年建成了世界第一座预应力混凝土刚构桥——主跨 107m 的瑞士 Fegire 桥。1998 年建成的挪威斯托尔马桥保持着最大跨径纯混凝土梁桥的世界纪录，其主跨为 301m，跨中 182m 长的主梁采用了 C60 轻质陶粒混凝土，从而大大降低了自重荷载引起的恒载内力（图 7-24）。

图 7-21　加拿大魁北克大桥

图 7-22　瑞典斯特罗姆桑特桥

图 7-23　委内瑞拉马拉开波桥

图 7-24　挪威斯托尔马桥

　　1971年，法国工程师穆勒将德国首创的钢斜拉桥和法国的预应力技术相结合，设计建造了采用预应力混凝土桥塔和桥面的单索面斜拉桥主跨320m的Brottone桥，同时首创了万吨级的盆式支座和千吨级的成品拉索。1980年，瑞士梅恩教授首创了世界上第一座矮塔斜拉桥，主跨174m的瑞士甘特桥（图7-25）。2012年建成的俄罗斯岛跨海大桥（图7-26），主跨1104m，是目前世界上跨度最大的斜拉桥。

图7-25　瑞士甘特桥

图7-26　俄罗斯岛跨海大桥

　　1937年建成的美国旧金山金门大桥（图7-27），主跨1280m，保持了27年的世界纪录，至今金门大桥仍是举世闻名的桥梁经典之作，被评为20世纪最美桥梁之一。20世纪60年代英国工程师威克斯所设计的主跨为888m的塞文桥（图7-28），开创了流线型箱梁桥面悬索桥。目前世界最大跨悬索桥为2022年建成通车的土耳其恰纳卡莱1915大桥（图7-29），大桥跨越马尔马拉海西端的达达尼尔海峡，连接欧亚两洲，主跨2023m，成为首座跨径突破2000m大关的桥梁。

图7-27　美国旧金山金门大桥

图7-28　英国塞文桥

图7-29　土耳其恰纳卡莱1915大桥

7.2 桥梁的构造

一般而言，桥梁由四个基本部分构造而成，即上部结构、下部结构、支座和附属设施。图 7-30 为一座梁式桥的典型构造。

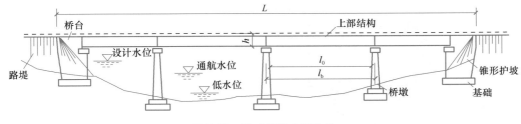

图 7-30 梁式桥的典型构造

上部结构（也称桥跨结构）是在线路中断时跨越障碍的主要承重结构，是桥梁支座以上跨越桥孔的总称。

下部结构是指支承上部结构并将其荷载传递至地基的构造物，包括桥墩、桥台和基础。通常桥台设置在桥梁的两端，桥墩设置在桥台之间的位置。桥台除了起支承上部结构的作用外，还与路堤衔接，并抵御路堤土压力，防止路堤填土的坍落。为了保护桥台和台后填土，桥台两侧设置翼墙。对于单跨桥梁，只有两端的桥台，没有中间的桥墩。

桥梁墩台底部的奠基部分称为基础，基础承担了从桥墩和桥台传来的全部荷载，这些荷载包括恒载、活载以及地震作用、船舶（或车辆）撞击墩身等引起的作用力。由于基础往往深埋于水下地基中，遇到的问题也很复杂，在桥梁施工中难度较大，是确保桥梁安全的关键之一。

支座是设在桥梁墩台顶部，用于支承上部结构的传力装置，它不仅要将上部结构的恒载和活载传递给墩台，而且要保证上部结构按设计要求能产生一定的变位（侧移和转角），同时还具有减、隔振的作用。

桥梁附属设施包括桥面铺装、伸缩缝、路灯、栏杆、桥梁与路堤衔接处的桥头搭板以及锥形护坡等，锥形护坡一般用石料砌成，保证迎水部分路堤边坡的稳定。

7.3 桥梁的分类

7.3.1 按基本结构体系分类

按照基本结构体系分类，桥梁可分为梁式桥、拱桥、斜拉桥和悬索桥四大类。

1. 梁式桥

梁式桥是一种在竖向荷载作用下梁体以受弯为主，支承处只有竖向反力而没有水平反力的结构（图 7-31a、b）。对于小跨径桥梁，目前在公路上应用最广的是标准跨径的钢筋混凝土简支梁结构，当达到中等跨径时，一般采用的是预应力混凝土简支 T 形梁或箱形梁结构，当跨径更大时，需采用预应力混凝土连续结构（等跨径可采用等高度梁，不等跨径可采用变高度梁）（图 7-31c、d）。对于特大跨度桥梁，还可采用钢桥或钢-混凝土组合梁桥（图 7-31e）。

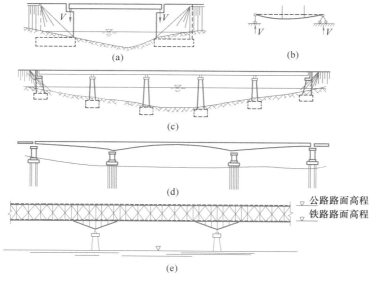

图 7-31 梁式桥结构示意

目前，世界上跨度最大的钢-混凝土混合梁桥是 2006 年建成通车的位于我国重庆的石板坡长江大桥，主跨为 330m，为了减轻自重荷载引起的内力，跨中 108m 段采用了钢箱梁，其余部分为预应力混凝土结构（图 7-32）。2022 年开工建造的山东套尔河特大桥（图 7-33），主跨达到 338m（其中跨中 173m 的区域采用了钢梁），建成后将成为最大跨度的钢-混凝土混合梁桥。

图 7-32 重庆石板坡长江大桥

（a）效果图；（b）实照

图 7-33 山东套尔河特大桥（效果图）

2. 拱桥

拱桥是一种在竖向荷载作用下拱肋（或拱圈）以受压为主，拱脚支承处不仅产生竖向反力而且还存在水平推力的结构（图 7-34b）。由于拱桥的主要承重构件拱肋（或拱圈）主要受到的是压力，弯矩很小，所以当跨度不大时，通常可用抗压能力强的圬工材料（如砖、石、混凝土等）或钢筋混凝土等来建造。拱桥跨越能力大，外形酷似彩虹卧波，十分美观，在地基条件许可的情况下，修建拱桥往往比较经济合理。一般而言，在跨径 500m 以内均可作为比选方案。如果地基条件不适合于修建具有很大水平推力的拱桥时，也可设置受拉系杆来平衡水平推力，即在行车道中施加强大的水平预加力，该水平力传至拱脚可以与水平推力相抵消（图 7-34e）。按照行车道与拱肋（或拱圈）之间的相对位置关系分类，拱桥可分为上承式拱桥（图 7-34a）、中承式拱桥（图 7-34c）和下承式拱桥（图 7-34d）三种。

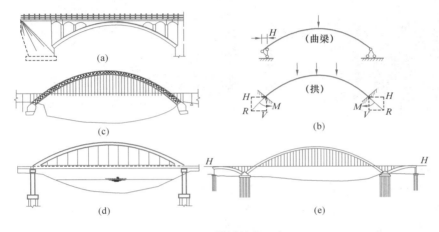

图 7-34　拱桥结构示意

石材是抗压强度高且经久耐用的天然建筑材料，几千年来修建的古代桥梁也以石桥居多。2000 年建成的山西晋城到河南焦作高速公路上的丹河大桥，主孔净跨径 146m，至今仍保持着石拱桥跨径的世界纪录，如图 7-35 所示。

图 7-35　丹河大桥

20世纪90年代兴起的钢管混凝土结构,将大跨度拱桥的建造推向了一个高峰,其主要原因一是钢管内充混凝土具有非常好的受压性能,二是适用于无支架施工方法,从而解决了拱肋高强度材料和施工的两大难题,所以如雨后春笋般在全国各地得到了迅速发展。如1990年建成的四川旺苍东河大桥(图7-36),跨径为115m,是我国第一座钢管混凝土拱桥;1995年建成的广东南海三山西大桥,跨径为200m;1998年建成的广西三岸邕江大桥,主跨为270m;2004年建成的巫山长江大桥,主跨460m,当年创钢管混凝土拱桥世界最大跨径记录;2022年开建的广西天峨龙滩特大桥(图7-37),跨径达到了600m,预计2023年建成通车,其建成后将成为"世界第一拱"。可以说,我国的拱桥建造技术已经处于世界领先水平。

图7-36　四川旺苍东河大桥

图7-37　广西天峨龙滩特大桥(效果图)

3. 斜拉桥

斜拉桥主要由塔、主梁、斜拉索、桥墩和基础组成(图7-38),其中塔柱以受压为主,主梁处于压弯状态,斜拉索受拉。斜拉索将主梁多点吊起,并将主梁上的恒载和活载传递给索塔,最后通过索塔基础传至地基。由于主梁受到斜拉索的弹性支承,弯矩较小,使得主梁尺寸大大减小,结构自重显著减轻,这样就能大幅度提高斜拉桥的跨越能力。

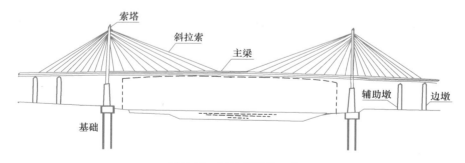

图7-38　斜拉桥结构示意

除了常见的双塔三跨式斜拉桥,还有包括独塔双跨、独塔单跨以及多塔多跨等多种结构形式(图7-39),具体形式及布置的选择应根据河流、地形、通航、美观等要求加以论证确定。

我国的斜拉桥建造起步稍晚,1974年建成的四川云阳汤溪河桥是我国第一座斜拉桥,主跨为75.8m(图7-40)。但从20世纪90年代至今,斜拉桥得到了快速发展,建造了一

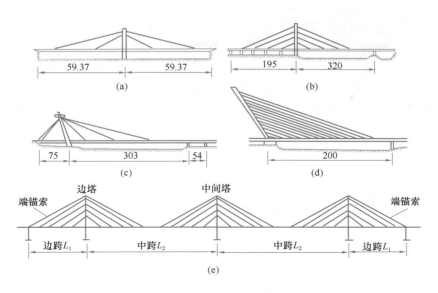

图 7-39 其他形式斜拉桥示意

系列大跨度斜拉桥，是世界上拥有斜拉桥数量最多的国家，据不完全统计，我国已建成的斜拉桥超过 100 座，其中跨度超过 600m 的已逾 30 座，数量居世界首位。

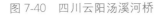

图 7-40 四川云阳汤溪河桥

图 7-41 香港昂船洲大桥

目前，全球已建成四座超过千米的斜拉桥，其中三座在我国，除了 2008 年建成的苏通大桥，还有 2009 年建成的香港昂船洲大桥（主跨 1018m，图 7-41）以及 2020 年建成的沪苏通大桥（主跨 1092m），沪苏通大桥是世界上首座超过千米的公铁两用斜拉桥。

2019 年 1 月启动建设的常泰长江大桥是长江经济带综合立体交通走廊的重要项目，集"高速公路、城际铁路、一级公路"于一桥，为世界上首座三用跨江大桥（图 7-42），主跨 1176m，该桥预计 2024 年竣工通车，建成后将超越俄罗斯岛桥成为世界最大跨斜拉桥。2021 年 1 月开工建设的马鞍山长江公铁大桥（图 7-43），主跨 2×1120m，为世界首个单主跨超千米的三塔斜拉桥。

图 7-42　常泰长江大桥（效果图）　　　　图 7-43　马鞍山长江公铁大桥（效果图）

4. 悬索桥

悬索桥（也称吊桥）是以通过主塔悬挂并锚固于两端的缆索作为上部结构主要承重构件的桥梁，主要由主塔、加劲梁、主缆、吊索、锚碇、鞍座和基础等组成（图 7-44），加劲梁上承担的恒载和活载通过竖向吊索传递给主缆，经主缆传给桥梁两端的锚碇，为了平衡巨大的主缆拉力，锚碇需建造得很大，这称之为重力式锚固体，或者利用天然岩石来承担主缆拉力，称之为岩洞式锚固体（或称隧道式锚固体）。设有锚碇的这类悬索桥称为地锚式悬索桥，与之相对的另一种形式称为自锚式悬索桥，即取消锚碇，将主缆直接锚固于加劲梁，此时主缆中的水平分力由加劲梁承担，这使得梁体存在失稳的风险，因此自锚式悬索桥跨径不宜过大，目前，世界上跨径最大的自锚式悬索桥为 2019 年 12 月建成通车的重庆鹅公岩轨道大桥，主跨 600m（图 7-45）。

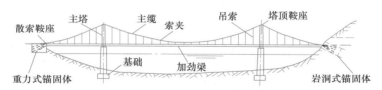

图 7-44　悬索桥结构示意

图 7-45　鹅公岩轨道大桥（右侧为原鹅公岩大桥）

按照吊索的布置区域划分，悬索桥分为单跨式、双跨式、三跨式和多跨式，其中单跨式（图 7-46a）和三跨式（图 7-46b）较为常用，而双跨式和多跨式则少用。

我国的现代悬索桥建设起步较晚，特别是在特大跨度悬索桥方面，但在 20 世纪 90 年代中期以后，这一局面发生了彻底地改变。1995 年建成的广东汕头海湾大桥（图 7-47），

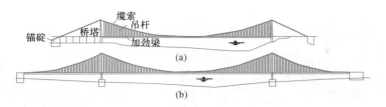

图 7-46　常见悬索桥布置形式

开创了我国现代悬索桥的先河。其后（特别是近二十年），大跨度悬索桥在我国得到快速发展，据统计，目前已建或在建的主跨排名前十的悬索桥中，中国占了 7 座。

图 7-47　广东汕头海湾大桥

2019 年开工建设的南京新生圩长江大桥（图 7-48），主跨 1760m，预计 2024 年通车。2022 年开工建设的张靖皋长江大桥（图 7-49），主跨达到 2300m，预计 2024 年竣工，建成后将超越土耳其恰纳卡莱 1915 大桥，成为世界第一大跨度桥梁。

图 7-48　南京新生圩长江大桥（效果图）

图 7-49　张靖皋长江大桥（效果图）

以上是桥梁结构的基本类型，如果将其中两种或者两种以上结构类型进行组合，可形成组合体系桥梁，如 2016 年建成通车跨越博斯普鲁斯海峡的土耳其亚武兹苏丹塞利姆大桥（也称第三博斯普鲁斯海峡大桥），主跨 1408m，将悬索桥与斜拉桥进行组合（也称狄辛格体系），该桥是目前跨度最大的组合体系桥梁（图 7-50）。2007 年建成的湖南湘潭莲城大桥，主跨 400m，将斜拉桥与拱桥进行组合（图 7-51）。2022 年 10 月开工建设的西堠门公铁两用大桥（图 7-52），主跨 1488m，预计 2028 年竣工后，将跃居成为最大跨度斜拉-悬索协作体系桥梁。

图 7-50 土耳其亚武兹苏丹塞利姆大桥

图 7-51 湖南湘潭莲城大桥

图 7-52 西堠门公铁两用大桥（效果图）

7.3.2 其他分类简述

桥梁除了按基本结构体系分类外，人们通常还按桥梁的用途、规模和建造材料等对桥梁进行分类：

1. 按功能的不同，分为公路桥、铁路桥、公铁两用桥、人行桥、农桥、水运桥和管线桥等。

2. 按全长和跨径的不同，分为特大桥、大桥、中桥、小桥和涵洞。

3. 按主要承重结构的建造材料不同，分为圬工桥（包括砖、石、混凝土桥）、钢筋混凝土桥、预应力混凝土桥、钢桥、钢-混凝土组合桥和木桥等。

4. 按跨越障碍的不同，分为跨河桥、跨海桥、跨线桥、立交桥和高架桥等。

5. 按桥跨结构的平面布置不同，分为正桥、斜桥和弯桥。

6. 按照桥梁的可移动性，分为固定桥和活动桥，活动桥包括开启桥、升降桥、旋转桥和浮桥等。

7.4 桥梁工程发展动态

桥梁工程在其发展史上大致经历了如下三次飞跃：

1. 19 世纪中期钢材的出现，随后又出现了高强钢材，使桥梁工程的发展获得了第一次飞跃，其跨度不断增大，到 19 世纪末钢桥的跨度已突破了 500m。

2. 20 世纪初，钢筋混凝土的应用以及 20 世纪 30 年代预应力混凝土技术的兴起，使得桥梁建造获得了廉价、耐久且刚度和承载力均很优的材料，从而推动桥梁工程产生了第二次飞跃。

3. 20世纪50年代以来，随着计算机技术和有限元软件的迅速发展，使得人们能够方便地完成过去不可能完成的大规模结构计算，这推动桥梁工程产生了第三次飞跃。

目前，世界上已建和在建的各种桥型跨度前十情况（统计截至2023年年初）见表7-1～表7-5。

大跨度混凝土梁桥 表 7-1

序号	桥名	主跨（m）	结构形式	建造国家	通车时间
1	山东套尔河特大桥	338	连续刚构	中国	在建
2	重庆石板坡长江大桥	330	连续刚构	中国	2006
3	斯托尔马桥	301	连续刚构	挪威	1998
4	拉脱圣德桥	298	连续刚构	挪威	1998
5	桑杜亚桥	298	连续刚构	挪威	2003
6	北盘江特大桥	290	连续刚构	中国	2013
7	苏尔达尔桑峡湾大桥	290	连续刚构	挪威	2015
8	亚松桑桥	270	T形刚构	巴拉圭	1979
9	虎门大桥辅航道桥	270	连续刚构	中国	1997
10	乌日纳大桥	270	连续刚构	日本	1999

大跨度钢梁桥 表 7-2

序号	桥名	主跨（m）	主梁类型	建造国家	通车时间
1	魁北克大桥	549	钢桁架	加拿大	1917
2	福斯湾桥	521	钢桁架	英国	1890
3	港大桥	510	钢桁架	日本	1974
4	科莫多湾桥	501	钢桁架	美国	1974
5	新奥尔良二桥	486	钢桁架	美国	1988
6	新奥尔良一桥	480	钢桁架	美国	1958
7	三官堂大桥	465	钢桁架	中国	2020
8	豪拉桥	457	钢桁架	印度	1943
9	韦特伦桥	445	钢桁架	美国	1995
10	东京门大桥	440	钢桁架	日本	2012

大跨度拱桥 表 7-3

序号	桥名	主跨（m）	拱肋形式	建造国家	通车时间
1	广西天峨龙滩特大桥	600	劲性骨架混凝土	中国	在建
2	平南三桥	575	钢管混凝土	中国	2020
3	朝天门大桥	552	钢桁架	中国	2009
4	卢浦大桥	550	钢箱	中国	2003
5	傍花大桥	540	钢桁架	韩国	2000
6	秭归长江大桥	531	钢管混凝土	中国	2019

续表

序号	桥名	主跨（m）	拱肋形式	建造国家	通车时间
7	波司登长江大桥	530	钢管混凝土	中国	2013
8	新河峡谷大桥	518	钢桁架	美国	1977
9	合江长江公路大桥	507	钢管混凝土	中国	在建
10	贝永桥	504	钢桁架	美国	1931

大跨度斜拉桥   表 7-4

序号	桥名	主跨（m）	主梁类型	建造国家	通车时间
1	常泰过江通道	1176	钢桁梁	中国	在建
2	马鞍山公铁长江大桥	2×1120	钢桁梁	中国	在建
3	俄罗斯岛大桥	1104	钢箱梁	俄罗斯	2012
4	沪苏通长江大桥	1092	钢桁梁	中国	2020
5	苏通长江大桥	1088	钢箱梁	中国	2008
6	昂船洲大桥	1018	混合梁	中国	2009
7	武汉青山长江大桥	938	混合梁	中国	2020
8	鄂东长江大桥	926	混合梁	中国	2010
9	嘉鱼长江公路大桥	920	混合梁	中国	2019
10	多多罗大桥	890	混合梁	日本	1999

大跨度悬索桥   表 7-5

序号	桥名	主跨（m）	主梁类型	建造国家	通车时间
1	张靖皋长江大桥	2300	钢箱梁	中国	在建
2	恰纳卡莱1915大桥	2023	钢箱梁	土耳其	2022
3	明石海峡大桥	1991	钢桁梁	日本	1998
4	南京新生圩长江大桥	1760	钢箱梁	中国	在建
5	武汉杨泗港大桥	1700	钢桁梁	中国	2019
6	广州南沙大桥	1688	钢箱梁	中国	2019
7	深中通道伶仃洋大桥	1666	钢箱梁	中国	在建
8	舟山西堠门大桥	1650	钢箱梁	中国	2009
9	大贝尔特东桥	1624	钢箱梁	丹麦	1998
10	龙潭过江通道	1560	钢箱梁	中国	在建

    随着我国经济的快速发展，公路网建设不断完善，桥梁建设也由内陆逐步走向海洋。最近十几年来，我国也成为跨海大桥设计的焦点，世界排名前十位的跨海通道中，占据七席，见表 7-6，其中 2018 年建成的港珠澳大桥为目前最长的跨海大桥（图 7-53）。

跨海大桥 表 7-6

序号	桥名	全长（km）	建造国家	通车时间
1	港珠澳大桥	55	中国	2018
2	杭州湾大桥	36	中国	2008
3	胶州湾大桥	36.5	中国	2011
4	东海大桥	32.5	中国	2005
5	大连湾跨海工程	27	中国	在建
6	法赫德国王大桥	25	巴林	1986
7	舟山大陆连岛工程	25	中国	2009
8	深中通道工程	24	中国	在建
9	大贝尔特桥	17.5	丹麦	1997
10	切萨皮克湾大桥	6.9	美国	1964

图 7-53　港珠澳大桥

7.5　桥梁工程发展展望

21 世纪以来，桥梁工程取得了巨大的成就，桥梁最大跨度已经成功突破 2000m 的大关，一些发达国家在基本完成本土交通建设的任务后，开始畅想更大跨度和规模的跨海、跨岛工程，以期使世界各大洲可以连接成陆路交通网，其中比较著名的超级工程包括欧非直布罗陀海峡、美亚白令海峡等洲际跨海工程以及意大利墨西拿海峡大桥（图 7-54）。

利用现有的高强钢材和施工技术，我们已有可能建造 3000m 级的超大跨度桥梁，如果新型复合材料能解决锚固和经济性等方面的问题，人类很有希望在 21 世纪实现主跨 5000m 级桥梁建设的凤愿。

有人预言："21 世纪是太平洋的世纪，甚至说，21 世纪是中国的世纪。"这充分说明

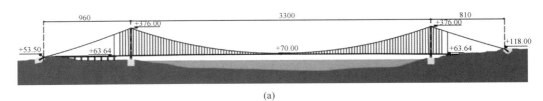

(a)

(b)

图 7-54　意大利墨西拿海峡大桥

（a）设计图；（b）效果图

了国际桥梁工程界已经看到了我国桥梁建设不断前进的步伐以及对我国桥梁建设成就的认可。从 20 世纪末至今，我国桥梁建设无论是在规模上还是科技水平上都取得了令世界桥梁界惊叹的伟大成就，包括建造材料、设计理论与软件工程（包括 BIM 技术）、研究分析与试验方法、施工技术与方法、施工设备与管理等方面，基本上都已经接近或达到国际先进水平，可以说，我国桥梁已走上了复兴之路，正在从桥梁大国迈向桥梁强国。虽然我国桥梁设计与建造水平已取得举世瞩目的成绩，但是还要在与国外同行的竞争中找差距，只要我们坚持自主创新的原则，勤劳智慧的中国人民一定能在 21 世纪宏伟的桥梁工程建设中创造出更加令世界震惊的成就，成为国际桥梁界的重要成员之一，在国际桥梁建设中再创辉煌。

本章小结

（1）桥梁是供行人、车辆、管线等跨越海峡、河流、山谷以及其他交通线路的构筑物，通常由上部结构、下部结构、支座和附属设施四个基本部分构造而成。

（2）桥梁可以按结构体系、用途、规模、建造材料等进行分类，其中按基本结构体系分类最为常见，包括：梁式桥、拱桥、斜拉桥和悬索桥。

（3）世界各国桥梁建设已由内陆向海洋发展，各种桥型的跨径纪录不断被刷新。我国的桥梁建设取得了令世界瞩目的成就，正在从桥梁大国向桥梁强国迈进。

思考与练习题

7-1 　什么叫桥梁？有哪几个主要部分组成？各自的作用是什么？

7-2 　按照结构体系划分，桥梁可以划分为哪些基本类型？

7-3 　各基本桥梁的受力的主要组成构件有哪些？各自的受力特征是什么？

7-4 　对于跨江跨海大桥，你认为是如何建造的呢？

7-5 　你觉得桥梁强国的主要标志是什么？我国是桥梁大国还是桥梁强国？

第 8 章　地下空间工程及隧道工程

本章要点及学习目标

本章要点：

（1）地下空间工程和隧道工程的基本概念；（2）地下空间工程和隧道工程的发展历程；（3）地下空间工程和隧道工程的基本组成；（4）智能建造在地下空间和隧道工程中的应用。

学习目标：

（1）了解地下空间工程的开发历程和分类；（2）理解隧道工程的发展历程、分类和断面形式；（3）了解地铁的发展历程、组成及地铁文化对经济发展的影响；（4）理解智能建造技术的概念及其在地下工程中的应用。

8.1　概述

随着城市化进程的加速，城市越"长"越高，越来越拥挤，道路交通拥堵现象亦越发严重，有限的土地资源已难以容纳更多的人口和建设、开发活动，于是开发和利用地下空间资源，成为当前和今后众多城市发展的必然选择。中国工程院院士钱七虎指出，"充分利用地下空间已经逐渐成为国际节能的新趋势"。

我国的城市地下空间利用开始于 20 世纪 60 年代的人防工程建设，随着经济发展和城市化的不断推进，目前地下空间利用已涉及地下商业设施、地下停车场、地下水库、仓库、地铁、地下街、地下通道、共同沟、隧道等。城市地下空间开发有利于集约化利用城市土地资源，已开始成为我国城市建设和改造的有机组成部分，并被视作城市现代化的重要标志之一。但地下空间开发具有不可逆性的特点，这就要求城市的相关规划、建设活动必须具有前瞻性和科学性。因此，近期我国很多城市开始编制、出台相关的规划，以充分、高效、科学地利用地下空间资源。

隧道是一种狭长线形的地下开挖工程，其轴向长度远大于横向尺寸宽和高。几个世纪以来，人类已经建设了无数条各种功能的隧道。随着工程设计与施工技术的进步，不同功能隧道间的差异也在逐渐变大，而隧道已不再像以前仅仅作为采矿和隐蔽防护之用。如今越来越多的国家已经将隧道广泛应用于人类的各种活动，例如居住、贮藏、交通、电力传输等。隧道是一种规模巨大且投资昂贵的工程设施，因此在施工前期需要进行详细的规划、勘测。

8.2　地下空间工程

8.2.1　地下空间开发历程

　　地下空间是指地表以下或地层内部。开发利用地下空间是指现代化城市空间发展向地表下延伸，将建筑物和构筑物全部或部分建于地表以下。开发利用地下空间的优势在于能够提高土地的利用效率，实现节地的要求，科学利用有限的土地资源。而在交通运输与物流方面，城市地下空间开发利用是转变城市发展方式、解决"城市病"的主要着力点，是建设和谐、宜居、美丽的环境友好型城市的主要途径。

　　人类对地下空间的初步利用最早可以追溯到史前时代原始人类对于天然洞穴或地穴的利用，这是因为在自然生存条件恶劣的史前，地下及岩体洞穴不但可以为早期人类提供躲避自然灾害等恶劣环境的最佳栖息场所，还可以有效储存剩余食物及较好防止野兽攻击侵害，显示了地下空间适应生存环境的自然抉择。

　　在地下交通方面，据记载公元前2180～前2160年，在两河流域古巴比伦城中的幼发拉底河下修筑的砖石砌筑人行通道，是迄今可考的最早用于交通的地下隧道空间。我国东汉永平年间在今陕西褒城修褒斜道时，即采用古老的"火煅石法"凿了长14m的石门隧洞，这是世界最早人工开凿可通车的地下隧道空间，隧道内至今依然保留着原始人工开凿的痕迹。

　　在地下市政工程方面，位于古罗马城地下的马克西姆下水道是古代世界最为宏伟、历史最为悠久的地下市政工程，距今已有2500多年历史，在现在的罗马城中仍被正常使用。公元前6世纪左右，伊达拉里亚人首先开始使用岩石所砌的渠道系统，将暴雨造成的洪流从古罗马城排出，其主干渠道宽度超过4.88m。之后罗马人在此基础上又继续扩建为7个分支，最终汇入主道马克西姆下水道。我国古代的秦始皇陵、南北朝时期的敦

图 8-1　敦煌石窟

煌石窟(图8-1)、黄土中挖掘地下窑洞等，都代表了古代劳动人民开发利用地下空间的智慧。

　　从1863年英国伦敦建成世界上第一条地铁开始，国外地下空间的发展已经历了相当长的一段时间，国外地下空间的开发利用从大型建筑物向地下的自然延伸发展到复杂的地下综合体（地下街）再到地下城（与地下快速轨道交通系统相结合的地下街系统），地下建筑在旧城的改造再开发中发挥了重要作用。同时地下市政设施也从地下供水、排水管网发展到地下大型供水系统、地下大型能源供应系统、地下大型排水及污水处理系统，地下生活垃圾的处理和回收系统，以及地下综合管线廊道（共同沟）。

　　与旧城改造及历史文化建筑扩建相随，在北美、西欧及日本出现了相当数量的大型

地下公共建筑：公共图书馆、大学图书馆、会议中心、展览中心、体育馆、音乐厅、大型实验室等地下文化体育教育设施。地下建筑的内部空间环境质量、防灾措施以及运营管理都达到了较高的水平。一些地下空间利用较早和较为充分的国家，如芬兰、瑞典、挪威、日本、加拿大等，正从城市中某个区域的综合规划走向整个城市和某些系统的综合规划。

日本国土狭小，城市用地紧张。1930 年，日本东京上野火车站地下步行通道两侧开设了商业柜台，至今，地下街已从单纯的商业性质演变为包括多种城市功能的，由交通、商业及其他设施共同组成的相互依存的地下综合体。美国纽约市地铁线路最长 443km，车站数量 504 个，每天接待 510 万人次，每年接近 20 亿人次。但纽约市大部分地铁站比较朴素，站内一般只铺水泥地面，很少有建筑以外的装饰；市中心的曼哈顿地区，常住人口 10 万人，白天进入该地区人口近 300 万人，多数是乘地铁到达的。加拿大的多伦多和蒙特利尔市，也有很发达的地下步行道系统，以其庞大的规模、方便的交通、综合的服务设施和优美的环境享有盛名，保证了那里在漫长的严冬气候下各种商业、文化及其他事务交流活动的进行。

我国城市地下空间资源的开发利用较世界发达国家起步晚，大致经历了 4 个发展阶段：

1. "深挖洞"时期（1977 年之前）。此阶段我国由于国际形势，主要以人民防空工程建设为主，其他形式地下空间开发几乎尚未开展。

2. "平战结合"时期（1978—1986 年）。1978 年召开的第三次全国人防工作会议后，"平战结合"的原则被提出，这段时间，国内开始尝试其他形式的地下空间开发。

3. "与城市建设相结合"时期（1987—1997 年）。1986 年"全国人防建设与城市建设相结合座谈会"后，进一步明确人防工程与城市建设相结合的建设方针，这段时间全国各大城市地铁设计、建造开始加速。

4. 有序快速发展时期（1998 年以来）。1997 年 12 月，建设部颁布了《城市地下空间开发利用管理规定》，作为国家级法规，明确规定了"城市地下空间规划"在城市规划中的重要性，并作为我国地下空间开发全面加速的标准。

近年来，我国城市地下空间建设量显著增长，年均增速达到 20% 以上。据不完全统计，地下空间与同期地面建筑竣工面积的比例从约 10% 增长到 15%；尤其在人口和经济活动高度集聚的大城市，如北京、上海、深圳等，在轨道交通和地上地下综合建设带动下，城市地下空间开发规模增长迅速，需求动力充足，目前我国轨道交通建设规模与速度全球领跑。城市轨道交通作为集约型交通工具，客运量已占全国城市客运总量的四分之一。2018 年至 2022 年，我国城市轨道交通始终保持了较快增速，共计有乌鲁木齐、济南、三亚、太原、洛阳、南通等 18 个城市开设了当地的首条轨道交通线路。

8.2.2　地下空间的分类

地下空间工程按使用功能可分为以下六种类型：

1. 地下交通工程

地下交通工程主要有地铁、公路（市政）隧道、人行过街通道、海（江、河、湖）底隧道等（图 8-2～图 8-5）。

图 8-2 大连地铁 1 号线车站

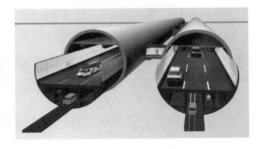

图 8-3 上海长江隧道

图 8-4 南京地下过街通道

图 8-5 南京九华山隧道

2. 公共管道工程

公共管道工程主要有输水隧道，地下给水排水管道，通信、电缆、供热、供气管道，共同沟等（图 8-6～图 8-8）。

图 8-6 锦屏二级水电站引水隧洞

图 8-7 市政管道施工现场

锦屏二级水电站位于四川省凉山彝族自治州境内的雅砻江干流上，系雅砻江下游梯级开发的骨干水电站之一。该电站有 4 条横穿锦屏山的引水隧洞、1 条排水洞、2 条交通洞，总长近 120km，构成世界上综合规模最大的水工隧洞群，最大埋深约 2525m，最大开挖洞径 13m，是目前世界埋深最大的引水隧洞。

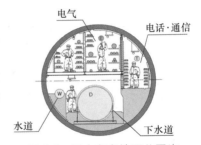

图 8-8 日本东京地下共同沟

3. 地下工业建筑

地下工业建筑具有良好的安全防护作用，另外也具有稳定的热环境、低振动、有效控制通风、低渗透等，主要有地下核电站、水电站厂房、地下车间、地下厂房、地下垃圾焚烧厂等（图8-9、图8-10）。

图8-9 三峡地下水电站厂房

图8-10 二滩水电站发电车间

我国三峡地下电站主要建筑物由引水系统、主厂房系统、尾水系统三部分组成，与地上建房不同，地下电站从天花板开始施工，一层一层往下开凿，每层高约10m。全部开挖完后，主厂房长311.3m，高87.24m，跨度为32.6m，足有29层楼高，其高度和跨度均居国内地下水电站之最。

4. 地下民用建筑

地下居住建筑：供人们起居生活的场所，如我国窑洞、美国覆土住宅等。

地下公共建筑：各种公共活动的单体地下空间建筑，如地下商业街、地下商场、地下医院、地下旅馆、地下学校、图书馆、博物馆、展览馆、影剧院、歌舞厅、停车场等。图8-11为日本札幌地下街，图8-12为南京新街口地下街。

图8-11 日本札幌地下街

图8-12 南京新街口地下街

大城市修建地下停车场比较普遍，在大型交际活动场所和城市密集地带，需要配套大量停车场地，为了不破坏地表环境和大量占地，修建停车场成为解决方案之一（图8-13）。

南京博物院民国馆位于艺术馆负三楼（图8-14），全部位于地下，内设理发店、中药铺、书店、银楼等，都是20世纪初的装修风格，其中的每间铺子每座建筑不仅能看，而且能进入参观。

5. 地下军事工程

地下军事工程主要有人防掩蔽部、地下军用品仓库、地下战斗工事、地下导弹发射

图 8-13 地下停车场

图 8-14 南京博物院民国馆

井、地下飞机（舰艇）库、防空指挥中心等。图 8-15 为某防空指挥部入口，图 8-16 为地下核导弹发射井。

图 8-15 某防空指挥部入口

图 8-16 地下核导弹发射井

6. 地下仓储工程

地下仓储工程主要有地下粮、油、水、药品等物资仓库，地下垃圾堆场，地下核废料仓库，危险品仓库，金库等。图 8-17 为上海中心大厦观复宝库。

世界各国均重视国家石油储备库的建设，美国在靠近石油产地得克萨斯和路易斯安那两州的墨西哥湾沿海设置了 4 个大型储备基地（图 8-18），并把这些地方数百个盐洞改造成战略油库。

图 8-17 上海中心大厦观复宝库

图 8-18 美国石油储备库

8.3　隧道工程

8.3.1　隧道发展历程

隧道是埋置于地层内的工程建筑物，是人类利用地下空间的一种形式。1970 年国际经济合作与发展组织（OECD）对隧道所下的定义为：以某种用途，在地面下用任何方法按规定形状和尺寸，修筑的断面积大于 2m² 的洞室。修筑隧道从原始时代起就已成为人类营生的一种方式，为了抵御自然威胁，用兽骨、石器等工具开挖隧道。从 16 世纪产业革命开始，尤其是测量技术的出现和火药的发明，促进了隧道开挖掘进技术的发展，使它成为土木工程学的一个学科。

近代隧道技术有了更大的发展，因此能更准确、更快、更经济地进行，不仅能像从前那样穿凿岩石或坚硬地层，而且普遍推广了在软弱地层及水下修筑隧道的方法。

到 20 世纪初期，岩石力学已经得到了质的飞跃，形成了连续介质理论和地质力学理论。而这些理论已经被用在地下工程中，前一理论被用来对隧道开挖、围岩与支护共同作用进行数值分析计算。后一理论是现代信息岩石理论的雏形，该理论就是著名的"新奥法"。狮球岭隧道，于 1890 年修建于我国台湾，是我国最早建成的一条铁路隧道。

我国隧道建设在近些年中取得了飞跃式的发展。如秦岭终南山公路隧道，单洞长 18.02km，双洞单向交通，建设规模世界第一，是我国公路隧道之最。厦门翔安隧道是我国大陆第一座大断面海底隧道，对我国隧道建设技术的进步和发展，缩小与世界先进水平的差距，起到了里程碑式的作用。目前已建成的港珠澳跨海大桥隧道部分，代表了我国乃至世界隧道发展的最前沿。

世界各国对隧道的需要是随着社会经济的发展而增长的。对于铁路和公路来说，为了扩充更长距离的高速交通，需要修筑更多的山岭隧道。另外，在近年来高度发展的大城市中，为了容纳地下高速铁路和公路、大容量的上下水道以及多层利用地下空间的各项城市设施，也有必要兴建大量多种用途的隧道。根据 OECD 隧道会议的调查，可预测出未来隧道需要量将为过去同期的两倍，特别是运输设施和公共事业这两部门的需要更为多些，而且在城市中有关特殊用途的各种地下空间的利用方面，增加将更为显著。

秦岭终南山公路隧道为双洞四车道、单向两车道，设计速度 80km/h，如图 8-19 所示。该隧道是我国最长的双洞高速公路隧道，是第一座由我国自行设计、自行施工、自行

图 8-19　秦岭终南山隧道

监理、自行管理，综合技术水平最高的高速公路特长隧道，拥有全世界高速公路隧道最完备的监控技术，拥有目前世界上高速公路隧道最先进的特殊灯光带，缓解驾驶员视觉疲劳，保证行车安全。

近年来，随着我国隧道修建技术水平的提高，在隧道规划、勘测设计、施工建造和运营管理等各个方面都有了极大进步。在勘测与地质预报方面，随着复杂地质条件下大埋深和长洞线隧道工程的不断增多，各种新技术的使用，不仅提高了勘测效率，而且大幅提高了控制精度的等级。如遥测遥感、多点高频物探和高速地质钻机的综合使用，地球卫星定位系统（GPS）的应用，地质素描、物探与钻探相结合，岩层中应力应变的量测技术、电子计算机技术等的广泛应用等，使隧道勘测设计技术水平也有很大提高。通过引入 BIM 技术，建立了地下立体互通理念，在隧道扁平度、隧道埋深方面都有很大突破，涌现出一批新型隧道结构形式，诸如分岔隧道等，并形成了地下立体互通的设计理念，立体交叉广泛应用于公路、铁路隧道和地铁中，如长沙营盘路湘江隧道。在隧道施工方面，我国隧道浅埋暗挖法施工技术处于世界领先水平。钻爆法是目前隧道施工的主要方法，近年来我国自主研制的施工机械也大量涌现，尤其是盾构和 TBM 技术的发展，在城市地铁及隧道的施工过程中，极大提高了工作效率。

8.3.2 隧道的分类

根据隧道的用途，隧道可分为交通隧道、水工隧道、市政隧道、矿山隧道。根据隧道埋深的不同，分为深埋隧道和浅埋隧道。根据隧道所处地层不同，又分为岩质隧道和土质隧道。按照隧道形状，可分为圆形断面隧道、矩形断面隧道和马蹄形隧道等。按隧道所在位置来分，可分为山岭隧道、水底隧道和城市隧道。工程中按照施工方法和位置，可分为钻爆法隧道、盾构隧道、水底隧道、沉管隧道等。按照隧道长度，又可分为特长、长、中、短隧道。以下主要介绍按照使用功能划分的几种隧道。

1. 交通隧道

交通隧道是隧道中为数最多的一种，它的作用是提供运输或人行的通道。

1) 铁路隧道

铁路是我国交通的主干线。铁路穿越山区时，往往会遇到高程障碍和平面障碍，采用隧道是较好的选择，既可使线路顺直，避免许多无谓的展线，缩短线路长度；又可以减小坡度，使运营条件得以改善，从而提高牵引定数，多拉快跑。例如，川黔线上的凉风垭隧道，使跨越分水岭时，拔起高度小、展线短、线路顺直、造价也低。越岭高度降低了96m、线路长度缩短了 14.7km，并避免了不良地质区域。宝成线宝鸡至秦岭一段线路上就密集地设有 48 座隧道，总长度为 17.1km，占线路总延长的 37.75%；而万宜铁路，隧道所占比重达 52%。

2) 公路隧道

公路的限制坡度和最小曲线半径都没有铁路那样严格，以往的山区公路为节省工程造价，常常是宁愿绕行，多延长一些距离，而不愿修建费用高昂的隧道，因此，过去公路隧道为数不多。但是随着社会生产的发展，高速公路逐年增多，它要求线路顺直、平缓、路面宽敞，于是在穿越山区时，也常采用隧道方案。此外，在城市附近，为避免平面交叉，利于高速行车，也常采用隧道方案。这类隧道在改善公路技术状态和提高运输能力方面起到很好的作用。在城市内部，为分散交通压力，则可采用城市的过江隧道、河底隧道等，如长沙穿越湘江的南湖路和营盘路隧道等。

3）地铁隧道

地铁的区间隧道是连接相邻车站之间的建筑物，它在地铁线路的长度与工程量方面均占有较大比重。区间隧道衬砌结构内应具有足够空间，以供车辆通行、铺设轨道、供电线路、通信和信号、电缆和消防、排水和照明装置使用。

4）水底隧道

水底隧道是修建在江河、湖泊、海港或海峡底下的隧道。它为铁路、城市道路、公路、地下铁道以及各种市政公用或专用管线提供穿越水域的通道，有的水底道路隧道还设有自行车道和人行通道。当交通线需要横跨河道时，一般可以架桥或是轮渡通过。但是，如果在城市区域内，河道通航需要较高的净空，而桥梁受两端引线高程的限制，一时无法抬起必要的高度时，就难以克服这一矛盾。此时，采用水底隧道就可以解决。它不但避免了风暴天气轮渡中断的情况，而且在战时不致暴露交通设施，是国防上的较好选择。

5）人行地道

在城市中，为了交通安全和交通分流需要，特别是闹市区，除架设人行天桥外，也可以修建人行地道。这样可以缓解地面交通互相交叉，也大大减少交通事故。

2. 水工隧道

水工隧道一般称为水工隧洞，它是在山体中或地下开凿的过水洞。水工隧洞可用于灌溉、发电、供水、泄水、输水、施工导流和通航。水流在洞内具有自由水面的，称为无压隧洞；充满整个断面，使洞壁承受一定水压力的，称为有压隧洞。

发电隧洞一般是有压的；灌溉、供水和泄水隧洞，可以是无压的，也可以是有压的；而渠道和运河上的隧洞则是无压的。水工隧洞主要由进水口、洞身和出口段组成。发电用的引水隧洞在洞身后接压力水管，渠道上的输水隧洞和通航隧洞只有洞身段。

3. 市政隧道

市政隧道是修建在城市地下，用作敷设各种市政设施地下管线的隧道。由于在城市中进一步发展工业和提高居民文化生活条件的需要，供市政设施用的地下管线越来越多，如自来水、污水、暖气、热水、煤气、通信、供电等。管线系统的发展，需要大量建造市政隧道，以便从根本上解决各种市政设施的地下管线系统的经营水平问题，如果将不同的设施共同设置于一个隧道内，即称为共同管沟。在布置地下的通道、管线、电缆时，应有严格的次序和系统，以免在进行检修和重建时要开挖街道和广场。

4. 城市共同管沟（混合隧道）

城市中，既有电力输送，又有通信电缆，还有水管等，将这些共同放置于一个隧道内，即形成了共同管沟，这样对于城市管网的运营及集中管理更为方便。

5. 人防隧道

为了战时的防空目的，城市中需要建造人防工程。在受到空袭威胁时，市民可以进入安全的庇护所。人防工程除应设有排水、通风、照明和通信设备以外，在洞口处还需设置各种防爆装置，以阻止冲击波的侵入。同时，要做到多口联通、互相贯穿，在紧急时刻，可以随时找到出口。

6. 矿山隧道

在矿山开采中，常设一些隧道，便于通风、出矿、给水排水等。

8.3.3 隧道结构断面

隧道结构形式主要受到三个因素影响，即使用功能、受力情况（地质条件、水文条件、是否爆炸与地震等特殊动载）、施工方法，尤其是隧道结构中与地层相接触的部分的衬砌结构断面形式选取，更是受到这三个因素制约。隧道结构主要断面形式见图 8-20。

矩形　　　梯形　　　直墙拱形　　曲墙拱形　　　扁圆形　　　　　圆形

图 8-20　隧道结构断面的几种形式

1. 矩形

矩形断面形式，适用于工业、民用、交通等结构的断面。直线构件不利于抗弯，故在荷载较小、地质较好、跨度较小或埋深较浅时采用。如明挖隧道往往采用矩形结构，图 8-21 为某水底隧道矩形断面效果图。

图 8-21　某水底隧道矩形断面效果图　　　　图 8-22　扬州瘦西湖隧道盾
　　　　　　　　　　　　　　　　　　　　　　　构段断面效果图

2. 圆形

圆形断面形式，当受到均匀径向压力时，弯矩为零，可充分发挥混凝土结构的抗压强度，当地质条件较差或荷载较大时应考虑使用。盾构隧道往往采用圆形断面，图 8-22 为扬州瘦西湖隧道盾构段断面效果图。

3. 拱形

拱形断面形式，包括直墙拱形和曲墙拱形，分别适用于顶部有较大围岩压力或顶部和两侧有较大围岩压力的地层中。钻爆法施工的地下结构往往采用拱形断面，图 8-23 为厦门翔安隧道洞口。

4. 其他形式

其他形式是介于以上两者的中间情况，按具体荷载和尺寸决定，如矩形断面如果承载力不足，可将顶板改为折板，图 8-24 为四川遂宁观音湖下穿隧道折板结构施工现场。

图 8-23　厦门翔安隧道洞口

图 8-24　四川遂宁观音湖下穿隧道折板
结构施工现场

8.4　城市地铁

8.4.1　地铁发展历程

城市地铁是在城市地面以下修建的以轻轨电动高速机车运送乘客的公共交通系统,是一种大运量的城市快速轨道交通系统,称之为地下铁道,简称地铁。地铁作为轨道交通的一种方式,可以结合轻轨、磁悬浮列车等轨道方式,几乎不占街道面积,也不干扰地面交通;同时可以在人员、建筑等较少的城市郊区延伸到地面或高架桥,形成完整的轨道交通网络。

世界上首条地铁系统是 1863 年英国开通的"伦敦大都会铁路",是为解决当时伦敦的交通堵塞问题而建,其干线长度约 6.5km。当时电力尚未普及,所以只能用蒸汽机车。由于机车释放出的废气对人体有害,所以当时的隧道每隔一段距离便要有和地面打通的通风槽。现存最早的钻挖式地下铁路则在 1890 年开通,亦位于伦敦,连接市中心与南部地区。最初铁路的建造者计划使用类似缆车的推动方法,但最后用了电力机车,使其成为第一条电动地铁。

1965 年开工建设的北京地铁,1969 年建成通车,使北京成为我国第一个拥有地铁的城市。天津地铁于 1970 年开始建设,到 1984 年一号线建成通车。上海地铁于 1990 年初开始建设,到 1993 年开通第一条线路,目前已经成为世界上规模最大的地铁网络。2000 年后,我国的地铁开始快速成长,截至 2022 年底,我国内地共有 53 座城市开通运营城市轨道交通线路 290 条,运营里程 9584km,车站 5609 座。

8.4.2　地铁的组成

地铁是由线路、列车、车站等组成的交通体系,此外还有供电、通信、信号、通风、照明、排水等系统。地铁线路由路基与轨道构成,轨道与铁路轨道基本相同。一般采用较重型的钢轨,多为混凝土道床或碎石道床,轨距一般为 1435mm 标准轨距,线路按所处位置分为地下、地面和高架线路三种。地下线路为基本类型,地面线路一般建在居民较少的城郊,高架线路铺设在钢或钢筋混凝土高架桥上,避免与地面交通平交,并减少用地。地铁列车均采用由电力动车组成的动车组,地铁车站是列车到发和乘客集散的场所,一般建在客流量较大的集散地。

地铁建筑根据其功能、使用要求、设置位置的不同划分成车站、区间和车辆段三个部分，如图 8-25 所示。

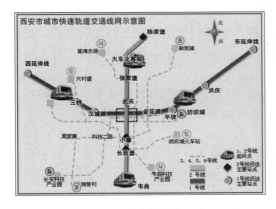

图 8-25　西安地铁线路示意图

图 8-26　地铁车站示意图

车站是地铁中一种重要的建筑物，如图 8-26 所示。它是供旅客乘降、换乘和候车的场所，应保证旅客使用方便、安全、迅速地进出车站，并有良好的通风、照明、卫生、防火设备等，给旅客提供舒适、清洁的环境。区间是连接相邻两个车站的行车通道，它直接关系到列车的安全运行，如图 8-27 所示。

车辆段是地铁列车停放和进行日常检修维修的场所，它又是技术培训的基地，如图 8-28 所示。

图 8-27　地铁区间示意图

图 8-28　北京地铁 13 号线车辆段

8.5　智能建造在地下空间和隧道工程中的应用

8.5.1　智能建造应用的意义

随着我国城市地下空间建设量显著增长，尤其是城市地铁隧道建设的迅速发展，新的难题和挑战也在不断出现。面对城市空间密集、施工范围狭小、临近结构敏感、生态环保要求高等挑战，建立以地铁交通为发展导向的城市智慧化地下空间，需要对建造施工进行更精准和高效的控制，实施精细化的质量和安全管理，提高运维效率，降低建造与管理成本，节约资源和能源。面对上述难题，需要在基础技术研发的同时与时代接轨，利用新科技与智能化手段来解决新的挑战，即所谓的智能建造。其含义是将新一代信息通信技术与先进设计施工技术深度融合，并贯穿于勘察、设计、施工、验收、运维等工程活动各个环节，产生出具有自感知、自学习、自适应、自决策等功能的智能化建造和运维方式。目前智能建设技术尚处于发展初期，较多未知领域需要探索。在未来时期内，智能化建造将会成为建筑物的重要标志。

在地下空间进行前期的规划与设计方面，智能建造的应用主要包括以下 4 个方向：

1. 基于 BIM 技术的地下空间前期规划，实现地下空间规划的具体、准确的定量控制；

2. 基于 BIM＋GIS 的地下空间设计，预留维修空间，合理布置地下管线，便于顺利施工和运维；

3. 基于对地质和结构信息的三维可视化处理，采用数据管理技术并集成动态剖切技术，将隧道内的情况直观地展现给施工和管理人员；

4. 基于增强现实（AR）技术、BIM 技术、GIS 技术和视频融合技术，以完全立体的 3D 方式显示复杂的 3D 数据，使施工和管理人员掌握地质等所有细节。

在施工方面，智能建造技术相比传统施工来说具有以下优点：

1. 可以实现施工现场全面管理

施工现场的全面管理是决定地下空间质量与效率的关键所在，智能建造在地下空间中的应用离不开智能技术的支持，这对地下空间的发展和整体情况来说具有重要影响。智能建造是智能系统的整合，是物理空间与网络空间的交互，实现了施工现场的全面管理。

2. 有效弥补传统施工疏漏缺陷

现阶段，智能建造已经成为地下空间开发和利用工程中的重要组成部分，通过安装在施工现场的监控设备、健全与完善的智能监控防范体系，更好地弥补了传统施工模式下的各种疏漏与缺陷。另外，对施工现场的人员、材料和设备也实现了全方位管理，充分体现了规范管理的优势。

3. 避免对环境造成影响

智能建造在地下空间的应用，不仅让施工现场管理工作更加信息化，让工程项目的质量得到了保证，而且可有效避免对周围自然环境造成恶劣影响，保证上传下达信息的畅通无阻。

4. 降低施工环节出现的损失

智能建造在地下空间的应用不仅让施工现场管理更加安全可靠，而且使智能建造流程达到更高标准，对施工过程中的各类安全隐患可以委派专业人员进行预防和解决，降低施工环节出现的损失。

8.5.2　智能建造应用实例

1. 超前地质预报

由于地下空间工程经常面临复杂的地质环境，需要在勘察阶段利用现有的地质分析法、地震波法、电磁法、电法等一系列超前地质预报技术对复杂地层进行预测或预报，对可能会出现的地质灾害及时采取相应措施，以保证工程施工的顺利进行。以隧道为例，超前地质预报技术是在施工前，通过各种仪器设备以及相关技术的应用，对隧道掌子面及周边地层进行三维观测。我国在大量实践后，超前地质预报技术有了巨大发展，例如研发了基于激发极化的自动化超前地质预报系统，以及基于弹性波理论的声波反射法（HSP-TBM）系统等。对于传统勘查技术无法观测到的地质环境，如高海拔、高地应力、大埋深或者生态脆弱区域，研发了新型的水平定向钻技术来解决勘探问题。如图 8-29 所示，水平定向钻进系统可以在复杂地质环境下，通过导向与控向技术进行精确钻进，该系统已经成功应用于天山胜利隧道的建设中。未来超前地质预报技术还可以结合新型传感技术、大数据、BIM 技术、5G 技术、三维激光扫描等前沿信息技术做出更多尝试，以提高超前地质预报的准确性。

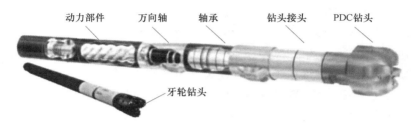

图 8-29　水平定向钻进系统

2. BIM 技术在隧道和地下工程中的应用

1）BIM 技术用于隧道与地下工程结构设计

BIM 技术在设计阶段主要用作图形绘制，可以更好地建立结构的几何模型和物理模型，能够更加真实地模拟工程结构的边界条件，因此也可以实现智能化的结构分析和设计。

深圳春风隧道项目通过一系列最新数字化信息技术手段，对传统设计规划方式进行优化，为项目的规划设计提供可靠的科学依据，其中，基于 BIM＋无人机＋GIS＋InSAR＋VR 技术线路规划，通过 BIM 平台整合各类基础数据，并建立精确透明的可视化模型，为隧道开挖和后期决策提供保障。其主要应用如下：

（1）采用 InSAR（合成孔径雷达干涉测量）技术和无人机航拍相结合的方式对周边地形进行全方位的监测，并建立了全周期的沉降监测网，通过对周边沿线地形进行观测，建立倾斜摄影模型，以便对场地进行合理地规划和设计。

（2）基于 BIM 技术进行设计和施工，发现初版图纸中的问题，及时修改并辅助实施设计方案比选，提高后期施工效率，减少错误，节省时间与成本。

（3）通过 BIM＋GIS 进行信息整合，准确构建地质三维模型，根据基坑开挖模型，计算出基坑土方开挖工程量，制作土方开挖动画视频，进行 3D 设计图纸交底。

（4）通过 VR 技术对模块组装情况、道路交通情况、现场施工情况等进行模拟仿真，实现从规划设计阶段到实际施工阶段全方面三维可视，为科学决策提供重要依据。

2）施工建设阶段的 BIM 应用与进展

BIM 技术在施工阶段的应用有以下 4 个方面：

（1）优化施工组织方案的编制。传统施工组织设计在二维施工图上想象构思，利用施工经验主观选择施工方案的装备、工艺等，往往存在装备选型不合适、工艺繁琐或可行性差，及相当简单但又不可避免的无可奈何的"错、漏、碰"等问题。BIM技术可通过真实描述施工方案的三维数字模型，实现施工方案3D可视化和4D虚拟仿真，实现实时交互的过程模拟，虚拟推演施工过程，动态检查方案可行性以及存在问题，优化施工装备、工艺、工序。

（2）利用BIM的4D模拟生产资源的配置，实现生产管理宏观指导。例如，可通过BIM技术得到虚拟仿真环境下的模型，建立虚拟仿真环境，再添加施工步序时间任务项数据源文件，生成虚拟环境下的时间任务项，并使用规则自动附着于模型，使得施工步序的时间任务项与模型构件一一对应，生成虚拟仿真环境下由时间驱动的4D动态模型，从而实现施工方案的虚拟推演。利用VR技术给人以真实感和视觉冲击，使管理、技术及作业各层级人员能更好地理解工程重点、难点、关键点、风险点，不断优化施工工法，减少乃至零返工，降低重复工序、无效工序的施工和管理成本。

（3）做到监测和预警，生产风险识别和风险管理，实现安全生产保障。以BIM模型为基础，可实现进度动态三维在线、二维视角下的推进信息展示，设备状态实时监测，质量、周边环境变化及实时动态推进数据监控，施工质量动态智能预警，对设备状态的变化自动预警，对地下作业人员的动态定位，人员运动轨迹的动态三维显示，人员讯息捕获及人员所在区域的快速预警等。

（4）信息化协同生产管理，这是BIM的技术核心和发展动力之所在。现阶段基于BIM技术的信息化管理，重点是将项目管理和三维动态模型联系起来，开发相应的信息化管理系统，通过点击三维模型相应构件，导出项目管理信息、工程进度等内容，协助管理者及时准确掌控工程现场，让决策者能在远程指挥指导工程进展，避免传统的繁琐呈报程序，减少传递过程中的时效损失和信息误差，并能动态调整方案，力图实现隧道现场生产作业适时指导。

3. 地铁地下车站构件智能融感知技术

物联网技术通过多种智能传感器获取工程状态信息，实现工程现场"人、机、料、环"的互联互通和高效整合，是"智慧工地"和智能建造的关键技术。目前，国内地下工程建设积极采用机器视觉、分布式光纤、微机电传感（MEMS）、射频识别（RFID）、无线传感网络（WSN）和BIM技术，实现工程现场人员、机械的高效管理和施工安全现场监测。图8-30为深圳市黄木岗地铁枢纽采用机器视觉和MEMS高精度倾角计监测结构变形，监测数据均采用无线网络上传至云端后进行分析和预警。如图8-31所示，珠三角供水工程中将盾构管片钢筋笼上遍布分布式光纤，全方位监测隧道管片施工期内的管片应力。随着5G技术、物联网、移动终端的融合发展，将智能感知识别技术内嵌于装配式构件中，形成构件制造、施工及运维过程全覆盖的监测网络平台，已经成为装配式地下结构新的发展趋势。

4. 智能化运维技术

地下工程由于其隐蔽性较强，导致运维管理非常困难，主要表现为项目体量大、病害多发、监测数据多、管理周期长、人工效率低等多个方面。为解决这些难题，应当综合运用大数据、云计算、物联网、人工智能、BIM＋CIM（城市信息模型）、VR、数字孪生技术，构建数字化管理平台，建立全域感知、智能监测、预警应急、快速决策体系，实现地下空间的智能运维和可视化管理。进一步，可以通过大数据建立行为风险管理知识库，收

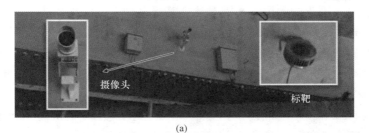

(a)

(b)

图 8-30 物联网技术在地铁枢纽车站中的应用
(a) 机器视觉；(b) MEMS 高精度倾角计

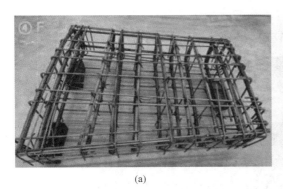

(a)   (b)

图 8-31 内嵌光纤传感器的智能盾构管片
(a) 分布式光纤布设；(b) 传感器现场调试

集反映工人不安全的图像数据，并通过智能视频监控系统或者移动 APP 进行管理，最后建立大数据云平台存储数据，对整个施工进行智能化全过程实时管理，对可能存在的危险信息自动上传至 APP，从而达到实时监督的效果。

随着数字化智能感知技术的迅速发展，依托 5G 技术的"物联网感知设备""高频交通大数据雷达""高清低延时视频传输技术"，可实现对地下工程危险的空间分析及预测。

为解决传统运维监测困难的问题，还需要建立基于多种先进的感知技术、自动化技术、大数据与人工智能构建地下空间的智能运维系统。中铁六院采用了钻孔＋CT＋超前钻3种方式首次大直径穿越海底岩溶强烈发育区，项目采用 BIM＋3DGIS 技术，对海底隧道进行可视化管理，避免了可能存在的安全风险，并顺利完成了"超级穿海"的伟大工程，如图 8-32 所示。

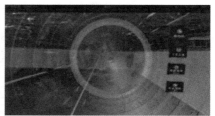

图 8-32　盾构穿越海底岩溶模型及可视化掘进管控

5. 装配式地下车站

传统地下车站基坑支护体系一般采用锚拉式结构（适用于硬地层）或支挡式结构（适用于软弱地层或复杂软硬混合地层），挡土结构多为钻孔灌注围护桩或地下连续墙，而主体结构一般采用现浇钢筋混凝土，其优点在于整体性和防水性能较好，但现浇钢筋混凝土养护时间长、施工质量难以保证。当主体结构建造完成后，支护结构中的围护桩或地下连续墙废弃于地下，造成了极大的资源和空间浪费。装配式地下车站结构部分或全部采用预制构件，具有施工效率高、劳动力需求少、环境污染小等优势。在我国大力推进装配式建筑的政策背景下，装配式地下车站蓬勃兴起。长春地铁 2 号线袁家店站是我国首个装配式地下车站，此后，长春地铁陆续建成了 6 座装配式地铁车站，北京地铁、青岛地铁、哈尔滨地铁、济南地铁、深圳地铁等也进行了装配式地下车站应用，图 8-33 为深圳地铁华夏站预制构件施工现场，作业人员正指挥龙门吊吊装底板预制构件。

图 8-33　深圳地铁华夏站预制构件施工现场

1）拼装形式和合理步距

预制构件拼装工序分为底板拼装、侧墙拼装及顶板拼装，其中底板施工单独采用一台龙门吊完成。由于龙门吊拼装速度较快，因此底板施工进度可与基坑工程同步，先于侧墙和顶板的施工。侧墙及顶板采用另一台龙门吊辅助拼装设备安装，侧墙与顶板虽共用一台龙门吊，但是侧墙安装时龙门吊只起到送料作用，拼装设备上自带起重及微调设备，不影响龙门吊的吊装效率。图 8-34 为装配式地下车站结构体系。

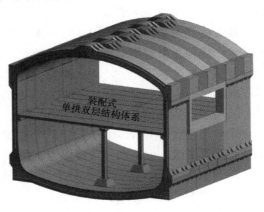

在整个拼装过程中，底板可以紧跟基坑连续安装，侧墙预制构件安装时可比顶板超前 3 块，整个过程形成台阶式流水，极大地提高了拼装速度。后续辅助工序从下到上紧跟主工序依次施工，根据施工进度情况可以按 4 环一个周期进行后续辅助工序的施工。

图 8-34　装配式地下车站结构体系

2）预制构件拼装定位

地铁车站预制构件尺寸及重量在地下结构中是前所未有的，预制构件均为异形结构，预制构件之间纵横向均为榫槽连接，"公"榫及"母"榫的间隙较小，因此榫接的方式不能实现精确定位功能。针对工程预制构件特点，可以研发内置的高强尼龙抗剪定位销，定位销与预制构件的预留孔间隙为 1mm，并制作成锥形结构，可起到导向定位作用。

3）专用拼装设备

装配式结构施工中结构构件体量大、多拼装作业面同时进行、构件拼装精度及稳定性要求极高；装配过程中的装备功能定位、承载能力的装备技术要求、运动行程和精度的装备技术要求，专用的拼装设备为装配实现提供了有效工具。

拼装设备采用钢箱梁结构作为受力主体，行走及三维操作全部采用液压装置，可以精确地实现预制构件的三维平移及三维微量转动功能。钢箱梁结构加工精准、耐久性好，大量采用机加工零部件且滑动接触面设置 30mm 厚的四氟板，三维动作完成流畅。在与顶板预制构件连接的千斤顶上表面设置了横梁及挡板，省去了千斤顶与预制构件的螺栓连接过程，极大地提高了顶板定位及固定速度。顶板预制构件合拢后采用四台千斤顶同步下落，下落过程中千斤顶可自动调整不同步现象，满足顶板均匀受力的要求。

本章小结

（1）地下空间是指地表以下或地层内部。开发利用地下空间是指现代化城市空间发展向地表下延伸，将建筑物和构筑物全部或部分建于地表以下。地下空间工程按使用功能划分为地下交通工程、公共管道工程、地下工业建筑工程、地下民用建筑工程、地下军事工程和地下仓储工程等。

（2）隧道是以某种用途，在地面下用任何方法按规定形状和尺寸，修筑的断面积大于 $2m^2$ 的洞室。隧道按使用功能划分为交通隧道、水工隧道、市政隧道、城市共同管沟、人防隧道、矿山隧道等。隧道的结构形式有矩形、梯形、直墙拱形、曲墙拱形、扁圆形、圆形等。

（3）地铁是由线路、列车、车站等组成的交通体系，此外还有供电、通信、信号、通风、照明、排水系统等。

（4）装配式是地下车站的重要发展趋势。当前装配式地下车站整体装配率低且结构形式单一，未来应重点关注以"两墙合一"装配式地下车站结构为代表的新结构形式，集中解决预制地下连续墙和主体结构节点连接、结构自防水理念和处理工艺、结构体系承载性能和抗灾能力等关键难题，形成地下车站新结构形式的系统设计理论和技术体系，并推动新型功能材料在地下车站结构体系中的应用，实现材料、结构功能一体化。

思考与练习题

8-1 简述城市地下空间工程开发的必要性。

8-2 按使用功能划分，举例说明隧道有哪些类型？

8-3 谈谈你对我国隧道工程技术发展的认识。

8-4 地铁系统由哪些部分组成？

8-5 地铁对一个城市的经济发展有什么影响？

8-6 智能建造技术在地下车站中的应用有哪些？

第9章 铁 道 工 程

本章要点及学习目标

本章要点：

(1) 铁道工程的发展概况及其发展方向；(2) 常见铁道工程系统的组成部件及其分类；(3) 不同类型车站的作用及其系统组成；(4) 高速铁路的定义及其常见轨道结构形式；(5) 磁悬浮铁路悬浮、推进和导向系统的工作原理及其分类。

学习目标：

(1) 了解铁道工程的发展概况，掌握目前国内铁路工程的主要发展方向；(2) 掌握钢轨、扣件、轨枕和道床的作用、分类及其典型形式；(3) 了解道岔的结构组成；(4) 掌握无缝线路的概念；(5) 掌握车站的分类及其作用、设备组成；(6) 了解高速铁路车辆、运营概况；(7) 掌握典型的无砟轨道结构形式；(8) 掌握磁悬浮铁道的工作原理；(9) 了解典型的磁悬浮系统。

9.1 概述

自世界上第一条铁路正式运营以来，已经有 190 多年的历史。铁路的发展方便了人类的迁徙和政治、经济、军事等活动，与科学技术和社会发展的进步相互促进，在人类的发展史上产生了深刻的影响。随着交通出行需求的不断发展，传统铁路系统已衍生出高速铁路、重载铁路和城市轨道交通三种不同类型，且随着现代社会技术的不断革新，铁路的系统组成和各部件的形式也不断推陈出新，呈现出快速高质量发展的势态。

9.1.1 铁路的发展概况

1. 世界铁路

铁路的发展起源于矿山，16 世纪中期，在法国和德国边界附近的勒伯德尔地区，矿山的马拉矿车开始使用木质轨道。17 世纪初期，英格兰的煤矿开采也开始采用木质轨道，为解决木轨磨损太快等问题，木质轨道上被钉上了铁皮，但磨耗依旧严重。随着英国生铁价格的下跌，部分商人将铁铸成长方形板块固定在木轨上存放以待后期上涨后售出，新型的轨道受到欢迎并得到推广，由此产生了"铁路""铁道"的叫法。

1804 年，第一台行驶于轨道上的蒸汽机车出现；1822 年，英国达林顿（Darlington）至斯托克顿（Stockton）开始修建世界上第一条铁路，三年后铁路的投入使用标志着商业铁路的正式运营。火车和铁路的出现受到人们的高度重视，英国和其他国家相继开始兴建铁路，近代世界铁路开始了轰轰烈烈的发展。

19 世纪末至 20 世纪初（第一次世界大战前），世界铁路由初期建设进入了筑路高潮时期，铁路在该期间每年修建里程在 20000km 以上，主要集中在英、美、德、法、俄五国。20 世纪 20 年代起，资本主义国家的铁路建设基本处于停滞状态，而殖民地、半殖民地等国家的铁路建设则发展较快，到 20 世纪 40 年代，世界铁路运营里程超过了 130 万 km。第二次世界大战后，公路和航空运输发展较快，资本主义国家铁路的客货运量日益减少，很多铁路亏损严重，美、英、德、法、意等国家相继封闭并拆除了大量铁路，铁路一度被称为"夕阳产业"。

20 世纪 60 年代末，随着能源危机和环境污染等问题的出现，能耗相对较低、噪声污染小、运输能力强的铁路开始复苏，先进技术不断在铁路上得到应用和推广，牵引动力的改革、通信信号的改进、轨道结构的强化和运营管理的自动化等迅速发展。到 20 世纪 90 年代末，世界铁路运营里程超过了 140 万 km。通过既有线提速改造等措施，各国铁路平均运营速度得到了显著提升。

1964 年，日本建成东京至大阪的东海道高速铁路新干线，速度达到 210～230km/h，客运量和利润逐年提升，高速铁路自此开始发展。英国于 1977 年开通运营于伦敦、布里斯托尔和南威尔士之间的旅客列车，时速高达 200km/h；1989 年法国 TGV 大西洋铁路以 300km/h 正式投入运营。随着科学技术的不断进步，高速铁路的速度也由开始的 200km/h 提高至 250km/h、300km/h、350km/h、400km/h 及以上，2007 年 4 月，法国高速列车 TGV 在巴黎-斯特拉斯堡东线铁路上以 574.8km/h 的运营速度创造了有轨列车最高时速的世界纪录，展示了高速铁路的美好前景，乘坐舒适度和服务质量的提升使得铁路相较于其他交通方式有了更强的竞争力。

伴随着服务于旅客运输的高速铁路、客运专线的迅猛发展，重载铁路技术也在飞速发展。随着牵引动力的现代化改造，大功率电力机车和内燃机车的使用开启了铁路重载运输的新纪元。美国、加拿大、俄罗斯、中国、巴西等幅员辽阔、矿产资源丰富的国家大量铺设重载铁路，取得了良好的社会、经济效益。重载铁路的运输形式可分为两种，美国、加拿大等国采用同型重载列车固定编组循环运转于装卸点之间的形式，俄罗斯等国的重载运输则采用两列甚至三列合并运行的组合列车。

相较于城市道路交通，城市轨道交通具有快捷、准时、舒适、运量大、节能环保等优点。城市轨道交通已成为世界范围内轨道交通的重要组成部分，所占比重也越来越高。城市轨道交通形式多样，包括地铁、磁悬浮、轻轨、有轨电车、单轨电车等多种形式。20 世纪 60 年代末，非黏着式或非接触式高速列车技术受到发达国家的关注，经过多年的研究和试验，以日本的超导磁浮技术和德国的常导磁浮技术最为成熟，世界上首条商业运营的高速磁悬浮线路位于我国上海市，连接上海地铁 2 号线龙阳站和上海浦东机场，运营速度达到 430km/h。

2. 我国铁路

1858 年，英国驻印度退伍太尉斯普莱建议英国政府修筑一条从缅甸仰光至我国昆明的铁路，撰写了《英国与中国铁路》以争取政府的支持。1859 年，太平天国干王洪仁玕在《资政新篇》中提出修建铁路，成为最早提出修建铁路的中国人。

1865 年 8 月，英国商人杜兰德在北京宣武门外修建了一条 0.5km 的展览铁路。1876 年，英国怡和洋行在上海修建了长度约为 15km 的吴淞铁路，该线路是中国近代第一条正式运营的铁路。1872 年清政府明确提出要修筑铁路，并于 1880 年同意修筑唐山至胥各庄的一段铁路，采用标准轨距 1435mm 的唐胥铁路是中国人自办并正式试运营的第一条铁路。

1900 年前后，清政府自行筹款修建了京张、株萍等少量铁路。后来先后建成了陇海、浙赣、同蒲、宁芜等铁路；1931 年先后修建了吉长、四洮、图佳、锦承等铁路；1937 年 7 月抗日战争爆发前夕，全国铁路通车里程约为 1.9 万 km。

中华人民共和国成立前的铁路设备简陋、标准低，全路钢轨竟有 130 多种类型；采用的机车车辆数量少，且破旧不堪，机车有 120 多种型号。1949 年中华人民共和国成立以后，铁路建设有了很大的发展，在路网建设、线路状态、技术装备和运输效率等方面均取得了举世瞩目的成就。

自 20 世纪 90 年代起，我国铁路进入了高质量的发展阶段，主要体现在既有线改造、重载铁路发展、客运专线和城市轨道交通建设等方面。截至 2022 年底，我国铁路运营总里程达到 15.5 万 km，位居世界第二；高速铁路总里程达到 4.2 万 km，通车里程位居世界第一，占到世界高铁总里程的 2/3 以上，时速 350km/h 的"复兴号"列车全面投入使用；路网布局不断完善，复线率和电化率分别达到了 60% 和 70% 左右，中西部铁路线路密度不断加大，"八纵八横"高铁网建设全面展开。

自 1997 年开始，我国铁路先后开展了 6 次较大规模的既有线提速工作，通过在既有线条件比较好的区段，改造部件、加强线路养护和更换基础设备等措施提高列车的运行速度。其中，第 6 次大提速使得时速 200km/h 的线路延展里程达到 6003km，这标志着我国铁路既有线提速跻身世界铁路先进行列。既有线提速改造是保障铁路客流量的战略性措施，不仅节约了铁路建设投资，还实现了铁路技术创新。

1992 年，我国第一条重载铁路大同-秦皇岛运煤专线全线贯通，实现 5000t、6000t 重载单元列车常态化开行，该线路于 2010 年完成了 4 亿 t 扩能改造，其累计煤炭运量于 2023 年 2 月突破了 80 亿 t。我国铁路的重载运输主要有两种模式：在重载运煤专线大秦线及其相邻衔接线路上开行 1 万 t 单元列车和 1 万 t、2 万 t 组合列车；在京广、京沪、京哈、陇海等既有主要繁忙干线上开行 1 万 t 级的整列式重载列车。为满足货运重载需求，我国积极投入重载铁路新线建设，且随着我国客运专线路网的建成和完善，既有客货混跑线路也将逐渐改造为重载线路。

1998 年 5 月，设计最高速度为 200km/h 的广深铁路电气化改造完成，被认为是我国由既有线改造进入高速铁路的开端。随后在 1999 年开始兴建的秦沈客专上创造了 321km/h 的试验纪录。进入 21 世纪后，我国客运专线和城市轨道交通建设进入了飞速发展阶段，取得的成就无疑是世界铁路史上辉煌的一笔。

2008 年 8 月 1 日，我国第一条具有完全自主知识产权的高速铁路京津城际通车运营；2009 年 12 月 26 日，最高运营速度达到 394km/h 的武广高铁正式运营，该线路不仅是我国第一条 350km/h 的高速铁路，也是世界上运营速度最快、密度最大的高速铁路。随后，郑西、沪宁、沪杭、京沪等高速铁路先后建成通车，我国自此具备了世界先进的高速铁路技术，通过引进消化吸收再创新发展策略，系统掌握构造速度 200～250km/h 的动车组技术。2016 年 7 月，两列中国标准动车组在郑徐高铁上完成了速度 420km/h 的安全交会，标志着我国已全面掌握核心高铁技术。截至 2022 年末，我国高速铁路营业里程 4.2 万

km，其中有近 3200km 高铁常态化按时速 350km 高标运营。

　　20 世纪 80 年代，我国开始对低速常导磁悬浮列车进行研究。西南交通大学于 1994 年 10 月建成首条磁悬浮铁路试验线并开展载人试验。随后，中国铁道科学研究院在环形试验线上对设计 100km/h 的低速常导磁悬浮试验车进行了试验。2016 年，由中车株洲电力机车有限公司牵头研制的 100km/h 长沙磁浮快线列车上线运营，被业界称为中国商用磁浮 1.0 版列车；2018 年，我国首列商用磁浮 2.0 版列车在中车株洲电力机车有限公司下线，列车设计速度提升至 160km/h；2021 年 7 月，由中国中车承担研制、具有完全自主知识产权的我国时速 600km 高速磁浮交通系统在青岛成功下线，这是世界首套设计时速达 600km 的高速磁浮交通系统，标志我国掌握了高速磁浮成套技术和工程化能力。2022 年 8 月，国内首条稀土永磁磁浮轨道交通工程示范线"红轨"在江西省兴国县顺利竣工，稀土永磁磁浮轨道交通系统实现了永磁悬浮技术与空轨技术的完美结合，是继电磁悬浮、超导磁浮之后，开辟的一种新的磁悬浮技术路线。2022 年 10 月，山西省阳高县设计速度为时速 1000km 的超高速低空管道磁浮交通系统全尺寸试验线（一期）项目完成了系统性试验，成功"首航"。这条试验线为中国首条高速飞车全尺寸试验线，是国内首条完全自主知识产权的磁悬浮试验线，也是目前世界上最快的地面交通工具试验项目。

9.1.2　我国铁路的展望

　　铁路是国民经济大动脉、关键基础设施和重大民生工程。我国主要铁路干线能力十分紧张，客运快速与货运重载难以兼顾，无法满足客货运输的需求，并影响旅客运输质量的提高。长期以来，我国铁路网布局一直呈现着不合理态势，特别是在广大西部地区，路网稀疏，运能严重不足，与东中部的联络能力差。根据我国资源分布、工业布局的实际情况，结合国民经济和社会发展的需要，在建设客运专线和其他铁路线路的同时，既有铁路技术改造尚需进一步加强。对于如上问题，国家"十四五"铁路发展规划指出"我国铁路发展处于完善网络和提升效能的关键阶段，将全面推进铁路高质量发展。'十四五'时期要统筹推进中西部地区铁路建设，特别是西北地区空白区域新线建设，提高革命老区、民族地区和欠发达地区的铁路网络密度，支持资源丰富、人口密集区域的地方开发铁路建设"。

　　为促进铁路网建设和交通大动脉建设支撑经济社会升级发展，国家发展改革委会同交通运输部、中国铁路总公司对我国中长期铁路网进行了规划，规划期限为 2016～2025 年，远期展望到 2030 年，以期届时能够实现内外互联互通、区际多路畅通、省会高铁连通、地方快速通达、县域基本覆盖。中长期铁路网规划实现后，远期铁路网规模将达到 20 万km，其中高速铁路 4.5 万 km 左右，全国铁路网全面连接 20 万人口以上城市，高速铁路网基本连接省会城市和其他 50 万人口以上大中城市，实现相邻大中城市间 1～4h 交通圈，城市群内 0.5～2h 交通圈。国家"十四五"铁路发展规划提出到 2025 年，铁路高质量发展取得新成效，设施网络更加健全完善，多层次铁路网络加快形成，路网覆盖范围进一步扩大，"八纵八横"高速铁路主通道基本建成，集装箱等专业化货运网络进一步完善，长江干线重要港口全面接入铁路专用线，沿海港口重要港区铁路进港率大幅提升，铁路运营里程达到 16.5 万 km。

　　中长期铁路网规划方案主要包括高速铁路网、普速铁路网和综合交通枢纽三个部分：

1. 高速铁路网

在原规划"四纵四横"主骨架基础上，增加客流支撑、标准适宜、发展需要的高速铁路，同时充分利用既有铁路，形成以"八纵八横"主通道为骨架、区域连接线衔接、城际铁路补充的高速铁路网。具体规划方案：一是构建"八纵八横"高速铁路主通道，"八纵"通道为沿海通道、京沪通道、京港（台）通道、京哈-京港澳通道、呼南通道、京昆通道、包（银）海通道、兰（西）广通道，"八横"通道为绥满通道、京兰通道、青银通道、陆桥通道、沿江通道、沪昆通道、福银通道、厦渝通道、广昆通道；二是拓展区域铁路连接线，在"八纵八横"主通道的基础上，规划布局高速铁路区域连接线，目的是进一步完善路网，扩大高速铁路覆盖；三是发展城际客运铁路，在优先利用高速铁路、普速铁路开行城际列车服务城际功能的同时，规划建设支撑和带领新型城镇化发展、有效连接大中城市与中心城镇、服务通勤功能的城市群城际客运铁路。

2. 普速铁路网

重点围绕扩大中西部路网覆盖，完善东部网络布局，提升既有路网质量，推进周边互联互通。具体规划方案：一是形成区际快捷大能力通道，包含 12 条跨区域、多路径、便捷化的大能力区际通道；二是面向"一带一路"国际通道，从西北、西南、东北三个方向推进我国与周边互联互通，完善口岸配套设施，强化沿海港口后方通道；三是促进脱贫攻坚和国土开发铁路，从扩大路网覆盖面、完善进出西藏和新疆通道、促进沿边开发开放 3 个方面提出了一批规划项目；四是强化铁路集疏运系统，规划建设地区开发性铁路以及疏港型、园区型等支线铁路，完善集疏运系统。

3. 综合交通枢纽

枢纽是铁路网的重要节点，为更好发挥铁路网整体效能，配套点线能力，按照"客内货外"的原则，进一步优化铁路客、货运枢纽布局，形成系统配套、一体便捷、站城融合的现代化综合交通枢纽，实现客运换乘"零距离"、物流衔接"无缝化"、运输服务"一体化"。

9.2　铁路的组成

铁路工程是一个复杂、多学科交叉的系统，其定义不仅是指铁路上的各类土木工程设施，而且包含铁路勘测设计、建设施工、养护维修等阶段所应用的技术。铁道工程最初包括与铁路相关的土木（轨道、路基、桥梁、隧道、站场）、机械（机车、车辆）和信号等工程，但随着行业规模的扩大和技术分工的细化，其中的机车工程、车辆工程和信号工程等逐渐发展成了独立的学科，铁路方向的桥梁工程、隧道工程等也逐渐并入各自的本门学科。鉴于铁道行业的不断发展，相关技术分工不断细化，目前狭义的铁道工程设备组成主要包括线路和车站两大部分。

9.2.1　线路

铁路线路是由线上轨道和线下基础组成的一个整体工程结构，是保障机车车辆和列车运行的基础。线上轨道主要包括轨道结构、道岔和无缝线路等，线下基础是指支承轨道结构的路基、桥梁和隧道等。为了实现旅客和货物的正常运输，保障行车安全和结构稳定，线路结构必须处于良好的几何状态和合理的受力状态。

1. 轨道结构

轨道是铁路的行车基础，用于引导机车车辆平稳安全运行，并承受和分散列车荷载作用。按照主体结构形式的不同，可将轨道分为有砟轨道和无砟轨道两种。常见的轨道结构从上至下依次由钢轨、扣件、轨枕、道床等部件组成，有砟轨道的道床为石质的散粒道床，故又被称为碎石道床，而采用整体道床代替碎石道床的结构称为无砟轨道。

1) 钢轨

钢轨是轨道最重要的组成部件，具有支承、导向和导电的作用。钢轨直接承受轮对施加的列车荷载，并将其向下分散至轨下基础。钢轨为机车车辆提供连续、平顺和阻力最小的滚动表面，引导车轮的前进。在电气化铁道或自动闭塞区段，钢轨还兼作轨道电路之用。

钢轨的横断面设计采用了抗弯性能极好的工字形，由轨头、轨腰和轨底3部分组成，图9-1所示为常见的60kg/m钢轨标准横断面。轨头部分大且厚，具有与车轮踏面相适应的外形，其顶面足够的宽度可使得车轮踏面与钢轨顶面的接触部分磨耗均匀，此外，轨头顶面的圆弧形设计可将车轮传来的压力集中于钢轨中轴。轨腰部分高度远大于其厚度，以保证钢轨具有足够的抗弯刚度，轨腰的两侧为曲线，与轨头、轨底的连续须保证钢轨接头夹板足够的支承面。轨底部分的宽度远大于其厚度，以保证钢轨在车轮压力下的稳定性。

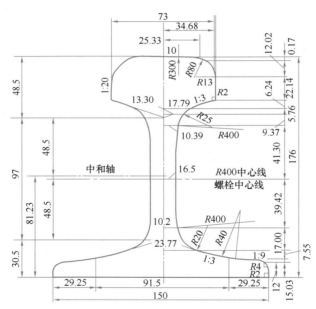

图 9-1　60kg/m 钢轨标准断面图（单位：mm）

2) 轨枕

轨枕承受来自钢轨的各向压力，并弹性地传布于道床。轨枕用于固定钢轨，实现轨道轨距、方向等几何状态的保持，轨枕与钢轨形成轨排，有效增加对轨道纵、横向变形的约束能力。

轨枕的形态、材质等多样。按照构造和铺设方法，可将轨枕分为横向轨枕、纵向轨枕和框架枕等，横向轨枕与钢轨铺设方向垂直，是最为常见的轨枕形式，纵向轨枕一般应用于特殊地段或线路。按照使用材质的不同，又可以将轨枕分为木枕、混凝土枕和钢枕等。

木枕是铁路最早采用并依旧在使用的轨枕之一，由木材制作而成，又被称为枕木。木枕具有弹性好，形状简单，制作、铺设和更换方便等优点，但木材消耗量大，使用寿命短，须做防腐处理。

普通的混凝土轨枕横截面为梯形，上窄下宽，不仅便于脱模，而且有助于提高轨枕与下部道床的嵌合稳定性。轨枕顶面设置有承轨槽，设置有坡度为1：40的承轨面，轨枕底面设置有花纹或凹槽，以增加轨枕与道床间的摩阻力。轨枕长度一般为2.5m、2.6m，轨枕高度在全长范围内高度不一致的，轨枕中部要低于其承轨槽部分。图9-2所示为应用最为广泛的有挡肩式Ⅲ型混凝土轨枕，该型轨枕标准的配置为1760根/km。

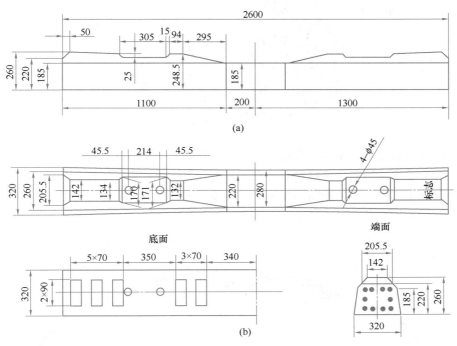

图9-2 有挡肩式Ⅲ型混凝土轨枕（单位：mm）
(a) 立面；(b) 平面

3）扣件

扣件是联结钢轨和轨枕的重要部件，也称为中间联结部件。扣件固定在轨枕上，通过扣压钢轨，实现两者的联结，阻止钢轨的纵横向移动。扣件常见的扣压件有扣板式、弹片式和弹条式三种类型。我国普遍采用"w"形、"e"形弹条扣压件，该型扣压件具有结构简单、零部件少、弹性好、扣压力大等优点。

扣件的组成部件较多，主要由螺栓、预埋套筒、扣压件、铁垫板、弹性垫板、轨距挡块等组成，图9-3所示为一种常见的扣件系统组成。螺栓、预埋套筒和扣压件等实现钢轨和轨枕的联结，弹性垫板为轨道提供一定的弹性，减小振动，垫板和轨距挡块等可实现对轨道高低、轨距等几何状态的调节。

4）有砟道床

有砟道床是铺设在线下基础上的碎石垫层，是轨道框架的基础，其主要作用是进一步

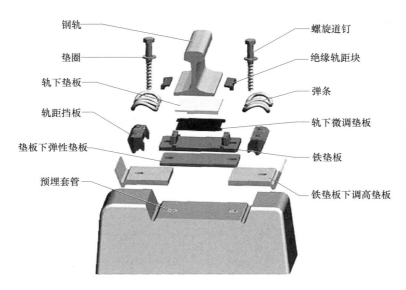

图9-3　一种有挡肩不分开式扣件

向线下基础分散车轮各向压力，为轨道结构提供弹性，固定轨枕，并对轨道纵横向移动进行约束。有砟道床采用的常见材料有碎石、卵石、粗砂等，其中以碎石最优，我国铁路普遍采用碎石道床。碎石道床横断面呈梯形，如图9-4所示。

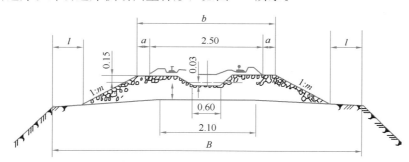

图9-4　直线地段道床横断面示意图（单位：mm）

　　碎石道床有利于线路排水，且养护维修方便，但存在道床变形、脏污、翻浆、沉陷等病害现象。在列车重复荷载作用下，每次荷载作用所产生的微小残余变形会逐渐积累，最终导致整个轨道的下沉。道砟磨损、破碎和外界物质侵入等还将造成道床脏污和板结等问题，进而引起道床板排水不畅和翻浆冒泥现象。在碎石道床振捣不密实、道床厚度不足等情况下，碎石道床还存在沉陷问题。

　　2. 道岔

　　道岔是机车车辆从一股轨道转入或越过另一股轨道时必不可少的线路设备，具有数量多、构造复杂、使用寿命短、列车速度受限、行车安全性低、养护维修投入大等特点，与曲线、钢轨接头并称为轨道的3大薄弱环节。

　　道岔在车站上大量铺设，其功能在于实现线路间的转线和跨越，基本形式有连接、交叉、连接和交叉3种组合。常用的线路连接有各种类型的单式道岔和复式道岔，交叉有直交叉和菱形交叉，连接与交叉的组合有交分道岔和交叉渡线等，如图 9-5 所示。

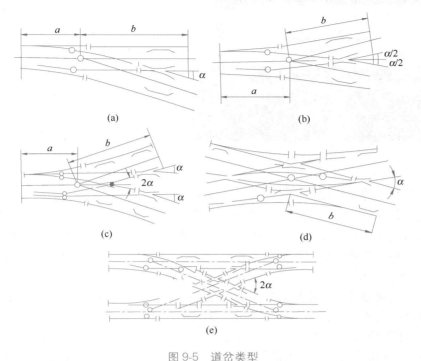

图 9-5　道岔类型

（a）普通单开道岔；（b）单式对称道岔；（c）三开道岔；（d）交分道岔；（e）交叉渡线

a-道岔前长；b-道岔后长；α-辙叉角

普通单开道岔是最为常见的道岔类型，简称为单开道岔，其主线为直线，侧线由主线向左侧（称左开道岔）或右侧（称右开道岔）岔出。单开道岔由转辙器、辙叉及护轨、连接部分组成，如图 9-6 所示。

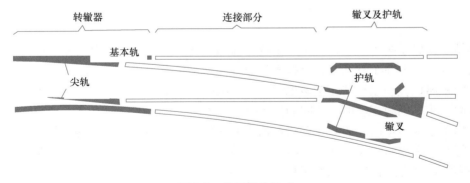

图 9-6　单开道岔组成

3. 无缝线路

无缝线路是由标准长度的钢轨焊连而成的长钢轨线路，又称焊接长钢轨线路，图 9-7 所示为焊轨厂焊接而成的 500m 无缝长钢轨。无缝线路是当今轨道结构的一项重要新技术，是与重载铁路、高速铁路和城市轨道交通相适应的轨道技术之一。

图 9-7 500m 无缝长钢轨

在普通线路上，钢轨接头数量众多，采用 25m 标准轨时，每千米线路上有 80 个接头，当采用 12.5m 标准轨时，每千米线路上的接头达到 160 个。由于接缝的存在，列车通过时发生冲击和振动，并伴随有打击噪声，冲击力最大可达到非接头区三倍以上。接头冲击力影响行车的平稳和旅客的舒适，并促使道床破坏、线路状态恶化、钢轨及联结零件的使用寿命缩短、维修劳动费用增加。养护线路接头区的费用占养护总经费的 1/3 以上；钢轨因轨端损坏而抽换的数量较其他部位大 2～3 倍；重伤钢轨 60% 发生在接头区。无缝线路消灭了大量的钢轨接头，具有行车平稳、旅客舒适、机车车辆和轨道的维修费用减少，使用寿命延长等一系列优点。有资料表明，从节约劳动力和延长设备寿命方面计算，无缝线路比有缝线路可节约维修费用 35%～75%。

随着无缝线路设计、长钢轨运输、铺设和养护维修等一系列理论和技术问题的逐步解决，无缝线路在世界各国得到了广泛应用。德国作为无缝线路发展最早和最快的国家，在 1935 年正式铺设 1km 长的无缝线路试验段，1945 年做出了以无缝线路为标准线路的规定。美国在 1930 年开始在隧道内铺设无缝线路，1933 年开始铺设区间无缝线路。法国和日本在 20 世纪 50 年代前后开始开展大量无缝线路试验并推广应用，到 1961 年，苏联铺设无缝线路约为 1500km，到 1970 年，法国无缝线路约为 12900km。我国在 1957 年开始在京沪两地各铺设 1km 无缝线路，到 1961 年，我国共铺设无缝线路大约 150km，1993 年开始铺设跨区间和全区间无缝线路，到 2007 年，我国无缝线路铺设长度超过 5 万 km，超过线路全长的 50%。

9.2.2 车站

车站是铁路系统的一个基层生产单位，铁路运输既要在车站实现旅客乘降、货物的托运和装卸等，还要在车站开展各类技术作业，如列车接发、会让、解体和编组等。铁路上每隔一定距离设置一座车站，车站把每一条线路划分成若干个长度不等的段落，每一段落为一区间，车站则为相邻区间之间的分界点。

根据车站所担负的任务和在铁路运输中的地位，可以分为六个等级，即特等站、Ⅰ等站、Ⅱ等站、Ⅲ等站、Ⅳ等站、Ⅴ等站。按照业务性质不同，可以将车站分为货运站、客运站和客货运站等。按照技术作业和设备的不同，车站又可被分为会让站、越行站、中间站、区段站和编组站等，其中区段站和编组站总称为技术站。

为实现不同作业需求，车站内除设有正线外，还配有满足不同用途需求的站线，包括到发线、牵出线、调车线、货物线等。正线是直接与区间连通的线路，到发线是用于接发旅客列车和货物列车的线路，牵出线是用于进行调车作业时将车辆牵出的线路，货物线是用于货物装卸作业的货车停留线路，调车线是用于车列解体和编组并存放车辆的线路。此外，站内还有机车走行线、车辆站修线、驼峰迂回线和禁溜线等。

1. 会让站和越行站

会让站设置在单线铁路上，主要办理列车的到发、会车、越行，也办理少量的客运、货运业务。会让站一般配置到发线、旅客乘降设备，并设置信号及通信设备、技术办公用房，但没有专门的货运设备。

越行站设置在复线铁路上，主要办理同方向列车的越行业务，必要时办理反方向列车的转线，也办理少量的客运、货运业务。越行站需配置到发线，并设置通信、信号及旅客乘降和技术办公用房等。

会车是指两个列车相互交会，越行则是指先到的列车在本站停车，等待后一个同方向的列车通过本站或到达本站停车后先开。会让站上既可以实现会车，也可以实现越行，而越行站一般只承担越行业务。

会让站宜设置两条到发线，使车站具有三交会的条件，当行车量较少可设一条。会让站一般不设中间站台，且两条到发线宜分设正线两侧。同样，越行站一般应设两条到发线，分设于正线两侧，以便双方向列车都能同时待避。特殊困难条件下，越行站可设一条到发线，设于两正线中间。

2. 中间站

中间站是为沿线城乡人民及工农业生产服务，提高铁路区段通过能力，保证行车安全而设的车站。中间站设备规模较小，但数量很多，遍布全国铁路沿线中、小城镇和农村。

中间站一般办理如下作业：列车的到发、通过、会让和越行；旅客的乘降和行车，包裹的承运、保管与交付；货物的承运、装卸、保管与交付；零摘挂列车向货场甩挂车辆的调车作业。若中间站有工业企业线接轨或加力牵引起终点，以及机车折返时，还需办理工业企业的取送车、补机的摘挂和机车整备等作业。

根据作业的性质和工作量大小，中间站一般配置有客运设备、货运设备、站内线路、信号及通信设备等。为保证安全、迅速地运送旅客，客运设备设有旅客站房、旅客站台、站台间的横越设备及雨棚等。为办理货物作业，应在中间站设置货场，货场宜设置在主要货物集散方向的一侧，当有大量散堆货物卸载时，可在站房对侧设置货物线。中间站货场内的货物线布置形式有通过式、尽头式和混合式 3 种，我国多采用通过式货物线，该型货物线两端均与到发线连通，具有上下行调车作业灵活、易于管理等优点。

3. 区段站

区段站是铁路网上牵引区段的分界处，是设有机务设备的车站，多设置在中等城市和铁路网上牵引区段（机车交路）的起点和终点。区段站的主要任务是为邻接的铁路区段供应、整备机车或更换机车乘务组，为无改编中转货物列车办理规定的技术作业，并办理一定数量的列车解编作业及客货运业务。

相较于中间站，区段站所办理的业务无论在数量上还是种类上都要复杂得多。在区段站所办理的解、编及中转列车的运转作业中，无改编中转列车所占比重最大，是区段站行车组织工作的重要环节。

4. 编组站

编组站是在铁路网上办理大量货物列车解体、编组作业，并设有较完整的调车设备的车站，一般设在干线交叉点或大（中）城市、企业、港湾、码头等车流大量集散的地区。

编组站和区段站的作业数量、性质、设备种类和规模均有明显区别，区段站以处理无改编中转货物列车为主，编组站以办理改编中转货物列车为主，编解各类货物列车和小运转列车，负责路网上和枢纽的车流组织。

按照编组站在路网中的位置、作用和所承担的作业量，可分为路网性编组站、区域性编组站和地方性编组站。路网性编组站位于路网、枢纽地区的重要处所，承担大量中转车流改编作业，是编组大量技术直达和直通列车的大型编组站。区域性编组站位于铁路干线交会的重要处所，承担较多中转车流改编作业，是编组较多的直通和技术直达列车的大中型编组站。地方性编组站位于铁路干支线交会点、铁路枢纽地区或大宗车流集散的港口、工业区，是承担中转、地方车流改编作业的中小型编组站。

5. 枢纽

铁路枢纽是在铁路网的交会点或终端地区，由各类铁路线路、专业车站以及其他为运输服务的有关设备组成的总体。铁路枢纽是客货流从一条铁路转运到各接轨铁路的中转地区，也是所在城市客货到发及联运的地区，如陇海线与京广线交叉的郑州枢纽、京沪高铁和沪昆高铁联络的上海虹桥枢纽等。

铁路枢纽一般由一个综合性车站和多条引入线路组成，其设备组成包括铁路线路、车站、疏解设备和其他设备。相较于其他类型车站，枢纽拥有较多的联络线，并设置有大量线路间的平面和立面疏解、线路与城市道路的立交桥、道口等。按照枢纽在全国铁路网上的地位和作用，铁路枢纽可分为路网性铁路枢纽、区域性铁路枢纽和地方性铁路枢纽。路网性铁路枢纽的设备数量多和能力强大，如北京、郑州、武汉、上海、徐州、沈阳枢纽等；区域性铁路枢纽服务于一定的区域范围，设备规模不大，如太原、蚌埠枢纽等；地方性铁路枢纽主要服务于某一工业区或港湾，如大同、秦皇岛枢纽等。

9.3　高速铁路

高速铁路简称高铁，是指设计标准等级高、可供列车安全高速行驶的铁路系统。高铁在不同国家、不同时代以及不同的科研学术领域有不同规定。我国国家铁路局将高铁定义为设计开行时速 250km/h 以上（含预留）、初期运营 200km/h 以上的客运专线铁路，并颁布了相应的《高速铁路设计规范》TB 10621—2014 文件。我国国家发改委将中国高铁定义为时速 250km/h 及以上标准的新线或既有线铁路，并颁布了相应的《中长期铁路网规划》文件，将部分时速 200km/h 的轨道线路纳入中国高速铁路网范畴。

9.3.1　概述

1. 分类和指标

我国高铁可分为主次干线（"八纵八横"主通道、区域连接线）和支线（联络线、延长线、城际线等）；根据速度指标，我国高铁可分为 250km/h、300km/h 和 350km/h 三种级别；根据其他显著特征，还可细分为城际高铁、山区高铁、合资高铁、跨国高铁等。

根据《铁路主要技术政策》（2013 年铁道部令第 34 号）：中国高速铁路设计速度 250km/h 以上，动车组列车初期运营速度 200km/h 以上、最小追踪间隔 3min、轴重 17t

以内；采用 CTCS2 或 CTCS3 级列控系统。高速铁路在正线间距、最小曲线半径、运作模式等各方面的技术指标均比普速铁路有更高或特殊要求：正常情况下，设计速度 250km/h 铁路，正线间距不小于 4.6m、最小曲线半径 3000m、最大坡度 20‰～30‰；设计速度 350km/h 铁路，正线间距 5m、最小曲线半径 5500m（困难地段）至 7000m、最大坡度 12‰～20‰。

　　2. 设备组成

　　车辆设备：中国高速铁路营运列车均使用构造速度 200km/h 以上的动力分散式电力动车组，座位类型分为二等座、一等座、商务座和动卧（动车组列车软卧、高级软卧）等。高速铁路运营列车型号和构造速度如表 9-1 所示。

高速铁路运营列车型号和构造速度　　　　　　　　　表 9-1

型号（系列）	CRH1	CRH2	CRH3	CRH5	CRH6	CRH380	CR400
构造速度（km/h）	250	350	350	250	200	380	400

　　轨道系统：我国高速铁路是封闭电气化铁路，架设空中接触网为列车供电；常采用无砟轨道和无缝钢轨，也有部分采用有砟轨道；线路实现 GSM-R 网络覆盖，建立覆盖全路的数字移动通信系统，设综合视频监控、应急通信、调度通信等系统，铁路区间设置自动闭塞或移动闭塞系统；部分线路采用"ATO＋CTCS2/3"新型列车运行控制系统；大范围通过以桥代路、桥隧结合方式铺设轨道线路，实现控制基础沉降、节约土地资源和保护生态环境等。

　　站场设施：我国高速铁路车站有新址新建、旧址改建或重建这几种，部分高铁站同时也是普铁站，兼停高速列车和普速列车，不过我国国家铁路并没有对高铁站做任何分类规定，车站名称均无"高铁"的字样。我国高速铁路除配置车站、变电站等常规设施，还设有针对动车组的铁路车辆检修站，又称动车运营所。

　　3. 运营模式

　　我国高速铁路为国家铁路组成部分，高速列车购票方式与其他普速列车购票方式相同。我国铁路营运高速列车均为动车组列车，车次分"C、D、G"三种字母开头，"C"是指城际动车组旅客列车，"D"是指动车组旅客列车，"G"是指高速动车组旅客列车。

9.3.2　高速铁路无砟轨道

　　在世界范围内，日本、德国和法国的高速铁路技术是典型的代表，发展最早且技术能力强，其中日本和德国的高速铁路以无砟轨道结构形式为主，形成了日本板式、博格板式、雷达型和旭普林型等无砟轨道，法国高速铁路以有砟轨道结构为主。我国后来居上，在全面吸收他国技术的基础上，通过再创新形成了具有完全独立知识产权的高速铁路无砟轨道技术，如双块式无砟轨道，CRTSⅠ、CRTSⅡ、CRTSⅢ型板式无砟轨道等。

　　1. 双块式无砟轨道

　　双块式无砟轨道是将双块式轨枕预埋或振入现浇混凝土道床板中，使双块式轨枕与混凝土道床板成为一个整体的无砟轨道结构形式，常见形式有德国的雷达型、旭普林型无砟

图9-8　大西客专双块式无砟轨道

轨道和我国的双块式无砟轨道。双块式无砟轨道具有结构简单、施工方便等特点。

路基段双块式无砟轨道从上至下依次为钢轨、扣件、双块式轨枕、道床板和支承层，其中双块式轨枕采用 C60 高强度混凝土，为轨枕场批量预制，图 9-8 所示为大西客专桥梁段铺设的双块式无砟轨道。

2. 板式无砟轨道

板式无砟轨道是将预制的轨道板铺装在混凝土底座上，两者之间通过充填沥青混凝土或自密实混凝土来调整轨道板的空间几何状态。板式无砟轨道以预制轨道板为核心，其关键技术是轨道板的纵横向限位措施和充填层的高性能材料。早期的板式无砟轨道以日本板式无砟轨道和德国博格板式无砟轨道为典型代表，我国在充分消化吸收的基础上形成了CRTSⅠ、CRTSⅡ型板式无砟轨道，并通过再创新推出了 CRTSⅢ 型板式无砟轨道。现以我国三种主流板式无砟轨道为例，对板式无砟轨道进行介绍。

1）CRTSⅠ型板式无砟轨道

CRTSⅠ型板式无砟轨道吸收了大量的日本无砟轨道技术，通过乳化沥青砂浆调整层，将预制轨道板铺设在设有凸形挡台的钢筋混凝土底座上。CRTSⅠ型板式无砟轨道的结构组成从上至下依次为钢轨、扣件、预制轨道板、水泥乳化沥青砂浆调整层和现浇钢筋混凝土底座（双块式无砟轨道从上至下依次为钢轨、扣件、双块式轨枕、道床板和支承层），其预制轨道板有平板、框架板等多种形式。图 9-9 所示为遂渝试验段铺设的CRTSⅠ型板式无砟轨道。

2）CRTSⅡ型板式无砟轨道

CRTSⅡ型板式无砟轨道吸收了大量的德国无砟轨道技术，通过乳化沥青砂浆调整层，将预制轨道板铺设在素混凝土支承层（路基）或钢筋混凝土底座（桥梁）上。CRTSⅡ型板式无砟轨道路基段和桥梁段的轨道结构稍有不同，路基段的轨道结构组成从上至下依次为钢轨、扣件、预制轨道板、水泥乳化沥青砂浆层和水硬性支承层，桥梁段的轨道结构组成从上

图9-9　CRTSⅠ型板式无砟轨道

至下依次为钢轨、扣件、预制轨道板、水泥乳化沥青砂浆层、底座板和滑动层。图 9-10 所示为京沪高速铁路采用的 CRTSⅡ 型板式无砟轨道。

3）CRTSⅢ型板式无砟轨道

从无砟轨道的建设及运营经验可以看出，双块式和 CRTSⅠ、CRTSⅡ 型板式无砟轨道均存在显著的优缺点。双块式无砟轨道道床板较厚，结构连续，但道床板本身及新、旧

混凝土界面容易开裂，影响结构外观与使用耐久性。板式无砟轨道采用预制板，施工速度快，可维修性强，结构承力与传力路线明确，但砂浆是其薄弱环节，且板间进行纵向连接时，板间连接处容易开裂。随着对无砟轨道结构认识和研究的深入，我国研发了CRTSⅢ型板式无砟轨道，该新型无砟轨道在受力状态、经济性、施工性、可维修性及耐久性等方面，兼备板式和双块式无砟轨道的优点。图9-11所示为CRTSⅢ型轨道板。

图 9-10 京沪高速铁路

图 9-11 CRTSⅢ型轨道板

CRTSⅢ型板式无砟轨道的结构组成从上至下依次为钢轨、扣件、轨道板、自密实混凝土和混凝土底座等，如图9-12所示。轨道板由工厂预制，设置3个灌浆排气孔，轨道板底面采用拉毛处理，并安装多排门型钢筋。轨道板下灌注C40自密实混凝土，长、宽与轨道板相同。底座采用C30混凝土，一般路基、隧道地段的1个底座单元对应3块轨道板；短路基或过渡段地段的1个底座单元可对应2块或4块轨道板；桩板、桥梁地段1个底座对应1块轨道板，每2个底座单元之间设置宽度为20mm伸缩缝。底座上设置土工布隔离层，在凹槽四周设置弹性橡胶垫层。

图 9-12 CRTSⅢ型板式无砟轨道

相较于CRTSⅠ、CRTSⅡ型板式无砟轨道，CRTSⅢ型板式无砟轨道简化了轨道结构组成，强化了预制轨道板，使得结构简单且稳固。CRTSⅢ型板式无砟轨道各结构层的材料性能较为接近，强度相差不大，避免了轨道结构存在明显的薄弱环节。此外，该型结构采用的预制轨道板，不仅便于施工和修复，而且可以减少或消除轨道表面裂纹。

9.4 磁悬浮铁路

磁悬浮铁路，又称为磁悬浮轨道交通，是根据电磁学原理，利用电磁铁产生的电磁力使车辆悬浮，并推动其前进的现代交通工具。与传统铁路相比，两者在车辆行进方式上存在显著区别，磁悬浮铁路消除了轮轨之间的接触，利用电磁系统产生的吸引力或排斥力将车辆托起，使整个列车悬浮在导轨上，并利用电磁力进行导向，利用直线电机将电能直接转换成推进力来推动列车前进。图 9-13 所示为行驶过程中的磁悬浮列车。

图 9-13　行驶过程中的磁悬浮列车

磁悬浮铁路的行进阻力小，无摩擦阻力，适于高速运行，速度可达 430～550km/h。由于不存在轮轨接触，磁悬浮铁路不会脱轨，也不会对轨道造成磨耗，提高了列车运行的安全性和可靠性，减小了相关维修工作量。磁悬浮铁路通过无接触方式实现支承、导向、启动、制动和供电，避免了车轨界面的接触，无机械振动和噪声，且无废气排出和污染，有利于环境保护。此外，磁悬浮铁路还具有能耗较低、运输效率高等特点。

9.4.1　技术原理和分类

磁悬浮铁路的种类划分多样，根据磁悬浮列车上电磁力的使用方式，可将其分为超导磁斥式和常导磁吸式两种基本制式。按照应用范围划分，可将磁悬浮铁路划分为干线磁悬浮铁路、城际磁悬浮铁路和城市磁悬浮铁路 3 种类型。按照绕组材料划分，可将磁悬浮铁路划分为超导磁浮和常导磁浮 2 种类型。按照驱动方式不同，可将磁悬浮铁路划分为导轨驱动和列车驱动 2 种类型。按照车辆悬浮原理及方式不同，还可以将磁悬浮铁路划分为永磁悬浮、电磁悬浮、电动悬浮等多种类型。

1. 超导磁斥式磁悬浮

悬浮系统：在车辆底部安装超导磁铁，在轨道两侧铺设一定规律分布排列的铝环线圈。超导磁浮的线圈绕组使用超导材料，该超导材料在周围环境温度低于其临界温度后就处于超导状态，即超导绕组内的电阻几乎为零。超导电磁铁能产生强大的磁场，具有极高的工作效率。在车辆前进过程中，铝环在强磁场的作用下产生感应电流，由此引起的磁场与车辆的强磁场相排斥。车辆运行速度越快，由此产生的排斥力越大，当排斥力大于列车重量时，车辆就实现了悬浮。若列车运行速度较低或静止，铝环线圈产生的排斥力不足以实现对列车的支撑，列车将不能实现与轨道的脱离，该阶段列车需要依靠辅助车轮实现启动和制动，如图 9-14 所示。

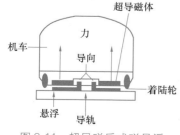

图 9-14　超导磁斥式磁悬浮

导向系统：在车辆上安装专用的超导体，在导轨两侧的下部基础上安装线圈，车辆前进过程中，线圈与车辆超导体产生方向相反的磁场，当车辆与导轨一侧的线圈距离越小，线圈与车辆超导体之间的排斥力越大，磁悬浮列车在导轨上的行驶实际上也是一种沿着轨道中心线的"蛇形运动"。

推进系统：磁浮列车的牵引电机都是直线电机，直线电机一般可分为长定子直线同步电机和短定子直线感应电机两种类型。超导磁斥式磁悬浮采用长定子直线同步电机实现对车辆的牵引，工作原理与普通旋转电动机基本一致，不同在于磁悬浮将定子切开并在轨道下方沿两侧向前展直延伸，直线电机可以被认为是半径无限大的旋转电机，这时转子的旋转运动就可以看作为直线运动。

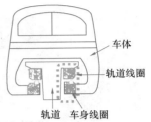

图 9-15 常导磁吸式磁悬浮

2. 常导磁吸式磁悬浮

悬浮系统：常导磁吸式磁悬浮在车辆转向架上安装常导电磁铁，在线路导向轨上铺装磁铁，如图 9-15 所示。常导磁浮使用普通材料制成线圈绕组，采用普通导体通电励磁，电磁铁通电后，车辆与轨道之间产生方向相同的磁场，两者之间产生磁吸力。车辆与轨道之间的吸引力越大，车辆与轨面之间的间距越大，控制车辆悬浮可靠性和列车运行平稳性的关键在于控制电磁铁的电流，车体与导向轨之间通常保持 10～15mm 的间距。

导向系统：常导磁吸式的导向系统与悬浮系统类似，是在车辆侧面安装一组专门用于导向的电磁铁。车体与导向轨侧面之间保持一定间隙，当车辆左右偏移时，车上的导向电磁铁与导向轨的侧面相互作用，使车辆恢复到正常位置。控制系统通过对导向磁铁中的电流进行控制来保持这一侧向间隙，从而达到控制列车运行方向的目的。

推进系统：与超导磁斥式磁悬浮基本一致，区别在于常导磁吸式磁悬浮采用短定子异步直线电机。在车上安装三相电枢绕组，轨道上安装感应轨，采用车上供电方式。该型推进系统结构比较简单、维护方便、造价低，适用于中低速城市运输及近郊运输以及作为短程旅游线系统，其主要缺点是功率偏低，不利于高速运行。

经过多年实践证明，常导磁吸式磁悬浮铁路具有可靠性高、事故病害少、养护维修费用低等特点。相较于超导磁斥式磁悬浮铁路，常导磁吸式磁悬浮铁路结构相对简单，建设投资少。其主要缺点是线圈绕组中电阻较大，线圈绕组容易发热，悬浮功耗较大。经过试验研究和运营验证，目前形成了四种具有代表性的磁悬浮系统：日本低温超导超高速磁悬浮系统、德国常导超高速磁悬浮系统、日本常导中低速磁悬浮系统和我国的高温超导中低速磁悬浮系统。上海磁悬浮铁路采用了德国常导超高速磁悬浮系统，长沙磁悬浮快线则采用的是常导中低速磁悬浮系统。

9.4.2 典型磁悬浮铁路

相较于传统轮轨交通线路，目前全球范围内运营磁悬浮线路的城市依旧较少，主要包括我国上海、北京、长沙和韩国仁川、日本名古屋等。我国自 2003 年开通运营上海高速磁悬浮铁路后，又于 2016～2017 年期间开通运营了长沙磁悬浮快线和北京地铁 S1 号线两条中低速磁悬浮铁路，2022 年又分别开通了湖南凤凰磁浮观光快线和江西兴国稀土永磁磁浮线路红轨两条中低速磁悬浮铁路，2023 年初广东清远磁浮旅游专线开始车辆上线调试工作。韩国是第二个运营磁悬浮列车专线的国家，其仁川线是从韩国仁川机场到龙游站，线路长度6.1km，设计最高速度为80km/h。日本的东部丘陵线是从名古屋的藤之丘站到丰田市八草站，线路长度8.9km，设计最高速度为100km/h。现分别以上海磁悬浮和长沙磁悬浮快线为例，对高速磁悬浮铁路和中低速磁悬浮铁路进行介绍。

1. 上海磁悬浮铁路

图9-16　上海磁悬浮

上海磁悬浮列车是世界上第一段投入商业运行的高速磁悬浮列车，设计最高运行速度为430km/h，仅次于飞机的飞行时速。上海磁悬浮列车专线西起上海轨道交通2号线的龙阳路站，东至上海浦东国际机场，专线全长29.863km，是由中德两国合作开发的世界第一条磁悬浮商运线，如图9-16所示。2001年3月1日开工建设，2002年12月31日全线试运行，2003年1月4日正式开始商业运营，列车行驶全程只需8min。

上海磁悬浮采用德国常导超高速磁悬浮技术，采用了长定子直线同步电机牵引，并通过普通导体通电励磁产生电磁悬浮力和导向力。上海磁悬浮车型与德国TR08型磁浮列车基本一致，包括悬浮架、二次悬挂系统、电磁铁、车载蓄电池、应急制动系统和悬浮控制系统等电气设备。目前有4列列车可投入运营，其中1列为国产化列车，采用3～5节编组，每列列车均有首端车、尾端车和中间车组成，首车定员52人，中间车每节定员110人，尾车定员78人。

上海磁悬浮铁路全线仅设置有龙阳路站和国际机场两座终点站，未设有一般中间站。除服务于旅客接发的车站外，全线还设有维修基地、牵引供电站和控制中心。维修基地位于浦东机场站附近，是磁浮列车进行组装、调试，并承担夜间停车、检修和维护的主要区域。控制中心设于磁悬浮龙阳路站，其运行控制系统由运行控制中心、通信系统、分散控制系统和车载控制系统组成。

上海磁悬浮铁路供电系统由变电站、沿路供电电缆、开关站和其他供电设备组成，其列车供电系统通过给地面长定子线圈供电提供列车运行所需的电能。供电系统从110kV的公用电网引入交流高压电，通过降压变电器降至20kV和1.5kV，然后整流成直流电，再由逆变器变成0～300Hz交流电，升压后通过线路电缆和开关站供给线路上的长定子线圈，在定子和车载电磁铁之间形成牵引力。

上海磁悬浮列车运营线为双线，全线均为高架线路，其主要线间距为5.1m，轨面至地面高度为2.8～13.5m。全线80%路段的行驶速度可以超过100km/h，60%路段的行驶速度可以超过300km/h，另有10km的超高速路段可以实现行驶速度超过400km/h。上海磁悬浮的轨道梁有Ⅰ型、Ⅱ型和Ⅲ型等多种形式，其Ⅰ型梁为跨度24.768m和30.96m的简支梁或双跨连续梁，Ⅱ型梁为跨度12.384m的简支梁或双跨连续梁，Ⅰ型、Ⅱ型轨道梁分别有预应力混凝土复合梁和钢复合梁两种主要类型；Ⅲ型梁为长度6.192m的轨道梁，有钢筋混凝土板复合梁和钢复合梁两种类型。轨道的复合梁为单箱单室，梁高2.2m，轨道梁两侧设有特种软磁钢制作的标准功能件，每个标准功能件长度 3.192m。

磁悬浮铁路的转向依旧需要采用道岔来实现，但其形式与设置尖轨、辙叉的传统铁路道岔存在显著不同，而是采用活动轨实现车辆转辙，其主要构成部件有主动轨、从动轨、调整轨、结合轨、转动装置、锁定装置和操作机械等。当需要改变磁悬浮列车的运行方向时，首先转动主动轨和从动轨，调整至规定位置后，由结合轨进行连接，然后利用调整轨调整定位，最后由锁定装置进行锁定。上海磁悬浮道岔上部的钢梁和驱动由德方设计，全线共设有 8 组道岔，分别设置在两端车站、出入库线和维修基地等处。除维修基地采用 3 开道岔外，其他部分均采用 2 开道岔。

2. 长沙磁浮快线

长沙磁浮快线不仅是服务于湖南省长沙市的一条城市轨道交通线路，而且是我国首条拥有完全自主知识产权的中低速磁悬浮铁路。长沙磁浮快线起于磁浮高铁站，途经长沙市雨花区和长沙县，连接长沙南站和长沙黄花国际机场，止于磁浮机场站，大致呈东西走向。长沙磁浮快线于 2016 年 5 月 6 日开通运营，线路全长 18.55km，全程高架敷设，设车站 3 座，预留车站 2 座，列车采用 3 节编组，设计速度为 100km/h。图 9-17 所示为运营中的长沙磁浮快线。

图 9-17　长沙磁浮快线

长沙磁浮快线使用中车株洲电力机车有限公司自主研发生产的中低速磁浮列车，每列车长 48m，宽 2.8m，高 3.7m，由 3 节编组而成（含半节车厢预留给值机行李托运），综合了高铁与地铁列车的车厢布局，座位既有横排设置也有竖排设置，共设置座椅 86 个，每列车最大载客量为 363 人。全线共有 5 列磁浮列车投入运营，为"红白黑""蓝白黑"两种配色。列车每节车底部安装 20 组电磁铁、20 个悬浮稳定器，以保证列车与轨面之间保持 8mm 稳定间隙。磁浮列车不仅在各种环境下的电磁辐射均低于国际标准规定的安全限值，而且行驶过程中的噪声值在近距离处仅相当于正常对话的音量。

长沙磁浮快线全线高架敷设，该线路敷设方式可以减小线路与其他城市道路的干扰，减少建筑用地，并使线路具有足够的平顺性和刚度。全线高架大桥的梁体线型复杂多变，有直线、平曲线和竖曲线等主要梁型，特别是机场高速特大桥连续梁的最小曲线半径仅为 150m，相当于垂直接入黄花机场 T1、T2 航站楼间连廊。线路承轨梁采用现浇简支梁，上设 20.8cm 高承轨台。

长沙磁浮快线是我国首条完全拥有自主知识产权的中低速磁浮商业运营铁路，标志着我国磁浮技术实现了从研发到应用的全覆盖，成为世界上少数几个掌握该项技术的国家之一，有效推动了我国磁浮技术的进步，促进了中低速磁浮产业的发展。

本章小结

（1）线路和车站是铁道工程的两大主要组成部分，铁路线路是由线上轨道和线下基础组成的一个整体工程结构，是保障机车车辆和列车运行的基础，车站则是铁路系统的一个基层生产单位，既要实现客货运输，又要开展各类技术作业。

（2）按照主体结构形式的不同，可将轨道分为有砟轨道和无砟轨道两种类型。有砟轨道常见的结构组成由上至下依次为钢轨、扣件、轨枕和碎石道床等。无砟轨道是指采用整体道床代替散体道床的轨道结构，具有双块式无砟轨道和板式无砟轨道两种主流的结构形式。

（3）高速铁路和磁悬浮铁路均是铁道工程重要的发展方向之一。我国高速铁路是指设计开行时速 250km/h 以上（含预留）、初期运营时速 200km/h 以上的客运专线铁路。磁悬浮铁路是利用电磁铁产生的电磁力使车辆悬浮，并推动其前进的现代交通工具，具有超导磁斥式和常导磁吸式两种基本制式。

思考与练习题

9-1　简述世界铁路的发展历程和我国铁路的发展方向。

9-2　简述轨道结构的组成及其各部件的作用和分类。

9-3　针对道岔有害空间的不利影响，总结分析相应的工程应对措施有哪些？

9-4　简述无缝线路的概念及其实现的力学原理。

9-5　对比分析中间站与编组站的区别。

9-6　对比分析高速铁路与普通铁路的区别。

9-7　列举目前世界上运营的磁悬浮系统，掌握未来轨道交通系统的发展趋势。

9-8　简述磁悬浮铁路实现悬浮、推进和导向的工作原理。

第 10 章　给水排水工程

本章要点及学习目标

　　本章要点：
　　（1）给水的概念、基本原理和基本方法；（2）给水系统的分类、组成、布置方式；（3）排水的概念、基本原理和基本方法；（4）排水系统的体制、排水系统的组成。
　　学习目标：
　　（1）了解市政工程中关于给水和排水在生产、生活中的重要作用；（2）了解市政工程中给水和排水对城市运行的重要作用；（3）熟悉给水、排水的概念、基本原理和基本方法；（4）了解给水排水工程智能化的概念、意义，以及主要应用的智能化技术。

10.1　给水工程

　　给水工程是从水源取水，为社区居民和各类企业供应生活、生产用水的工程。给水工程的相关配套设施称为给水系统，由相互联系的一系列构筑物和输水管网组成，其任务是从水源取水，按照相关标准对水质进行处理，最终将水输送给用户。给水系统应当为居住小区、公共建筑区、工业建筑等提供安全、卫生的水质和充裕的水量；同时，兼顾经济和城市的近远期发展规划。

10.1.1　给水系统的分类和组成

　　给水系统的分类方式多样，根据水源性质的不同可分为地表水给水系统和地下水给水系统。地表水是我国城市供水的主要水源，主要指江河、湖泊、水库和海洋水，由于受自然环境影响较大，水质变化幅度较大。地下水是水源的重要组成部分，主要包括承压水、潜水和泉水，为城市供水时，取水量不得大于允许开采量。此外，对于缺水城市，应加强污水收集、处理和再生利用。

　　根据服务对象的不同可分为城市给水系统和工业给水系统。城市给水系统是保障居民、工业企业用水的系统，通常由水源、水厂、输水管网和配水管网组成。工业给水系统虽然由城市给水系统供给，但是更为复杂。工业企业门类众多，系统庞大，不同企业对水质的要求大不相同。对于用水量大、水质要求不高的工业企业，用城市给水系统成本较高；远离城市给水系统的工业企业，或者城市供水系统无法满足其用水需求的大型工业企业，可能需要修建自己的给水系统。另外，一些工业企业对水质的要求高于城市给水水质标准，就需要自备水处理系统，或者企业内部对水进行循环或重复利用，从而形成自有的给水系统。

根据供水方式的不同分为水泵供水系统、自流供水系统和混合供水系统。

根据供水用途和供水对象的不同一般可分为四种类型。不同类型对水质、水量和水压等方面有着不同的要求。

1. 生活用水

生活用水既包括居民生活饮用水、工业企业职工生活饮用水，还包括居民楼、学校、办公楼、宾馆等居住建筑和公共建筑的盥洗、淋浴、洗涤等用水。生活用水的水质要求严格符合《生活饮用水卫生标准》GB 5749—2022 等国家或地方标准。生活用水水压则必须满足《建筑给水排水设计标准》GB 50015—2019 的要求。

2. 生产用水

由于不同门类产品的生产工艺各不相同，生产给水系统种类多种多样，包括用于机器设备、高炉等生产设备的冷却用水；用于冷凝器和锅炉等的冷凝用水；用于建筑材料、食品生产等的原料用水；用于纺织厂、造纸厂等的洗涤、印染用水。不同用途的生产用水对水质和水量的要求不同，通常根据生产工艺过程确定水质、水压和水量等要求。

3. 市政用水

市政用水主要包括城市街道路面洒水、路旁绿化带和公园绿化浇水等。

4. 消防用水

消防给水系统只在灭火和救火时使用。消防给水和灭火设施的配置应当按照《建筑设计防火规范》GB 50016—2014（2018 年版）的要求执行。建筑室外消火栓系统包括水源、水泵接合器、室外消火栓、供水管网和相应的控制阀门等。室外消火栓是设置在建筑物外消防给水管网上的供水设施，也是消防队到场后需要使用的基本消防设施之一，主要供消防车从市政给水管网或室外消防给水管网取水，向建筑室内消防给水系统供水，也可以经加压后直接连接水带、水枪出水灭火。

10.1.2　给水系统的组成部分

给水系统通常包括以下基本设施：

1. 取水构筑物：指从选定的水源取水并将水输送至水处理设施的构筑物。建造合适的取水构筑物，对最大限度截取补给量、提高出水量、改善水质、降低工程造价具有重要意义，是取得高质量的原水和足够水量的保证。

2. 水处理构筑物：主要任务是对天然水进行净化处理，以满足用户对水质的要求。水处理构筑物通常布置在水处理厂内，根据处理工艺的不同，可分为物理处理构筑物和生物处理构筑物。沉淀池和滤池是典型的物理处理构筑物，活性污泥法、生物膜法和厌氧生物处理技术是典型的生物处理技术。

3. 泵站：是给水工程系统中的扬水设施，可分为取水的一级泵站、送水的二级泵站（清水泵站）和城市输配水管网中的加压泵站。取水泵站通常由吸水井、泵房和闸阀井等部分组成（图 10-1）。净化处理后的水由清水池流入吸水井，送水泵站中的水泵从吸水井中吸水，通过输水干管将水输往城市管网（图 10-2）。

4. 输水管渠和配水管网：输水管渠的作用是将水源水输送至水处理构筑物，配水管网则是将水处理构筑物净化后的处理水输送至用户的管道系统。给水管网的定线应符合《城市工程管线综合规划规范》GB 50289—2016 的相关要求。

5. 调节构筑物：用于贮存和调节水量，根据布置方式和适用条件的不同，主要分为清水池、高位水池、水塔和气压水罐。

取用地表水的城市给水系统的一般工作流程如图10-3所示。水源水由取水构筑物1抽取（典型水源为江河），经由一级泵站2输送至水处理构筑物3（包括沉淀池、过滤池以及消毒设施）；处理后的清水流入清水池4；二级泵站5从清水池吸水，经由输水管道输送至配水管网6。通常情况下，从取水构筑物至二级泵站的一系列配套构筑物属于水处理厂的工作范围。另外，可以通过高水池或水塔7对用水量和水压进行调节。

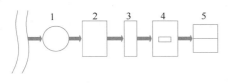

图 10-1　取水泵站工作流程

1-水源；2-吸水井；3-取水泵房；

4-闸阀井；5-净化场

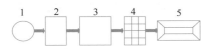

图 10-2　送水泵站工作流程

1-清水池；2-吸水井；3-送水泵站；

4-输水管网；5-高位水池（水塔）

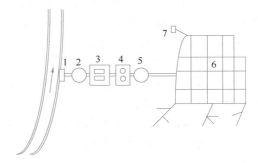

图 10-3　取用地表水给水系统的一般过程

1-取水构筑物；2-一级泵站；3-水处理
构筑物；4-清水池；5-二级泵站；
6-输水管网；7-调节构筑物

10.1.3　给水系统的布置类型

城市的总体规划、水源、自然地形条件以及用户的需求是影响给水系统布置的主要影响因素。

给水系统的布置需要紧密配合城市尤其是工业区的规划，及时供应生产、生活和消防用水，同时适应长期发展的需要。除此以外，水源的选择和水源卫生防护地带的确定，应以城市的建设规划为基础。

水源对给水系统布置的影响体现在水源种类、水源至给水区的距离和水质的差异。有丰富地下水的城市，可在给水区内开凿管井，吸取井水，净化后加压输送至配水管网。地表水作为水源时，一般从城市的河流上游取水，经过处理后作为生活饮用水。另外，当城市水源丰富时，也可以采用多水源给水系统，缓解用水量不断增长的压力。

地形条件对给水系统布置具有很大影响。对于地形比较平坦的中小城市，对水压又无特殊要求时，可采用统一给水系统。对于被河流分隔的大中城市，一般先分别供给两岸的居民和工业用水，形成各自的给水系统，再考虑将两岸管网相互沟通，构成多水源的给水系统。对于地形起伏较大的城市，可采用分区给水系统或局部加压的给水系统。

给水系统的布置同时应该考虑用户的要求，例如不同的水质和水压。

典型的给水系统布置形式可分为以下六个类型：

1. 统一给水系统

居民生活饮用水、工业用水、消防用水等按照生活饮用水水质标准，用统一的给水管网为用户供水的给水系统，称为统一给水系统。对于新建的中小城镇、工业企业或者大型厂矿工厂，通常地形比较平坦，用户比较集中，地理位置接近，对水质和水压的要求差别不大，因此采用统一给水系统。该系统的特点是：所有用户共用一个管网和一个水处理系统；运行中调度较为灵活，动力消耗少，供水安全性较好；运行费用较高。

2. 分区给水系统

当供水区域地形狭长、有较大高差、非常辽阔，城市用水量较大，城市分为若干片区时，宜采用分区给水系统。该系统是将整个给水系统分成几个区，各个区之间采取适当的联系，每个区单独设置自己的泵站和管网。分区给水系统具有调度灵活、节约动力费用和管网投资等优点，但是管理较为分散。

3. 分质给水系统

取水构筑物从水源取水，经过不同的净化处理，以不同的水质供应给用户的给水系统，称为分质给水系统。该系统适用于对水质要求标准相对较低的大型厂矿企业占比较大的情况，既可以从同一水源取水，也可以从不同水源取水。其优点是供水安全，节省了运行费用，便于就近取水和分期建设。但是分质给水系统需要设置若干套净水设施和管网，不便于管理。

4. 分压给水系统

大型厂矿企业用户对水压要求差异很大时，宜采用分压给水系统。这有效解决了由于高压用户水压不足需增设增压设备，以及由于分散增压增大管理工作量的问题。该系统可以采用串联或并联的方式分压给水。从低区给水管网向高区给水管网加压送水，通常采用串联分压系统，而并联给水系统的供水则根据高、低压供水范围和水压差值，由泵站水泵组合完成。

5. 区域给水系统

当今时代，沿着江河建设的城市越来越多，相邻城市之间越来越紧密。因此，为保障下游城市的用水水质，有时从一系列沿河城市的上游统一取水，通过输配管道输送至沿河各个城市使用。这是一种区域性的给水系统，能够使水源一定程度免受排水污染，但投资成本较大。

6. 循环给水系统

循环给水系统是指使用过的水经过适当地处理后再循环利用，仅从水源取得循环过程中损耗的水。某些工业企业排出的生产废水，如果污染极为轻微，可以经过简单处理，直接作为生产用水或生活饮用水，是城市节约水资源的有效途径之一。该系统也可将某工厂或车间使用后的水，进行冷却、沉淀等处理后，送至其他车间或工厂循环使用。

10.1.4　建筑内部给水系统

建筑给水系统是将城市给水管网或自备水源的水引入室内，经配水管送至生活、生产和消防用水设备，并满足各用水点对水量、水压和水质要求的给水系统。

建筑给水系统一般由以下部分组成：

1. 水源

水源是指城市给水管网、室外给水管网或自备水源。

2. 引入管（进户管）

引入管是指将室外水管网或自备水源的水引入室内管网的管段。引入管上一般设有水表、阀门等附件。

3. 水表节点

水表节点是引入管上安装的水表及其前后设置的阀门、泄水装置的总称。

4. 给水管网（给水管道系统）

给水管网是指室内给水水平或垂直干管、立管和横支管及其配件连接，用于室内水的输送和分配。建筑给水系统常用的管材有钢管、铸铁管和塑料管等。

5. 给水附件

给水附件包括配水附件和控制附件。配水附件主要包括各种用水器具（洁具、水龙头等）、用水设备和消防设备（消火栓、喷头）。控制附件包括安装在管道上的各类阀门（控制阀、减压阀、止回阀、截止阀和过滤器等）。

6. 增压和贮水设备

当室外给水管网的水量和水压不足，或为了保证建筑物内部供水的稳定性、安全性时，应根据要求安装水泵、气压给水装置、水池和水箱等增压和贮水设备。

7. 给水局部处理设施

当有些用户对水质要求较高，超出我国生活饮用水卫生标准，或由于某些原因导致水质不满足用户要求时，需要设置一些净化、提纯设备或构筑物进行深度处理。

10.1.5 建筑给水的布置方式

1. 直接给水方式

由室外给水管网直接供水，是最简单、最经济的给水方式（图 10-4）。该给水方式适用于室外给水管网的水量和水压全天都能满足用户用水要求的建筑。一旦室外管网停水，建筑室内将立即断水。

2. 设水箱给水方式

当处于用水高峰期，室外给水管网供水压力不足时，宜采用水箱给水方式。当室外给水管网供水压力正常时（处于用水低峰期），可采用直接给水方式供水，并向水箱充水储备水量。对于此类给水方式，水箱进水管和出水管可共用一根立管（图 10-5a），也可以各用一根立管（图 10-5b）。

3. 设水泵给水方式

当室外给水管网的水压经常性不足时，宜采用此类给水方式。当建筑内部用水量大且均匀时，可用恒速水泵供水；

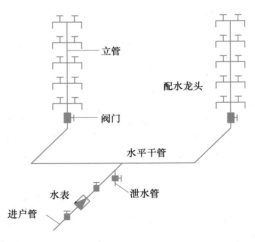

图 10-4 直接给水方式

当用水量不均匀时，宜采用变速泵供水。水泵可与室外管网直接连接，并设置旁通管。当室外管网水压足够大时，可自动开启旁通管的止回阀供水（图 10-6a）。水泵从室外管网直

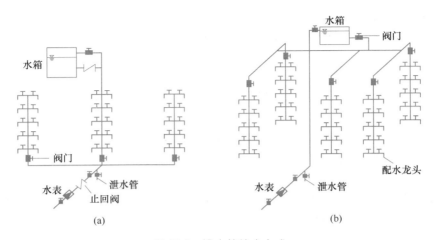

图 10-5　设水箱给水方式

（a）水箱进水管和出水管共用一根立管；（b）水箱进水管和出水管各用一根立管

接抽水，会使水压降低，对附近用户用水造成影响，严重时外网会产生负压，吸入渗漏水，导致水质污染。为了避免以上问题，可采用水泵与室外管网的间接连接方式，在室内给水系统增设贮水池（图 10-6b）。

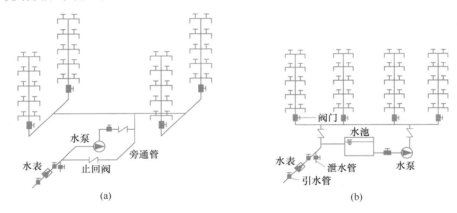

图 10-6　设水泵给水方式

（a）水泵与外网直接连接，增设旁通管；（b）水泵与外网间接连接，增设贮水池

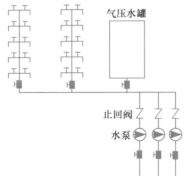

图 10-7　气压给水方式

4. 水泵、水箱联合给水方式

当室外管网水压经常性低于建筑内部管网所需水压，并且室内用水不均匀时，宜采用此类给水方式。其特点是：水泵和水箱联合工作，水泵可及时从贮水池吸水，加压向水箱供水，减小水箱容积；水箱具有调节和稳定水泵出水量，使水泵稳定高效工作的作用。

5. 气压给水方式

当室外管网水压经常性低于建筑内部管网所需水压，室内用水不均匀，并且不宜设置高位水箱时，宜采用气压给水方式（图 10-7）。在该给水系统中通常设置密闭压力水罐代替水泵水箱联合给水方式中的高位水箱,形成气压供水方式。气压给水设备可设置在建筑物的任意高度位置,具有较大的灵活性,但是给水压力波动较大,水量调节能力差。

10.2 排水工程

城市居民的生活活动和工业企业的生产活动不可避免地会产生污水和废水,排水工程是指有组织地收集、输送、处理和排放生活污水、工业废水以及雨雪降水的各种设施的总称。

10.2.1 城市污水的分类

按照来源不同,城市污水可分为以下三类:

1. 生活污水

生活污水是人们在日常生活中排出的各类污水,主要来源包括一般住宅、机关、学校、医院、公共建筑或公共场所以及工业企业卫生间等。由于生活污水中含有各类有机物和病原微生物,排放前必须进行处理。

2. 工业废水

工业废水包括生产废水和生产污水。生产废水是温度增高的可重复使用的冷却水,一般仅受到轻度污染,可直接排放。生产污水则不同,水质污染严重,含有各种超标重金属或有毒物质,必须经过适当处理后才能排出。

3. 降水

降水是指雨水和冰雪融化水。它们由于清洗大气以及地面成为受污染的脏水。降水径流具有水量集中的特点。

城市排水工程规划的主要任务是根据城市自然环境和用水现状,合理规划污水处理量,确定处理设施的规模和容量,以及降水排放设施的规模和容量;科学规划布局各种污水收集与处理设施,降水排放设施以及污水管网;制定水环境保护和污水再利用方面的对策与措施。

10.2.2 排水系统的体制

排水系统的体制是收集、输送生活污水、工业废水和降水的方式。在某一区域内,可以采用一套排水管渠系统排水,也可以采用两套及两套以上的各自独立的管渠系统进行排水,分别称为合流制排水系统和分流制排水系统。

1. 合流制排水系统

将生活污水、工业废水和降水用一套管渠系统排出的排水方式称为合流制排水系统。它进一步可分为直排式合流制排水系统和截流式合流制排水系统。

1) 直排式合流制排水系统

直排式合流制排水系统是早期的排水系统,将汇集的污废水和降水不经过处理,分若干排出口排入水体(图10-8a)。虽然此类排水系统的前期投资费用较低,但是未处理的污水会造成水体污染,因此,现已逐渐淘汰该排水体制。

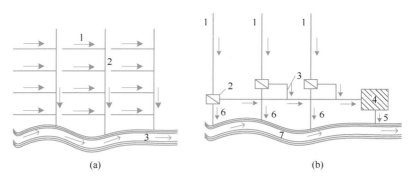

图 10-8　合流制排水系统

（a）直流式合流排水系统；　　　　　　　　（b）截流式合流排水系统

1-合流支管；2-合流干管；3-江河　　　1-合流支管；2-溢流井；3-截流干管；4-污水处理厂；

5-出水口；6-溢流干管；7-江河

2）截流式合流制排水系统

截流式合流制排水系统是将城市污废水和降水先汇集、输送至截流干管，并最终由截流干管输送至污水处理厂（图 10-8b）。此外，一般在截流干管设置溢流井，当雨水量超过截流干管的输水能力时，超出水量通过溢流井流入溢流干管并最终排入水体，其余混合污水仍通过截流干管送至污水处理厂。此种体制目前应用较广。鉴于部分混合污水直接排入水体，造成污染，可设置调节水库贮存超量雨水，待雨后送至污水处理厂。

2. 分流制排水系统

分流制排水系统是将生活污水、工业废水和降水通过两个及两个以上独立的管渠系统排出。生活污水和工业废水通过污水排水系统排出，降水（雨水）通过雨水排水系统排出。根据雨水排出方式的不同，分流制排水系统可分为完全分流制、不完全分流制和半分流制三种。

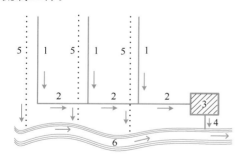

图 10-9　完全分流制排水系统

1-污水干管；2-污水主干管；3-污水处理厂；

4-出水口；5-雨水干管（沟）；6-江河

1）完全分流制排水系统

所谓完全分流制排水系统是指生活污水、工业废水通过污水排水系统输送至污水处理厂，经过处理后排入水体，而雨水通过雨水排水系统直接排入水体（图 10-9）。该系统污水和雨水分流排出，环保效益较好，适用于新建的城区，但是投资成本一般比截流式合流制排水系统高，而且受污染的雨水直接排入水体会造成水体污染。

2）不完全分流制排水系统

仅设有污水排水系统，而未建成完整的雨水排水系统，称为不完全分流制排水系统。各种污水混合通过污水排水系统输送至污水处理厂，经过处理后排入水体。雨水沿天然地面、街道边沟、水渠等渠道流入水体（图 10-10）。此类排水系统适用于地形适宜漫流、明渠排放，资金缺乏并且卫生条件要求不高的区域。随着城市发展，可后期完善雨水排水系统。

3）半分流制排水系统

半分流制排水系统是仿照截流式合流制排水系统，对完全分流制排水系统进行的改进。在雨水干管上设置雨水跳跃井，可截流初期污染雨水进入污水管渠，雨水干管流量适中时，污水与雨水混合流入污水处理厂；雨水干管流量超过截流的流量时，雨水跳跃截流口，通过雨水出流干管（沟）流入水体（图10-11）。

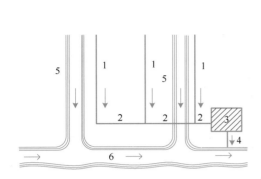

图 10-10　不完全分流制排水系统

1-污水干管；2-污水主干管；3-污水处理厂；
4-出水口；5-明渠（小沟）；6-江河

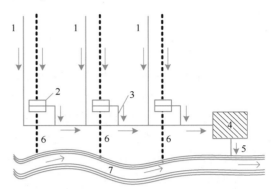

图 10-11　半分流制排水系统

1-合流支管；2-溢流井；3-截流干管；4-污水
处理厂；5-出水口；6-溢流干管；7-江河

此类排水系统可以有效地消除初期雨水的污染，环境效益好，在生活水平和环境质量要求较高的区域可以采用。

城市排水体制的选择应该根据城市总体规划、环境保护的要求、污水再利用处理、既有排水设施现状、水环境容量、城市地形等条件，从近远期规划和全局利益出发，通过经济、技术比较，综合考虑确定。

10.2.3　排水系统的组成

城市排水系统通常由排水管网、污水处理厂和出水口三部分组成。

排水管网：负责汇集和输送污废水的设施，包括排水设备、检查井、管渠、泵站等。

污水处理厂：用于提升水质和处理再利用污废水的设施，包括工业企业污水处理厂的各种设施。

出水口：将废水排入水体并与水体混合的设施。

根据污水水源的不同，排水系统可以分为城市生活污水排水系统、工业废水排水系统和雨水排水系统。

1. 城市生活污水排水系统

此系统主要功能是收集一般住宅区和公共建筑的污水，将其输送至污水处理厂，经过处理后排入水体或再利用，主要包括室内排水管道系统和设备、室外排水管道系统、污水泵站、污水处理厂和出水口。

2. 工业废水排水系统

此系统主要功能是汇集工业企业各车间和其他排水设施排出的废水，将其输送至回收利用或污水处理设施，或是直接排入城市排水系统，主要由车间内部管道系统和设备、厂区管道系统、废水泵站和压力管道、废水处理站和出水口组成。

3. 雨水排水系统

此系统主要功能是汇集降水径流的雨水，不处理将其排入水体，主要由建筑雨水管道系统及其相关设备、居住区或工厂雨水管渠系统、雨水泵站及压力管道和出水口组成。

10.2.4　排水系统的布置形式

城市排水系统的平面布置主要考虑城市地形、城市水文地质条件、竖向规划、排水体制、排水量大的工业企业、大型公共建筑的分布情况、污水种类、污水处理厂的位置、污水处理的方式、城市水源的规划以及水污染控制规划等因素。

排水系统的布置应该充分利用地形，就近排入水体，从而缩短排水管道的长度，减小管道的埋深，并降低投资成本。污水管道定线通常按照总干管、干管、支管的顺序进行布置。根据污水处理厂和出水口的位置，先布置总干管和干管。污水总干管一般布置在排水区域内地势较低的地带，并且沿集水线或沿河敷设，以便干管和支管的污水能尽量利用重力自流接入。排水管道一般沿道路、建筑平行敷设，定线时应充分协调好与道路工程的关系（道路宽度和交通情况），同时应该避免将污水干管敷设在交通拥挤的道路之下。此外，支管的平面布置应充分考虑与建筑内部管道的连接。

城市排水系统的常用布置包括：正交式布置、截流式布置、平行式布置、分区式布置、辐射分散式或环绕式布置等形式。

10.2.5　建筑排水系统

建筑排水系统负责及时收集建筑内部的生活污水、生产废水、屋面雨水、冰雪融水，并将其顺畅排至室外。

1. 建筑排水系统的分类

根据污废水性质和来源的不同，建筑排水系统可分为以下三类：

1）生活排水系统

此系统负责排出住宅、公共建筑和工业企业日常生活产生的粪便污水和盥洗、淋浴、洗涤和空调凝结水等废水。

2）工业废水排水系统

此系统负责排出工业企业生产过程中产生的废水和污水。

3）屋面雨水排水系统

此系统负责排放建筑物屋面上的雨水和冰雪融水。

如果污废水和雨水分别由独立管道系统排至室外管道系统，称为分流制排水系统；反之，若污废水合用一个管道系统排出室外，则称为合流制排水系统。

屋面雨水排水系统按雨水管道位置的不同可分为外排水系统和内排水系统。外排水系统是指建筑内部不设雨水管道系统，屋面不设雨水斗，通过室外管道排出的雨水排水系统，可分为普通外排水系统和天沟外排水系统。内排水系统是指屋面不设雨水斗，建筑内部设有雨水管道系统的雨水排水系统，该系统常用于设天沟有困难的屋面结构，比如多跨工业厂房。

2. 建筑排水系统的组成

建筑内部排水系统要求能快速顺畅地将污水排至室外管道；保证排水管道内的气压稳定，防止管道内的有害气体进入室内；管线布置合理；控制造价成本。

建筑内部排水系统主要包括以下组成部分：

1）卫生器具和生产设备受水器

卫生器具和生产设备受水器是收集使用后的污水、废水的容器，包括便溺用卫生器具及冲洗设备、盥洗、淋浴用卫生器具和洗涤用卫生器具等；室外雨水的收集器是雨水斗，生产设备的收集器一般是收集、排出工业企业在生产过程中产生的污水、废水的容器或装置。

2）排水管道系统

排水管道系统包括器具排水管、排水横支管、排水立管、排水干管、排出管和水封装置。管道系统中的各个部分的设置需能保证污废水快速顺利地排入室外检查井。

3）通气管道系统

建筑内部排水管道是水气两相流，当排水系统中突然大量排水时，可能导致系统中的气压波动，造成水封破坏，使有害气体进入室内；为了排水时向管道内补充空气，减小气压变化，需设置通气管道系统。低层建筑的通气管道系统一般由排水立管延伸出屋面，称为升顶通气管；多层建筑或高层建筑的排水量较大，除设置升顶通气管外，还应根据具体情况增设专用通气管。

4）清通设备

由于污水管道可能堵塞，为了疏通室内排水管道，保障排水顺畅，需设置清通设备。常见的清通设备有检查口、检查井、清扫口和清通盖板的弯头等。

5）污水提升设备

对于一些地下结构工程，污废水无法自流至室外检查井，这时应设置污水提升泵、污水集水池等配套提升设备将污废水抽送至室外排出。

6）污水局部处理构筑物

如果室内污废水未经处理不允许直接排入室外管道系统，那么必须设置建筑内部的污水局部处理构筑物，一般有化粪池、降温池、隔油井和医院污水处理设施等。

3. 建筑污废水排水系统的类型

按管道系统的通气方式，室内污废水排水系统可分为单立管排水系统、双立管排水系统和三立管排水系统。

1）单立管排水系统

只有一根排水立管，没有专用通气立管的排水系统称为单立管排水系统。此类排水系统是利用排水立管本身及其连接的横支管和附件进行气流交换（内通气），根据建筑层数和卫生器具的多少，单立管系统进一步可分为无通气管的单立管排水系统、有伸顶通气管的普通单立管排水系统、特殊配件的单立管排水系统、特殊管材的单立管排水系统和吸气阀单立管排水系统。其中，有伸顶通气管的普通单立管排水系统的排水管向上延伸，伸出屋顶与大气连通，一般多用于多层建筑（图 10-12a）；设有特殊配件的单立管排水系统则一般用于高层建筑。

2）双立管排水系统

将一根排水立管与另一根专用通气立管连接进行气流交换的排水系统称为双立管排水系统（外通气）。由于通气立管不参与排水工作，也称之为干式通气系统，多用于污废水混合排出的多层和高层建筑（图10-12b）。

3）三立管排水系统

三立管排水系统由生活污水立管、生活废水立管和专用通气立管组成（图10-12c）。其中，两根排水立管共用一根通气立管，也是典型的干式外通气方式，多应用于多层和高层建筑。

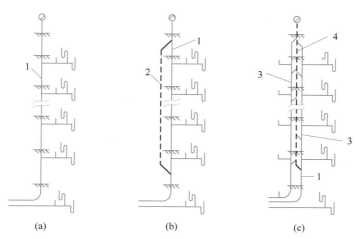

图 10-12　污废水排水系统类型

（a）单立管；（b）双立管；（c）三立管

1-排水立管；2-通气立管；3-污水立管；4-结合通气管

10.3　建筑给水排水工程的智能化

近年来，智能建造技术不断发展，使给水排水工程的智能化改造成为可能。给水排水工程的智能化能够提升给水排水设计、施工的效率和质量，符合建筑现代化的发展趋势。

10.3.1　智能化的意义

将智能化技术引入给水排水工程的主要目的是实现对整体工程设计的改进，提升工程运行效率。首先，智能化技术为排水系统设计提供理论依据。排水系统出现故障时很容易导致淤积，进而对城市排水系统的良好运行与人民的生活造成不利影响。可以通过智能化技术改善排水系统，同时落实更加完善的建筑规划来提升排水效率。其次，智能化技术引入给水排水工程可以有效促进水资源的保护，实现建筑工程施工与自然生态保护地结合，并在此基础上不断提升建筑的供水能力。最后，智能化技术为水资源的合理利用打好基础。城市的快速发展导致用地不足的问题日益严重。为进一步缓解用地压力，需要通过有效的智能化技术改善基础设施。对于建筑给水排水工程，可以借助智能化技术强化排水体系，促进水资源的回收与二次利用。当前，亟需对给水排水工程的设计和施工环节进行智能化改造，加强相关技术的应用不仅可以提升监测工作力度，还可以推动建筑给水排水工程的高效率、可持续化发展。

10.3.2 典型智能化技术

建筑给水排水工程复杂程度高、构成环节多，为智能化技术的应用提供了广阔的空间。这里简要介绍两项典型智能化应用技术。

一是 BIM 技术广泛地应用到建筑给水排水系统的设计中，并获得了良好的成效。BIM 的三维可视化模型有效辅助各个管线的位置设计，可为工程提供多个备选方案帮助决策的优化。同时，BIM 模型可以呈现整个给水排水系统的运行情况，验证方案运行的连续性和效率。这有效避免了传统设计中出现的沟通协作不畅、设计与实际存在误差、信息反馈不及时以及施工成本居高不下的问题。另外，BIM 技术可充分发挥其优势，通过数据共享和仿真，对给水排水设计实施综合评价和评级。

二是物联网技术对建筑给水排水系统实施智能化远程监控，可实时掌握系统运行状态，提升运行质量和可靠性，同时满足监控人员的移动管理需求。物联网与人工智能技术的发展使智慧管理服务于给水排水系统的施工设计、运行管理、调度决策等各个方面，使远程操控技术具备初级的智慧化。

综上，给水排水工程的智能化设计、施工和运维是智能建造的重要内容，目前尚处在初步发展阶段。后续应当进一步探索智能化技术对于给水排水工程全寿命周期的应用形式，为建筑现代化奠定坚实基础。

本章小结

（1）给水系统可根据水源性质不同、服务对象不同、供水方式不同、供水用途和供水对象的不同进行分类。根据供水用途和供水对象的不同可分为生活用水、生产用水、市政用水和消防用水四种类型。

（2）给水系统通常包括取水构筑物、水处理构筑物、泵站、输水管渠、配水管网和调节构筑物。典型的给水系统布置形式可分为统一给水系统、分区给水系统、分质给水系统、分压给水系统、区域给水系统和循环给水系统六种类型。

（3）建筑内部给水系统由水源、引入管（进户管）、水表节点、给水管网（给水管道系统）、给水附件、增压和贮水设备和给水局部处理设施组成。建筑内部给水方式包括直接给水方式、设水箱给水方式、设水泵给水方式、水泵-水箱联合给水方式和气压给水方式。

（4）排水系统的体制包括合流制排水系统和分流制排水系统。合流制排水系统可分为直排式合流制排水系统和截流式合流制排水系统两类；分流制排水系统可分为完全分流制排水系统、不完全分流制排水系统和半分流制排水系统三类。

（5）智能化技术能够有效优化水资源利用，构建科学高效的给水排水系统。当前，应用于给水排水工程的智能化技术主要包括 BIM 技术、物联网技术和人工智能技术。

思考与练习题

10-1　简述给水系统的分类和组成部分。

10-2　给水系统的布置类型有哪些?

10-3　建筑内部给水系统由哪些设备和设施构成? 建筑内部的给水方式有哪几种?

10-4　城市污水有哪些分类?

10-5　城市排水系统的体制可分为哪些类型? 合流制和分流制排水系统各有什么特点?

10-6　简述城市排水系统的组成部分和布置形式。

10-7　简述建筑排水系统的组成部分和类型。

第 11 章　水利工程、港口工程和海洋工程

本章要点及学习目标

本章要点：

（1）水利工程的分类；（2）水利枢纽及水工建筑物；（3）港口工程的分类和组成；（4）主要港口建筑物的形式；（5）海洋工程的特点；（6）主要海洋平台的形式。

学习目标：

（1）了解水利工程、港口工程和海洋工程的基本概念和分类；（2）理解水利工程、港口工程和海洋工程的现状和发展趋势；（3）熟悉主要水工建筑物、港口建筑物及海洋平台的形式及特点。

11.1　水利工程

11.1.1　水利工程概述

水利工程是用于控制和调配自然界的地表水和地下水，达到除害兴利目的而修建的工程。水利工程的建设关乎国计民生，修建水利工程可以防止洪涝灾害，调节水资源分配，从而满足人民生活和生产对水资源的需求。

水利工程原是土木工程的一个分支，由于水利工程本身的发展，逐渐具有自己的特点，已成为一门相对独立的技术学科。

我国是水资源大国，但水资源在地区、季节分布上严重不均匀，人均淡水资源只占世界人均淡水资源的四分之一。截至 2020 年，我国有 11 个省级行政区域低于人均淡水资源国际公认标准的严重缺水线。从世界范围来看，全世界淡水资源短缺而且地区分布极不平衡。此外，当前世界多数国家出现人口增长过快，可利用水资源不足，存在城镇供水紧张、能源短缺等问题。因此，水灾防治与水资源的充分开发利用成为当代社会经济发展的重大课题。

从我国古代著名水利工程引漳十二渠、都江堰、邗沟、郑国渠、灵渠、黄河改道、京杭运河等，到现代的南水北调、三峡水利枢纽、葛洲坝水利枢纽、小浪底水利枢纽、治淮、治太工程等一大批水利重点工程，几千年来中国人民一直在与水患抗争和水资源开发利用的征途上不断斗争和前进。

11.1.2　水利工程分类

水利工程按照工程目的和服务对象主要包括农田水利工程、生态环境水利工程、防洪

工程、水力发电工程、跨流域调水工程、航道工程等。

农田水利工程主要包括取水工程、输水配水工程和排水工程，防止旱、涝、渍灾，为农业生产服务。

生态环境水利工程实现生态环境的可持续发展，真正实现水资源的优化，防止水土流失和水质污染，维护生态平衡的水土保持。

防洪工程是为控制、防御洪水以减免洪水灾害损失而修建的工程，主要有堤坝、河道整治、水库和分洪工程。

水力发电工程需要兴建不同类型的水电站，利用水利资源，将水能最大效率地转化为电能。

跨流域调水工程可以实现水资源一级区域或独立流域之间的跨流域调水。

航道工程开拓航道和创建改善航道航运条件，主要有航道疏浚、航道整治、渠化工程及其他通航建筑物、径流调节、开挖运河等。

为实现国民经济的最大效益，当我们修建水利工程时，往往需要统筹兼顾航运与防洪、灌溉、水力发电等方面的利益，进行综合治理与开发。当一项水利工程同时为防洪、灌溉、发电、航运等多种目标服务时，称为综合利用水利工程。

当代世界著名的综合水利工程有南水北调、长江三峡工程、伊泰普水电站、胡佛大坝、英古里水电站、阿斯旺大坝等。其中我国的南水北调工程分东、中、西三条线路，包括输水工程、蓄水工程、供电工程等，是我国优化水资源配置、促进区域协调发展的基础性和战略性工程，工程规划的东、中、西线干线总长度达 4350km，规划区人口 4.38 亿人，是中国有史以来投资规模最大的水利工程项目，具有重大的社会意义、经济意义和生态意义。

11.1.3　水利枢纽与水工建筑物

1. 水利枢纽

水利工程需要修建坝、堤、水电站、溢洪道、船闸、进水口、渠道、渡槽、水库、筏道、鱼道等不同类型的水工建筑物，以实现防洪、航运、发电、灌溉、供水等多种目标。在综合利用水利工程中，各种水工建筑物在水利工程中发挥着各自的作用，同时彼此协调工作，发挥最大效益。由若干座水工建筑物组成的集合体称为水利枢纽，图 11-1 为一般水利枢纽布置图。水利枢纽根据综合利用情况可以分为三类：①防洪、发电水利枢纽，包括蓄水坝、溢洪道、水电站厂房；②灌溉、航运水利枢纽，包括蓄水坝、溢洪道、进水

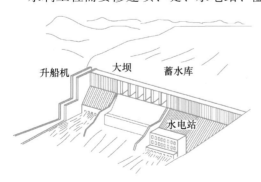

图 11-1　一般水利枢纽布置示意图

闸、输水道和船闸；③防洪、灌溉、发电、航运水利枢纽，包括蓄水坝、溢洪道、水电站厂房、进水闸、输水道和船闸。

长江三峡水利枢纽是一座实现防洪、发电、航运和供水抗旱等综合效益的多目标开发水利工程。三峡水利枢纽工程由拦河大坝、水电站厂房和通航建筑物三大部分组成，主要

建筑物按千年一遇洪水设计。三峡大坝（图 11-2）为混凝土重力坝，大坝分为中部的泄水坝段和两侧的水电站坝段和非泄流坝段，全长 2309.47m，坝顶高程 185m，最大坝高 181m，水库正常蓄水高程 175m，总库容 393 亿 m³。水电站厂房位于电站坝段坝后，布置在泄洪坝段的左右两侧，通航建筑物船闸和升船机位于左侧，分别安装 14 台和 12 台 70 万 kW 机组，总装机容量 1820 万 kW，年发电量 847 亿 kW·h，每年可节约原煤 4000 万～5000 万 t。船闸为双线五级连续梯级船闸，总水头 113m，可通过万吨级船队；垂直升船机船箱 120m×18m×3.5m（长×宽×厢内水深）。三峡大坝建成后，形成长达 600km 的水库，采取分期蓄水，成为世界水利之最。

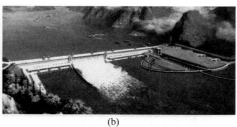

(a)　　　　　　　　　　　　　(b)

图 11-2　长江三峡工程

(a) 三峡工程地质原貌；(b) 三峡工程

2. 水工建筑物

按照功能用途，水工建筑物分为三类：挡水建筑物、泄水建筑物和专门水工建筑物。

1）挡水建筑物

挡水建筑物主要包括坝和堤，挡水建筑物的作用是阻挡或拦束水流，壅高或调节上游水位。一般横跨河道者称为坝，沿水流方向在河道两侧修筑者称为堤。坝是形成水库的关键性工程。坝主要包括土石坝、混凝土重力坝或拱坝。大坝设计中要解决的主要问题是坝体要具有抗倾覆和抗滑动的稳定性，同时要防止坝体自身的开裂、渗漏甚至溃坝。

（1）土石坝

土石坝是土坝、堆石坝和土石混合坝的总称，由抛填、碾压等方法堆筑而成。土料为主的称为土坝，石料为主的称为堆石坝。土石坝是一种最古老的坝，早在公元 600 多年前，我国就已经采用填筑土堤防御洪水。土石坝的优点是就地取材，适合各种不同地形、地质条件，构造简单，施工方便。但土石坝本身不能泄流，增加枢纽布置难度，施工导流相对困难，施工易受降雨等天气影响。目前，世界最高的土石坝是罗贡坝，塔吉克斯坦境内，高 325m。我国 8 万多座大坝中，95％为土石坝。小浪底水利枢纽工程的主、副坝均为土石坝，如图 11-3 所示。

（2）重力坝

重力坝（图 11-4）是一种古老而又应用很广的坝型，19 世纪后期大坝逐渐开始采用混凝土筑坝，主要依靠自重作用来维持坝体稳定而得名。我国混凝土坝中近一半为重力坝坝型。重力坝对地形地质条件适应性好，枢纽泄洪及导流问题容易解决，结构简单，易于机械化施工，传力简单明确，易于分析设计。但由于坝体体积大，水泥水化热较大，易产生坝体裂缝。筑坝混凝土材料不同于普通混凝土，在材料粒径、材料配合比、性能要求及施工质量控制等方面都有特殊要求，除应具有足够强度满足承载力的要求外，还需要满足

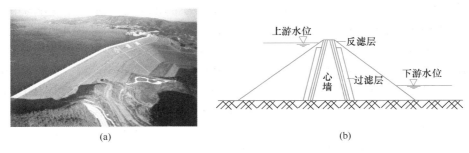

图 11-3　土石坝

（a）小浪底土石坝；（b）土石坝剖面示意图

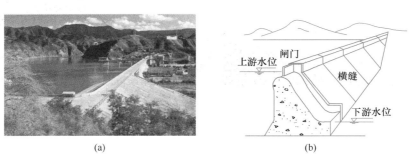

图 11-4　混凝土重力坝

（a）刘家峡重力坝；（b）非溢流坝段剖面示意图

抗裂、抗渗、抗冻、抗侵蚀等正常使用和耐久性的要求。目前世界上最高的重力坝是瑞士的大狄克逊坝，坝高 285m。我国典型的重力坝有 185m 的三峡大坝、165m 的乌江渡拱形重力坝和 147m 的刘家峡实体重力坝。

（3）拱坝

早在 1000 年前，人们就开始修建浆砌石拱坝，20 世纪初才开始建造混凝土拱坝。我国已建成的拱坝有二滩抛物双曲拱坝、金沙江溪落渡拱坝、小湾拱坝。拱坝最适宜的地形是坝址上游较为宽阔，左右两岸对称，岸坡平顺无突变，在平面上向下游收缩的峡谷段。拱坝结构（图 11-5）既有拱作用又有梁作用，坝体所承受的荷载一部分由拱的作用传至

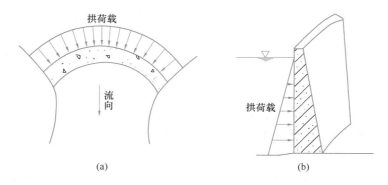

图 11-5　拱坝受力示意图

（a）横截面；（b）竖截面

两岸岩体，另一部分通过竖直梁的作用传到坝底基岩。拱坝主要受力特点为坝身受压，可以充分发挥混凝土抗压强度高的优点，混凝土用量相对较少，经济性优越，造价一般是相对同规模混凝土重力坝造价的55%～65%。此外，拱坝坝身及基岩条件较好，不易发生整体破坏，经模型和工程实践证明，具有良好的抗震性能，例如1971年美国的巴克伊玛拱坝遭受强烈地震，虽然震害严重，但是并没有发生倒塌。

2）泄水建筑物

泄水建筑物主要有溢流坝、溢洪道和泄水隧洞等，泄水建筑物的作用是保证能从水库中安全可靠地放泄多余或需要的水量，限制水库水位不超过规定的高程，以确保大坝及其他建筑物的安全。

（1）溢流坝

混凝土重力坝有较强的抗冲刷能力，可利用坝体过水泄洪，称溢流坝，因此溢流坝既是挡水建筑物，又是泄水建筑物。

（2）溢洪道

溢洪道为设置在坝体上或其附近河岸的泄洪设施，一旦水库水位超过规定水位，多余水量将经由溢洪道泄出。

（3）闸门

闸门用以控制水位、调节流量和切断流量，绝大多数的水闸采用钢结构的闸门。修建泄水建筑物，关键是要解决好消能和防蚀、抗磨问题。

3）专门建筑物

水力发电站利用水位落差发电，具有一般工业厂房的性质，但它往往承受着较大的水压力，因此它的许多部位要采用钢结构。

升船机为船只通过水坝时必须设置的构筑物，从上游过往的船只必须进入升船机内，并在升船机内使水位下降，以便船只可以开出升船机驶向下游。

输水道是指整个工程的输水系统，包括管道、明渠、暗渠和隧洞等。

11.1.4 水利工程的现状与展望

水利工程是经济社会发展的基础性行业，为实现新阶段水利工程高质量发展，有力支撑全面建设社会主义现代化国家，必须深刻认识智慧水利工程是水利高质量发展的显著标志。我国近年来高度重视智慧水利建设，在水利数字化、网络化、智能化等方面都取得了明显进展。到2020年底，在数字化方面，初步形成了43.36万处点组成的水利综合采集体系，全国水利一张图正式发布并得到积极应用，高分辨率卫星遥感实现了全国年度全覆盖；在网络化方面，全部地市级以上水利部门和80.5%的县级水利部门接入了水利信息网，99.7%地市级以上水利部门和90.7%的县级水利部门接入了视频会议系统，初步构建了省级以上水利部门网络安全防护体系；在智能化方面，有11.7%的智能视频监控，8类河湖"四乱"现象实现遥感影像人工智能（AI）识别，大数据应用初见成效，并试点开展了智慧水利先行先试工作。但是，与水利高质量发展的需求相比，与日新月异的信息技术相比，智慧水利在数字化、网络化、智能化等方面存在明显短板和薄弱环节。数字化方面，感知覆盖范围不足、监测要素不全、技术手段不够先进，例如50%中小河流没有监测设施，大部分中小水库和堤防未开展安全监测。网络化方面，网络覆盖和带宽还不能满足需要，网络安全防护能力不强，工控网建设差距大，如近20％县级水利部门尚未接入水利业务网，省级以上水利部门有近62％的信息系统没有开展网络安全等级保护定级，大型水利工程依然以现地控制为主。智能化方面，模型能力不足、支撑决策精准化程度不高，例如预报方面以集中式、经验性模型为主，预警能力不足，预案精细化程度不够，支撑多方案优选的预演能力较为薄弱。

进入新发展阶段，大力推进智慧水利工程建设非常迫切，充分运用物联网、云计算、大数据、人工智能、数字孪生等新一代信息技术，以数字化、网络化、智能化为主线，以数字化场景、智慧化模拟、精准化决策为路径，全面推进算据、算法、算力建设，加快构建具有预报、预警、预演、预案功能的智慧水利体系。践行"十六字"治水思路，建设数字中国，统筹推进水利工程与信息技术深度融合，通过智慧水利工程建设提升水利数字化、网络化、智能化水平，驱动水利现代化发展，提高国家水安全保障能力，更好地支撑我国社会主义现代化建设，实现治水为民、兴水惠民。

11.2　港口工程

11.2.1　港口工程概述

港口类似于火车站、机场，是各种运输方式的转换点。辞书中以"具备一定设施和条件，供船舶停泊、人员上下、货物装卸与转换运输方式、并为船舶提供各种服务的场所"来定义港口。港口是多式联运中重要的一环，同时也是国际贸易的重要节点。

港口工程即兴建港口所需各项设施的工程技术的总和，包括港址选择、工程规划设计及各项设施的修建与维护（如各种水工建筑物、装卸设备、系船浮筒、航标等）。我国主要港口有上海港、宁波舟山港、青岛港、天津港、广州港、深圳港、香港港等。国外著名的港口有德国的汉堡港、美国的纽约港、日本的神沪港、英国的伦敦港、新加坡的新加坡港等。

11.2.2　港口的分类与组成

按照所处位置划分，港口可分为河口港、海港和内河港。按照用途，港口可分为为商港、军港、渔港、游艇港、避风港等。

为实现所承载的各项功能，港口必须拥有足够的水域、陆域和码头等设施。港口平面示意图见图11-6。水域是供船舶航行、运转、锚泊和停泊装卸之用。随着我国的港口吞吐量越来越大，要求港口水域有更深的深度、更大的面积，同时为了保证货物装卸的效率与安全，港口水域的水面要足够稳静。港口水域可分为港外水域和港内水域。港外水域包括进出港航道和港外锚地。港内水域包括港内航道、保证船舶能够改换方向的转头水域、港内锚地和保证船舶正常作业和停靠的港池。陆域是供旅客集散、货物装卸、货物堆存和转载之用，由码头、港口仓库及货场、铁路及道路、装卸及运输机械、港口辅助生产设备等组成。

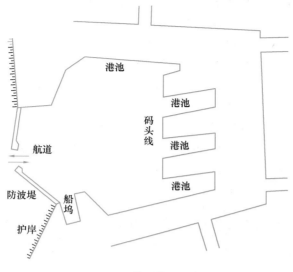

图 11-6 港口平面示意图

11.2.3 港口码头

1. 码头分类

根据各个港口的地质形貌，码头可以布置成多种形式，主要的平面布置形式有顺岸式、突堤式、挖入式。

1）顺岸式的码头是沿着岸线布置的，所以陆域较为宽阔，码头的建设工程量也小（图 11-7）。

图 11-7 顺岸式码头
（a）无角度；（b）有角度

2）突堤式的码头则与岸线有较大的角度，在有限的范围内可以建设更多的泊位（图 11-8）。

3）挖入式的港池由人工开挖形成，适用于沿岸低洼处（图 11-9）。

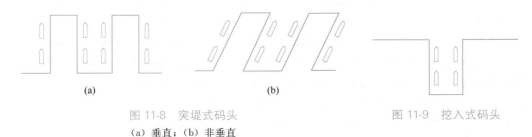

图 11-8 突堤式码头
（a）垂直；（b）非垂直

图 11-9 挖入式码头

码头按断面形状又可分为直立式、斜坡式、半斜坡式、半直立式（图11-10）。

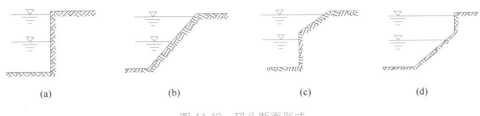

图 11-10   码头断面形式

（a）直立式；（b）斜坡式；（c）半斜坡式；（d）半直立式

2. 码头的主要结构形式

1）重力式码头

重力式码头依靠结构自重及其填料重量来阻止滑动倾覆。按墙身结构的不同，重力式码头可分为方块码头、扶壁码头、沉箱码头、大直径圆筒码头和格形钢板桩码头等多种形式。

（1）方块码头

方块码头以预制混凝土方块作为墙身，又可分为实心方块码头、空心方块码头两大类。空心方块码头可以节约大量混凝土，但是构件的断面强度较差。实心方块码头有阶梯式、衡重式和卸荷板式三种（图11-11）。阶梯式方块码头底部宽度较大，横断面方向的整体性差，基底应力不均匀。衡重式方块码头则通过改变方块堆放方式调整断面重心来克服阶梯式底宽过大的缺点。卸荷板式方块码头则利用卸荷板减少墙后土压力，可以显著减小码头断面，使地基应力趋于均匀。

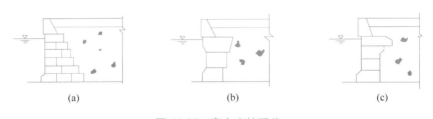

图 11-11   实心方块码头

（a）阶梯式；（b）衡重式；（c）卸荷板式

（2）扶壁码头

扶壁是由立板、底板和肋板整体连接而成的钢筋混凝土结构（图11-12）。扶壁码头建造一般采用预制安装，具有结构简单、施工速度快、工程量少等优点。

（3）沉箱码头

沉箱为巨型有底空箱，箱内用纵横隔墙隔成若干舱格，箱中填充砂石。沉箱码头整体性好，地基应力小，安装工作量小，施工速度快。按照平面形状，沉箱可分为矩形沉箱和圆形沉箱两种（图11-13）。圆形沉箱后侧为圆弧形，改变了墙后土压力强度分布，其总压力较矩形沉箱小。

（4）大直径圆筒码头

大直径圆筒码头由预制薄壁钢筋混凝土圆筒组成，筒内填块石、砂或土，主要靠圆筒

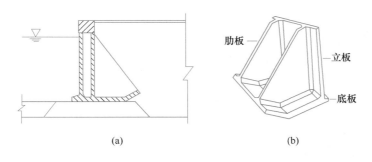

图 11-12 扶壁码头

（a）断面形式；（b）主体结构

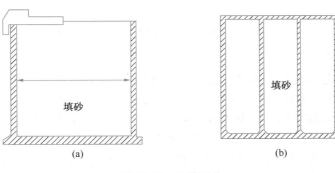

图 11-13 沉箱码头

（a）圆形；（b）矩形

与其中填料整体形成的重力来抵抗作用在码头上的水平力。按照沉入地基的深度，可分为基床式、浅埋式、深埋式（图 11-14）。

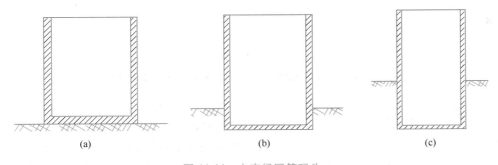

图 11-14 大直径圆筒码头

（a）基床式；（b）浅埋式；（c）深埋式

（5）格形钢板桩码头

格形钢板桩码头是由直腹式钢板桩组成的格形结构，通过格仓填料构成重力式墙体。钢板桩格体可根据具体情况选择圆格形、扁格形、四分格形及偏圆格形等不同平面布置形式（图 11-15）。

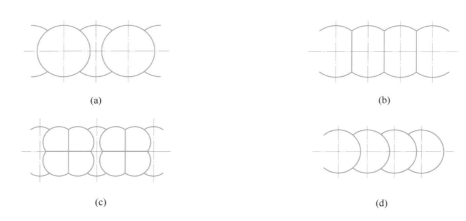

图 11-15   格形钢板桩码头

（a）圆格形；（b）扁格形；（c）四分格形；（d）偏圆格形

2）板桩码头

板桩码头是由连续地打入地基一定深度的板形桩构成连续墙面，并由拉杆、帽梁（或胸墙）、导梁和锚碇结构等组成的直立式码头。板桩码头依靠板桩入土部分的侧向土抗力和安设在其上部的锚碇结构（对有锚板桩而言）的支承作用来维持稳定。板桩码头的结构简单、工程造价低、施工简便，但是耐久性较差。板桩码头可分为无锚及有锚板桩（图 11-16）。无锚板桩仅适用于小型工程和荷载不大的情况。高度较大的码头，板桩墙后的土压力较大，需要在板桩墙体上部加设拉杆予以锚碇。

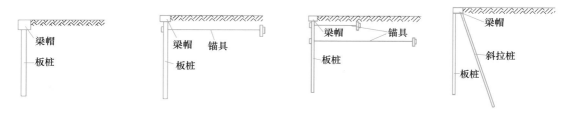

图 11-16   板桩码头

（a）无锚板桩；（b）单锚板桩；（c）双锚板桩；（d）斜拉桩板桩

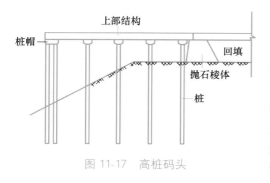

图 11-17   高桩码头

3）高桩码头

高桩码头由上部结构、桩基、接岸结构、岸坡和码头设备等部分组成（图 11-17）。高桩码头常用适用于浅层地基强度较低的软土情况。高桩码头结构简单、能承受较大的荷载、用料省、施工速度快。高桩码头的缺点是耐久性较差，透空式上部结构的底部易受盐雾腐蚀而破坏，土体侧向变形易造成桩体开裂，码头抗震性能较差。

11.2.4　防波堤

为了防御波浪对港口水域的侵袭、减少泥沙进港，需要在港口一定范围内设置防波堤。防波堤平面布置需要考虑地形地质、波浪泥沙等自然条件，主要形式有单突堤、双突堤、岛堤、混合堤（图11-18）。

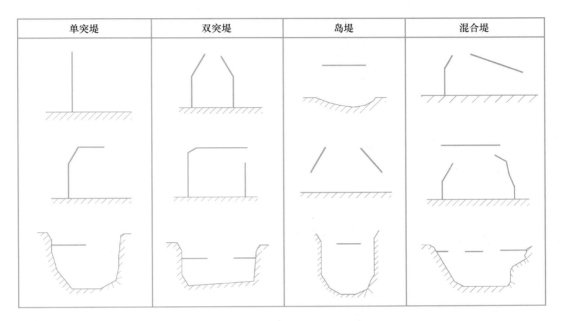

| 单突堤 | 双突堤 | 岛堤 | 混合堤 |

图 11-18　防波堤平面布置形式

按照断面形式防波堤可划分为斜坡式、直立式、混合式、透空式、浮式、压气式、喷水式（图11-19）。

斜坡式防波堤结构简单、施工方便、易于修复，但是材料用量大，不适合大水深。

直立式防波堤在水深较大时所需材料比斜坡式省，维修工作量小，但地基应力较大，适用于海底土质坚实、地基承载力较高的情况。

混合式防波堤是将斜坡式与直立式结合在一起，因此兼具两者的优点。

透空式防波堤由支墩和没入水中一定深度的挡浪结构组成，利用挡浪结构挡住波能传播，以达到减小港内波高的目的，适用于水深较大而波高较小的情况。

浮式防波堤由有一定吃水深度的浮体和锚链系统组成，可利用浮体上下浮动和前后摆动来吸收和消散波能，以达到减小堤后波高的目的。浮式防波堤耐久性不好，所以一般只作为临时性的防浪设施。

压气式消波装置利用放在水下的带有小孔的管子喷放压缩气体，形成一道气泡墙。其优点是不占用空间，对船舶航行无阻碍，安装拆卸简便，造价低，但用气量较大，运行费用高。

喷水式消波装置利用放置于水面的喷头，喷射反方向的水流以达到消波目的。

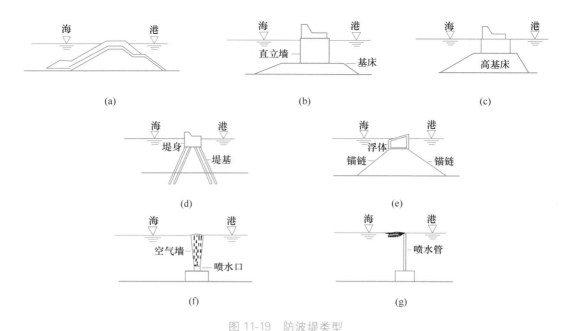

图 11-19　防波堤类型

（a）斜坡式；（b）直立式；（c）混合式；（d）透空式；（e）浮式；（f）压气式；（g）喷水式

11.2.5　护岸建筑

受波浪、潮汐、水流等自然作用，天然河岸或海岸会产生冲刷和侵蚀，不利于港口建筑的耐久性与安全性。护岸方法有两大类：一类是直接护岸，即利用护坡和护岸墙等加固天然岸边，抵抗侵蚀；另类是间接护岸，即利用在沿岸建筑的丁坝或潜堤，促使岸滩前发生淤积，以形成稳定的新岸坡。

11.2.6　我国港口工程的现状与展望

改革开放以来，我国设置了深圳、汕头、珠海、厦门等经济特区，确立了大连、青岛等 14 个沿海开放城市，开发了上海浦东新区，这一系列港口城市的发展，带动了全国的经济，打开了与世界交流的窗户。2022 年全球 50 大港口排名中，我国占据了 29 个席位，其中宁波港、上海港、唐山港、青岛港、广州港位列前五。除此之外，苏州港、日照港、天津港、烟台港、大连港、泰州港、江阴港、南通港等也都跻身前二十。可见我国的港口发展已经处在世界前列。在建设 21 世纪海上丝绸之路进程中，港口起着至关重要的作用，沿线国家和地区间的港口投资建设运营合作，是未来建设 21 世纪海上丝绸之路的重要方向。以大数据、云计算、工业互联网等新一代信息技术为主要内容的新基建，给智慧港口发展带来了新要素、新动力。智慧港口建设以 5G 通信、物联网、大数据、人工智能等新一代信息技术与港口服务深度融合为核心，大力发展智能港口基础设施，港口生产智能自动，做强智慧港口信息基础设施。以全自动化码头建设为代表的新基建与智慧港口发展相结合，是新一代信息技术创新应用与港口转型融合发展的新途径；对传统码头智能化技术升级，可以充分发挥新基建支撑智慧港口发展的作用，进一步重构港口与新技术、生产服务、资源环境、城市、上下游产业等关系的可持续化发展新形态，加快港口转型升级。

11.3 海洋工程

11.3.1 海洋工程概述

海洋工程是指以抗御海洋的灾害作用、开发利用海洋资源以及保护和恢复海洋环境为目的，并且工程主体位于海岸线向海一侧的新建、改建、扩建等一切建设工程的总称。从保护海洋、抵御海洋的灾害作用，以及开发利用海洋资源为目的出发，形成了种类繁多的海洋工程。例如，海洋水产工程（如渔业捕捞及水产养殖等），海洋矿产开采工程（如油气、砂矿、锰结核、煤等），海上交通运输工程（如海港、航运等），护岸工程，海洋空间利用工程（如人工岛、海上港、海上城市、垃圾场等），海水利用工程（如海水淡化、冷却水等），海水能发电工程（如海浪、海潮与海流发电，温差与盐差发电等），滨海旅游工程，海洋通信工程，海洋环境保护工程，海上救捞及深潜工程等，广义上都称为海洋工程。

目前，人们习惯把海洋工程以水深和空间区位划分为海岸工程和离岸工程。海岸工程与沿海资源的开发、海洋灾害的防治以及海上交通事业有关；离岸工程则主要针对海洋油气、矿产及海域空间资源开发。海洋工程对于提供人类的食物、能源和矿产资源的补充以及推动国民经济发展与环境改善等方面都有不可替代的重要作用。

11.3.2 海洋工程的特点

1. 环境条件复杂且随机性大

海洋工程所处环境与陆地工程的不同之处是海洋工程建设在流动的含有 80 多种化学元素的海水中，海水每天潮涨潮落，时有高达几米的波浪和风暴潮出现，并且海水具有的腐蚀作用会对工程构筑物产生损害。若是冰冷海域，还有海冰等各种复杂海洋环境。

2. 结构尺度大且设计安全度要求高

由于海洋工程构筑物（浮式除外）往往深入水下直达海底，因此，结构尺度远大于陆上建筑物，如图 11-20 所示。由于海洋环境条件复杂，设计时不易获得可靠的数据，因此除选用 100 年一遇或 50 年一遇的环境条件作为设计依据外，其设计安全度也比陆上建筑物较高。

3. 结构设计时须考虑多种力的作用

海洋工程除一般恒载和活荷载外，还要考虑波浪荷载、冰荷载、施工安装荷载、地震作用力、超孔隙压力等。海洋工程建设，工程构筑物的建造，是在海洋环境中进行的。这些工程构筑物所受到的海洋环境荷载，主要来自风、波浪、海流、水位、海冰、海底地震等。

4. 施工方法特殊

以坐底式平台为例，在港湾内或大型船坞内建造海洋工程构筑物，然后拖航-就位-下沉-坐底-钻井-起浮-拖航等。在施工时，经常需要潜水人员进行水下作业的检查观测。

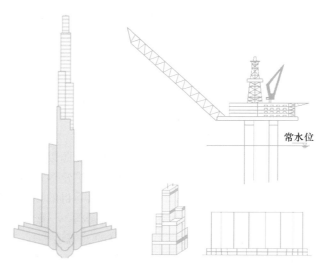

图 11-20　海洋工程构筑物与陆上建筑物比较（从左至右分别为哈利法塔、
西尔斯大厦、海洋平台）

11.3.3　海洋工程内容

1. 资源开发技术

其主要包括：深海矿物勘探、开采、储运技术；海底石油、天然气钻探、开采、储运技术；海水资源与能源利用技术，包括淡化、提炼、潮汐、波力、温差等；海洋生物繁殖、捕捞技术；海底地形、地貌的研究等。

2. 装备设施技术

其主要包括：海洋探测装备技术，包括海洋各种科学数据的采集、结果分析，各种海洋环境条件下的救助、潜水技术；海洋建设技术，包括港口、海洋平台、海岸及海底建筑；海洋运载器工程技术，包括水面（各种船舶）、半潜（半潜平台、半潜船）、潜水（潜器）、水下（水下工作站、采油装置、军用设施等）设备技术等。

11.3.4　海洋平台

随着海运、海防、海洋开发事业的推进，各类海洋工程设施应运而生。海洋平台作为其中最为重要的海洋工程构筑物之一，是在海洋上进行作业的场所，主要用途是海洋石油的钻探与生产。海洋平台可分为以下 3 类（图 11-21）：

1. 固定式平台

固定式平台的上部伸出水面，凭借桩扩大基脚或其他构造直接支承于海底，在较长时间内保持固定位置进行某项任务的海上平台，固定式平台按其结构类型又可分为桩基式平台和重力式平台。

桩基式平台是以桩基为基础维持自身的稳定，桩基材料为木材、混凝土和钢材。1896年在美国加利福尼亚州海岸外浅海区用固定式的粗糙木质钻井平台钻了世界上第一口海上油井，木质平台一般用桩都在一百根以上，既费材又不经济。直到 1927 年，桩基混凝土

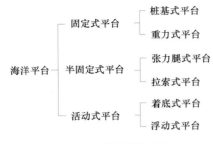

图 11-21 海洋平台分类

平台在马拉开波湖运用，木质平台被淘汰。到了 20世纪 50 年代末，在马拉开波湖共建有七千多座各种桩基式混凝土平台（包括采用平台和集油站）。桩基式平台按照结构形式大体可分为两类，一类是导管架型平台，另一类是塔架型平台。目前应用比较多的是导管架型平台（图 11-22）。导管架型平台是由钢管桩通过导管架固定于海底的海洋工程构筑物，由上部结构和基础结构两部分组成，上部结构一般由上下层平台甲板和层间桁架或立柱构成，基础结构包括导管架和桩。

重力式平台一般是由钢筋混凝土组成的海洋工程结构，且依靠其本身的重量，来保持平台稳定性（图 11-23）。它是出现较晚、形式较新的一种海洋工程结构。半个多世纪的海洋油田开发历史中，固定式海上平台一直沿用导管架型平台，到了 20 世纪五六十年代，在瑞典、爱尔兰、英国分别建造了几座重力式海洋灯塔，其高度一般在 40～50m 左右。

康迪普平台是一种深水联合平台（属于重力式平台），即一个平台可以钻、采、储三用，由挪威研究设计，在北海已建成 5 座。它的群罐基础由 19 个圆筒形壳体组成，能够储油 100 万桶（约 16 万 t），由于采用圆筒壳体结构，使大部分构件承受压力，所以可以大量节省混凝土和钢筋材料，又能防止混凝土壁开裂造成漏油的现象。上部甲板结构由三根细长的钢筋混凝土塔形腿柱支承，三个腿柱中有两个是作钻井导管用的，钻井采油在这些腿柱内进行，这样可以防止波浪和海流的影响；另一个腿柱可作为通道布置各种舱室之用。在总结上述平台使用经验的基础上，现在发展了一种称为第二代康迪普平台，它与第一代设计不同之处是基础面积扩大，伸出圆筒壳外以适应较低抗剪强度的黏土地基；腿柱数由三个增加到四个使甲板结构的设计简化，且可增大甲板的面积及重量。

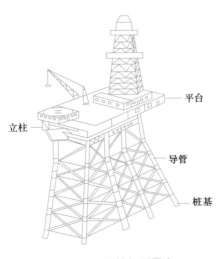

图 11-22 导管架型平台

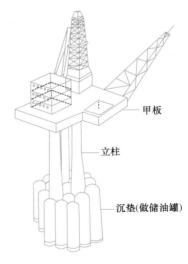

图 11-23 重力式平台

2. 半固定式平台

半固定式平台是用于深水的一种固定平台，必要时又可转移位置。它既具有浮动平台的可浮性，又具有（接近于）固定平台稳定的特性。近年来，平台开始趋于大型化，其上均设计有全套钻井设备、生活设施，一般都能钻8～12口井，完井后其上部结构全部搬走，改作采油平台。

半固定式平台包括牵索塔式平台（图11-24）和张力腿式平台（图11-25）。

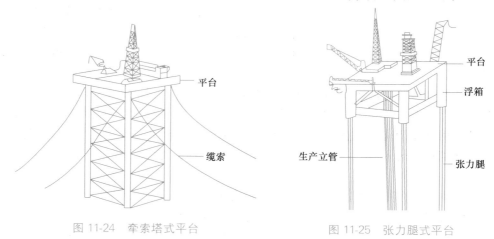

图 11-24 牵索塔式平台   图 11-25 张力腿式平台

3. 活动式平台

活动式平台是载有全部石油钻井设备，能从一个井位移到另一个井位的平台。目前用在油田生产阶段的生产井主要是固定式平台，而在油田勘探阶段则采用活动式平台。活动式平台包括着底式平台、浮动式平台。

着底式平台又可分为坐底式平台（图11-26）、自升式平台（图11-27）。坐底式平台由甲板、沉垫和中间的连接支撑构件组成，甲板上配置有钻井设备、钻井器材和场地，通常适用于浅海地区作业。自升式钻井平台由平台、桩腿和升降机构组成，工作水深为十几米到上百米。

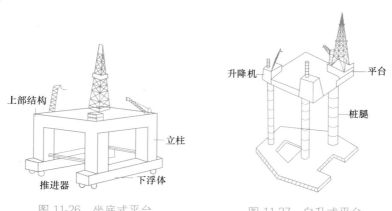

图 11-26 坐底式平台   图 11-27 自升式平台

浮动式平台可分为钻井船、半潜式平台。钻井船是浮船式钻井平台，它通常是在机动船或驳船上布置钻井设备。浮船式钻井装置船身浮于海面，易受波浪影响，但是它可以用现有的船只进行改装，因而能以最快的速度投入使用。半潜式平台由坐底式平台发展而来，工作时下船体潜入水中，甲板处于水上安全高度，水线面积小，波浪影响小，稳定性好，工作水深大。

11.3.5　海洋工程的现状与展望

我国是能源消费大国，石油和天然气产量的增长远远赶不上国内能源消费的增长，能源多数依赖进口。提升我国油气开采水平，保障我国能源安全已经成为我国面临的主要问题。目前我国海洋工程，与国际著名的海洋工程公司相比，在规模、装备、技术水平和项目管理水平等方面都存在一定的差距。

"党的二十大"报告中指出"加快海洋经济，保护海洋生态环境，加快建设海洋强国"。由于我国对石油和锰、铜等金属资源的大量需求，海洋开发将是我国 21 世纪中的重要产业，它的兴起必将推动我国深海勘探、海底采矿、海上运输和材料等相关的高新土木工程技术的发展。海洋工程的发展趋势是从近岸走向远海，从浅海走向深海，从水面走向水下，从中低纬度走向极地。我国开发海洋仍面临严峻的挑战，先进海洋观测、水合物的开采、深水工作站系统等先进技术仍需要我国科研人员的不断探索。智慧海洋是认知海洋、经略海洋的整体解决方案，是海洋强国建设的基础性、战略性工程。我国海洋信息基础设施布局尤其是海洋通信传输能力严重不足，高端海洋仪器设备国产化程度低等问题突出，海洋信息支撑海洋强国建设的潜能在很大程度还未充分发挥。要进一步加快海洋信息基础设施建设，未来应构建以自主可控的海洋信息基础设施为核心的智慧海洋体系，打通涉海部门间信息壁垒，整合各类海洋信息资源，打造"海洋信息＋""海洋物联网＋"等创新模式，实现海洋透彻感知、信息资源共建共享和智慧应用。

本章小结

（1）按照功能用途，水利工程中的水工建筑物分挡水建筑物、泄水建筑物和专门建筑物。挡水建筑物主要包括坝和堤，挡水建筑物的作用是阻挡水流，调节上游水位。泄水建筑物的作用是保证能从水库中安全可靠地放泄多余或需要的水量，限制水库水位不超过规定的高程，以确保大坝及其他建筑物的安全。专门建筑物是满足特定需求的水工建筑物，如升船机，输水道。

（2）港口工程是兴建港口所需各项设施的工程技术的总和，包括港址选择、工程规划设计及各项设施的修建与维护。码头是港口中最重要的建筑，可供船停泊、货物装卸。根据地质环境、经济条件可分别选用不同结构形式的码头，如重力式码头、板桩码头、高桩码头。

（3）海洋工程具有环境条件复杂且随机性大、结构尺度大且设计安全度要求高、结构设计时须考虑多种力的作用、施工方法特殊等特点。海洋平台作为重要的海洋工程构筑物之一，是在海洋上进行作业的场所，主要用途是海洋石油的钻探与生产。海洋平台分为固定式平台、半固定式平台、活动平台。

思考与练习题

11-1 简述修建水利工程的作用。

11-2 水利工程有哪些分类？

11-3 简述各种大坝形式的特点。

11-4 码头的主要结构形式有哪些？

11-5 简述各种结构形式防波堤的主要特点及适用条件。

11-6 简述海洋工程的特点。

11-7 简述海洋平台的分类。

11-8 简述我国水利工程、港口工程和海洋工程的现状和发展趋势。

第 12 章　土木工程灾害及防灾减灾

本章要点及学习目标

　　本章要点：

　　（1）土木工程灾害的定义和分类；（2）抗火设计及灾后鉴定和修复；（3）地震的基本概念、抗震设计及减灾措施；（4）风荷载计算及风振控制方法；（5）各类地质灾害及防治；（6）工程事故分类、原因及预防措施。

　　学习目标：

　　（1）了解土木工程防灾减灾的重要意义；（2）理解土木工程灾害的分类及基本概念；（3）明白各类灾害产生的主要原因；（4）熟悉土木工程防灾减灾的主要措施。

12.1　土木工程灾害概述

12.1.1　土木工程灾害的定义及分类

　　人类文明的发展史就是不断与各种灾害抗争的历史，灾害对人类生存与发展产生了深远的影响。我国灾害种类多、分布地域广、发生频率高、造成损失重，是世界上自然灾害最为严重的国家之一。随着我国城市现代化的推进与发展，高速铁路、高速公路、大坝及高层建筑等土木工程建设大规模开展，工程建设如何有效地降低和预防土木工程灾害的发生成为关键问题。

　　土木工程是人类文明的载体，但往往也是众多灾害的温床。土木工程灾害是指建造的土木工程不能抵御自然环境突发荷载，或是由于知识能力不足及当前人类知识的局限性等人为因素，而致使土木工程失效和破坏乃至倒塌而造成的灾害。

　　根据造成土木工程失效破坏的外部原因不同，可将土木工程灾害划分为与自然环境相关的和与人为因素相关的两大类（图12-1）。与自然环境相关的工程灾害包括由地震、飓风、冰雪等自然现象引发的工程灾害以及由腐蚀、风化、冻融等环境作用引起的工程灾害。人为灾害中的土木工程灾害则可以进一步分为由技术事故、行为过失、恶意行径和知识局限导致的土木工程灾害。

　　土木工程是由人类设计、建造、使用和维护的。因此，不论是与自然环境相关的还是与人为因素相关的土木工程灾害，都是土木工程自身抗灾能力不足，以及人类知识欠缺或行为疏忽的直接后果。土木工程抗灾能力不足的主要原因可大致归纳为：不当的选址、不当的设防、不当的设计、不当的施工以及不当的使用与维护管理。土木工程灾害的成因是复杂而多方面的，以上成因有时也会相互关联作用。

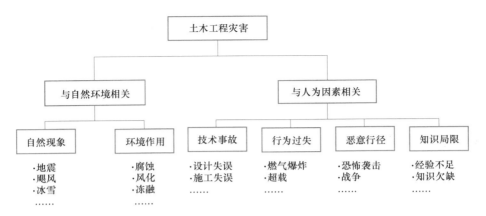

图 12-1　土木工程灾害的分类

12.1.2　土木工程在防灾减灾中的作用

灾害是致灾体和受灾体相互作用的结果。其中，致灾体是形成灾害的外因，受灾体是致灾体作用的对象，是损失的载体。在灾害系统中，土木工程是兼具致灾体和受灾体双重特征的典型例子。土木工程往往首先在外界（如地震、风荷载等）的作用下扮演受灾体的角色，但是由于其自身的原因（如缺乏抗力）导致其结构失效或倒塌，造成人员伤亡和财产损失，进一步扩大了灾害造成的损失和范围，从而扮演了致灾体的角色。致灾体是导致人类灾害的重要原因，但不是决定性原因。决定性原因是受灾体的抗灾能力。因此，人类可以利用自身的力量，特别是现代科技发展的成果来抗灾、减灾，例如，可以通过提高建筑和土木工程设施的抗震能力、耐火能力等来避免土木工程演变为致灾体，从而减轻灾害。

尽管人类很难控制或者改变致灾体，特别是自然界的致灾体，但是人类可以对致灾体产生的原因和机制进行研究，对其出现的风险做出科学的评估，为工程提供抗御灾害的设计依据，发挥土木工程防灾减灾的作用。图 12-2 展示了土木工程在防灾减灾中的

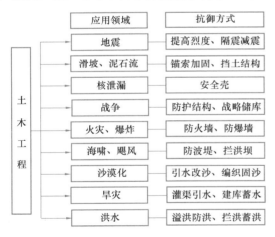

图 12-2　土木工程在防灾减灾中的作用

作用，通过科学合理的规划、设计、施工和运维，减轻甚至避免工程灾害风险。

12.2　火灾与防火减灾

12.2.1　火灾灾害概论

火灾是指火在蔓延发展的过程中给人类的生命财产造成损失的一种灾害。它是各种自

然灾害中的最危险、最常见、最具毁灭性的灾种之一，也是最普遍地威胁公众安全和社会发展的主要灾害之一。按照物质运动变化产生燃烧的不同条件，火灾可以分为自然火灾和建造物火灾。自然火灾指的是发生在自然区的火灾，可以是由人类行为引发的火灾，如2019年，席卷亚马孙热带雨林的大火（图12-3），这是由于当地居民为占用更多土地用于放牧或耕种、过度砍伐雨林造成的；也可以是由自然物理、化学现象引起的火灾，如雷电引发的森林火灾等。建造物火灾指的是发生于各种人为建造的物体之内的火灾。这种火灾，是对人类生命财产安全最具直接威胁的火灾类别。2010年，上海静安区高层住宅大火，28层的住宅公寓被大火包围，造成上百人的伤亡。2019年，巴黎圣母院火灾（图12-4），整座建筑损毁严重，尽管主体结构在急救之下保存完整，但教堂的屋顶被大火吞噬，有着852年历史的中轴塔也在火中坍塌，内部损失无法估量。

图 12-3　亚马孙热带雨林的大火　　　　　　　图12-4　巴黎圣母院火灾

12.2.2　建筑的防火减灾

随着经济的发展，当今建筑的建设和使用逐渐趋向高层、地下、大型与复杂建筑，而这类建筑在面对突发火灾时面临的困境也日益突出，这愈加凸显出了防火设计的重要性。

建筑防火包括火灾前的预防和面对火灾时的措施两个部分。对火灾的预防，主要是要确定耐火等级和耐火构造，从而控制可燃物数量及分隔易起火部位。这里的耐火是指结构在火灾中忍耐多久不破坏的能力以及建筑区域能够忍耐火灾多久不造成蔓延的能力。现行规范中，先由建筑物的重要性、火灾危险性、建筑高度和火灾荷载来确定耐火等级，并由此确定建筑物的耐火极限。设计的构件如是一般构件，《建筑设计防火规范》GB 50016—2014 已列出了耐火极限；如是非一般构件，则需要进行新的耐火实验。

面对火灾时的措施，是要提前进行防火分区，设置疏散设施及排烟、灭火设备等。对于一般建筑，我国的《建筑设计防火规范》GB 50016—2014，以"预防为主，防消结合"为方针，综合了国内外建筑防火设计经验，给出了基本要求。但大型复杂建筑因结构、功能或造型方面有特殊要求时，需采取性能化防火设计，以相对于设计目标的性能目标、工程分析和定量评价为基础，针对特定的建筑用途、火灾荷载和火灾场景，利用可接受的工程分析工具、方法和性能判据进行建筑防火工程设计。

在建筑设计中，基本的消防安全目标是预防建筑火灾、减少建筑火灾危害并保障人身财产安全。基于计算的结构抗火设计，需要至少满足下列三个等效条件中的一项：①规定的结构耐火设计时间内，结构的承载力 R_d 不小于各种作用产生的组合效应 S_m；②结构在规定的荷载组合下，耐火时间 t_d 不小于规定的结构耐火极限时间 t_m；③在内部温度均匀的状态下，结构达到承载力极限状态时的临界温度 T_d 不小于耐火极限时间内的结构的最高温度 T_m。影响建筑结构耐火性能的因素有四种：结构类型、荷载比、火灾规模、结构及构件温度场。结构类型不同，防火措施也不尽相同。荷载比为结构所承担的荷载与其极限荷载的比值，是影响结构及构件耐火性能的主要因素之一。火灾规模包括火灾温度和火灾持续时间，对构件温度场有明显的影响。温度越高，材料性能劣化越严重，因此结构及构件的温度场是影响其耐火性能的主要因素之一。

当前对结构抗火设计的深入研究主要集中在以下四个方面：

1. 对火灾发展过程的研究：主要是建立火灾发展的模型，并提供数据进行火灾模拟。这是一种根据实际以及经验，较为直接的研究途径；同时也可以用实验数据检验并修正模型，并使之更符合实际火灾规律。

2. 对建筑材料的研究：主要是关注材料的高温热工性能。建筑结构的抗火性能与材料密切相关，这是因为材料的热传导系数、比热容、热膨胀系数等热工参数影响材料的力学性能，进而影响结构的分析结果。

3. 对建筑构件的研究：深入探究构件的内部各点在火灾下的温度变化以及构件结构在火灾中的变化，对构件内部温度场建立求解。建立计算构件内温度场是一个三维问题，目前处理还较为困难，因此，一般采用理想方法，不计细长构件的温度分布沿轴向的变化，从而将构建温度场转化为一个二维问题。目前国内外关注的重点方向逐渐从结构构件转向结构整体的影响，包括装配式结构、薄膜结构、轻钢结构等。

4. 对钢结构的保护方法：钢结构建筑在火灾中若无保护，极易被破坏。因此，需要施加保护层，具体方法有隔热法、阻热法、喷涂法、导热法。隔热法是在构件表面包一层耐火材料，这种方法取材方便、技术要求低，但会使构件自重变大，结构趋于笨重。阻热法是在构件表面包裹一层导热系数小的保温材料，火灾产生的高温不能直接传导到构件上，从而保护构件。喷涂法是将防火涂料直接喷涂在构件表面。导热法是在空心封闭截面中充水，火灾时依靠水的蒸发消耗热量或通过循环把热量导走，使构件温度不至于升高到临界温度，从而起到保护作用，但这种方法实际实施十分困难。

建筑结构抗火性能未来的研究趋势主要集中在：对结构材料在高温火灾下的性能的进一步研究、各构件的耐火实验方法和设备研究、构件在火灾条件下的内温度场研究、结构火灾下的可靠度分析、火灾后的评价和修复。

目前，我国混凝土结构、钢结构、砌体结构火灾后的结构检测鉴定可由《火灾后工程结构鉴定标准》T/CECS 252—2019 确定，标准以火灾后建筑结构构件的安全鉴定为主。对于结构分析，火灾过程中应当取用最不利温度条件和实际荷载组合进行结构分析；火灾后则应考虑结构的残余材料力学性能和连接变形等进行结构校核。局部火灾未影响整体时，可以只考虑局部作用；支座没有明显变形时，可以不考虑支座影响。依据标准，火灾后的初步鉴定包括：①勘察火灾残留状况，判断结构受损严重程度。②初步判断结构所受温度范围和作用时间。③核实并判断结构能承受火灾作用的能力。④按标准进行构件的初步鉴定评级，对于重要构件可以进行下一步详细鉴定。详细鉴定包括：①根据火灾荷载密度、可燃物特性、燃烧环境、燃烧条件、燃烧规律，分析区域火灾温度-时间曲线。②详细鉴定检测结构构件，包括结构变形、节点连接、结构承载能力等。③计算分析结构的安全性和可靠性。④综合评定结构受损程度。

对于火灾后的加固方法，现在研究得还不多，长期以来主要靠设计人员的主观经验来选择加固方法。目前常用的火灾后加固方法有喷射混凝土法、粘钢加固法、碳纤维增强复合材料加固法等。修复加固设计应当秉持简单、安全、经济原则。修复时要注意节点的构造，保证修复部分和整体协调。同时，施工工艺也应当小心谨慎，考虑加固对建筑物总体应力变化的影响。

12.3 地震灾害与防灾减灾

12.3.1 地震的基本概念

1. 基本概念

地震是指由于自然或人为原因导致地壳在短时间内迅速释放大量能量从而引起的振动。地震波便产生于此期间，而后传到地表并引起地面运动。地震术语示意见图 12-5。

地球内部地震发生的地方称为震源。震源在地表的垂直投影称为震中。震源到震中的垂直距离叫震源深度。

震中距是指地面某点到震中的距离。震源距是指地面某点到震源的距离。极震区是指震中及其附近区域，是振动最剧烈、破坏最为严重的地区。

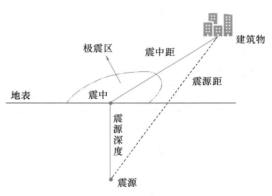

图 12-5　地震术语示意图

2. 地震波、烈度与震级

由地震震源发生振动并向各个方向以波的形式传播来释放地震能量，这种波被称为地震波。地震波为弹性波，包含体波和面波。

体波是在地壳内部传播的地震波，包含横波和纵波。纵波又称 P 波（Primary wave），其质点振动方向与波的传播方向一致，又叫压缩波。纵波周期较短，振幅较小，能在固体与液体里传播。横波又称 S 波（Secondary wave），其质点振动方向与波的传播方向相互垂直，又叫剪切波。横波周期较长，振幅较大，并且只能在固体里传播。

面波是沿地球表面或地下弹性分界面附近传播的地震波，它是体波经过地层分界面多次反射从而形成的次声波，主要有瑞利波（R 波）和乐甫波（L 波）。面波具有振幅大、周期长的特点，其波速大约为横波波速的 0.9 倍。瑞利波在地面呈滚动形式。乐甫波在地面上呈蛇形运动形式。

在同一种介质中，纵波波速最快，横波次之，面波波速最慢。纵波使得结构物上下颠簸，横波使得结构物水平摇晃，面波则使得结构物既上下颠簸又水平摇晃。纵波破坏性较弱，横波破坏性较强，但是由于体波的能量小于面波，所以对结构物以及地表造成的破坏是以面波为主。

地震震级是衡量地震强弱的尺度，它由地震释放出的能量的多少决定，与地震释放出的能量大小成正比。而地震释放出的能量大小由地震仪量测值来确定。

地震烈度是指发生地震时某一地区地面和各类建筑物遭受一次地震影响的强弱程度。地震烈度反映了一次地震中某一区域内地震强烈程度和地震破坏作用的大小，不仅可以用于评估地震发生后不同地区的灾情和震害情况，而且可用于地震区划，作为工程设施及建筑物的设防标准。因此，烈度与抗震工作密切相关。地震烈度与震源深度、震中距、震级大小、地质条件和建筑物等因素有关。对于同一次地震，地震震级只有一个，但由于地震对各地的影响程度不同，因此各个地区所表现的烈度大小也不一样。一般而言，距震中越近，则该地破坏越大，烈度越高。震中的烈度称为震中烈度，震中烈度与震级的大致关系见表12-1。

震中烈度与震级的大致关系   表 12-1

震级 M	2	3	4	5	6	7	8	8 级以上
震中烈度 I	1～2	3	4～5	6～7	7～8	9～10	11	12

12.3.2　地震破坏作用

1. 地震中地表的破坏

地震发生时，地震波由震源向四周传播，地表由于地震波的冲击会产生不同程度的破坏作用。地震中常见的地表破坏现象有地裂缝、喷砂冒水、地表下沉和河岸、陡坡滑坡等。而这些破坏作用通常都严重地威胁着人类的生命与财产安全。地裂缝会严重破坏地表工程结构，使得公路中断、铁轨扭曲、桥梁断裂、房屋破坏、河流改道、水坝受损等，地表下沉则会形成洼地，造成大面积陷落，滑坡塌方土体则会淹没农田、村庄，堵塞河流（图 12-6、图 12-7）。

图 12-6　厄瓜多尔 7.5 级地震中路面裂缝　　　　图 12-7　唐山大地震中铁路扭曲

2. 地震中工程结构的破坏

地震对工程结构的破坏可以分成两种：一种为地基失效，可导致建筑物下沉、倾斜等，如图 12-8 所示；另一种为结构失去整体稳定或超过上部结构承载力形成破坏，可导致墙体裂缝、节点失效或构件开裂等，如图 12-9 所示。

图 12-8   地震中建筑倾斜   图 12-9   地震中建筑墙体开裂

地震中，建筑结构是否因地基失效而破坏或因其破坏的严重程度均与地基土质及岩层结构、深度等密切相关，上部结构是否拥有足够的承载力取决于结构承重构件是否拥有足够的抗拉、抗压、抗弯及抗剪切强度，结构是否丧失稳定性则取决于结构构件是否连接牢固、支撑是否失效、支撑长度是否足够。资料表明，地震中的工程结构破坏只有少部分是地基失效造成的，绝大部分是由于结构丧失整体稳定性或承载力不足引起的。

3. 地震次生灾害

地震次生灾害是指地震发生后产生的地震直接灾害破坏了社会秩序或自然界的平衡状态而发生的灾害。如地震引起的火灾，水灾，瘟疫，饥荒，通信计算机事故，毒气、毒液或放射性物质泄漏等。通常来说，由地震次生灾害造成的间接损失往往高于地震自身造成的直接损失。

12.3.3   抗震设计基本原则

1. 建筑物重要性分类

在进行建筑设计时，抗震设防标准应该根据建筑的重要性来确定。根据《建筑抗震设计规范》GB 50011—2010（2016 年版），将建筑按其不同的重要性划分为甲、乙、丙、丁四类。其中，甲类建筑应按国家规定的批准权限批准执行，乙类建筑应按城市抗灾救灾规划或有关部门批准执行。

2. 抗震设防内容

抗震设防是指对建筑物进行抗震验算以及采取抗震构造措施，从而达到抗震的效果。抗震设防的依据是抗震设防烈度。

抗震设防烈度为一个地区作为抗震设防依据的地震烈度，一般情况下，抗震设防烈度采用国家地震局批准的地震烈度区划图所规定的基本烈度，必要时也可视具体情况做出适当的调整。

抗震设防的内容包括进行地震作用计算及采用抗震构造措施两部分，以达到抗震的效果。

　　3. 抗震设防基本思想

　　结合国际趋势与我国具体情况，现行建筑抗震设计规范提出了"三水准"的抗震设防目标，通俗讲即："小震不坏，中震可修，大震不倒"。

　　在进行建筑抗震设计时，原则上应满足"三水准"抗震设防目标的要求，在具体做法上，为简化计算，《建筑抗震设计规范》GB 50011—2010（2016 年版）采取了二阶段设计法。第一阶段设计即按小震作用效应和其他荷载效应的基本组合来进行结构构件的承载能力验算以及结构在小震作用下的弹性变形，来满足第一水准抗震设防目标的要求。第二阶段设计即验算结构在大震作用下的弹塑性变形来满足第三水准抗震设防目标的要求，而第二水准抗震设防目标则以抗震构造措施来加以保证。

12.3.4　隔震与消能减灾

　　从控制理论的角度来看，我们可以将现阶段正在研究探索或已实际运用于工程中的减震方法分为被动控制方法、主动控制方法、半主动控制方法与混合控制方法。

　　被动控制方法是指不借助外部能源供给，在建筑结构的某个部位添加一个子系统，或对结构自身构件进行特殊处理，来改变结构的动力特性，包括隔震技术与消能减震技术。被动控制是目前工程中应用范围最广，也是发展速度最快的控制技术，后面将对隔震体系与消能减震体系作详细介绍。

　　主动控制方法是指地震发生时借助外部能源供给，根据作用力与反作用力的原理，使得控制机构按照某种控制策略产生控制力来抵消不良作用力以减小结构振动。主动控制是四种方法中控制效果最好的，在振动发生时可以连续自动调整结构的动力特性，直接减少输入干扰力并且使结构有能力抵抗外界激励的不确定性。但由于多数建筑结构较为庞大，需要大量的外部能量以及计算过程极为复杂，因此主动控制应用程度较低。主动控制系统主要由信息采集系统、计算机控制系统和主动驱动系统三部分组成。主动控制装置目前主要有主动调频质量系统、主动拉索系统、主动支撑系统等。

　　半主动控制方法指利用控制机构自行调节建筑结构的各项参数，以改变其动力特性，从而达到减震目的，此过程依赖于结构的反应以及外部激励信息，控制精度较高，造价要比主动控制低，仅需少量的外部能源进行调节。目前应用较广泛的半主动控制装置有可控摩擦时隔震系统、可变阻尼系统及可变刚度系统等。

　　混合控制方法是将主动控制与被动控制结合起来。在利用被动控制消耗地震能量的同时利用主动控制装置来保障控制效果，发展前景广阔。混合控制装置可以分为许多种类，例如将主动控制装置和耗能装置相结合的控制装置，调谐液体阻尼系统与主动质量阻尼系统相结合进行控制等。

　　1. 隔震体系

　　隔震技术可以分为悬挂隔震、层间隔震与基础隔震。

　　悬挂隔震是指将主体结构的质量全部或者大部分悬挂起来，使地震作用不能大片传递到主体结构上，因而无法产生惯性力，从而起到隔震作用。巨型钢框架悬挂体系就是较为典型的悬挂隔震体系。

　　基础隔震与层间隔震（图 12-10、图 12-11）同属一类，均是指通过设置隔震装置，用以延长整个结构体系的自振周期，阻止或减少地震能量向上部结构传输，从而减小结构振动，降低建筑物在地震作用下的反应，两者通过隔震层的不同设置位置来加以区分。隔震系统一般具有竖向承载力足够、水平隔震、变形复位、阻尼耗能及防腐耐久等特性。目前工程中常见的隔震系统有叠层橡胶支座隔震系统、滑移支座隔震系统、摆动隔震系统、弹簧隔震系统、套管桩隔震系统及混合控制隔震系统等。

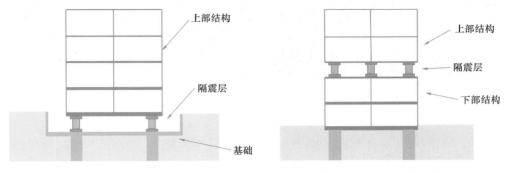

图 12-10　基础隔震　　　　　　　　　　图 12-11　层间隔震

隔震装置是指安装在隔震层的支座及连接件、阻尼器及连接件和柔性连接的设备管线、管道等。通过在隔震层设置隔震支座和阻尼器等隔震装置，可以有效隔离地震动与上部结构，减弱或改变地震动对上部结构的作用强度或方式，其中隔震支座能持续支撑建筑物重量、追随建筑物水平变形，还具有适当的弹性恢复力，而阻尼器则用于吸收地震输入能量。隔震支座主要有叠层橡胶隔震支座、滑动隔震支座、组合隔震支座及滚动支座等。常见的阻尼器有金属屈服阻尼器、黏滞阻尼器、黏弹性阻尼器等。

2. 消能减震体系

消能减震体系是指将主体结构中的某些非承重构件（例如支撑、剪力墙等）设计成消能构件（例如耗能支撑、耗能墙等）或者结构某些部位（节点或连接处）安装阻尼器等耗能装置来吸收耗散地震输入主体结构的能量，以减小主体结构地震响应。消能减震技术包括耗能减震、冲击减震和吸振减震。

耗能减震是指在结构中设置耗能装置，耗散结构中的部分地震能量，同时增加结构阻尼使结构加速耗散地震能量。耗能装置有耗能支撑、耗能隔撑、屈服约束支撑、耗能墙、阻尼器等。按照不同的耗能机理，可以将阻尼器分为速度相关型阻尼器和位移相关型阻尼器。速度型阻尼器的耗能能力与速度大小相关，只为结构提供附加阻尼，包括黏滞阻尼器和黏弹性阻尼器等；位移型阻尼器的耗能能力与位移大小相关，可以同时为结构提供较大的附加刚度和一定的附加阻尼，包括金属屈服型阻尼器和摩擦阻尼器等。

冲击减震是指在结构的某些部位悬挂摆锤，结构振动时摆锤会冲击结构致使结构振动减弱。

吸振减震是指通过附加的子结构，转移结构产生的振动，即重分配原结构与子结构中的振动能量，从而减小结构振动，主要装置有调谐质量阻尼器（TMD）与调谐液体阻尼器（TLD）等，上海中心大厦的上海慧眼（图12-12）、台北101大厦的风阻尼器（图12-13）均是典型的调谐质量阻尼器，南京电视塔则采用的是调谐液体阻尼器。

图 12-12　上海中心大厦的上海慧眼

图 12-13　台北 101 大厦的风阻尼器

12.4　风灾与防灾减灾

12.4.1　风灾概述

风灾是自然界中对人类影响最大的一种自然灾害，给人类带来的损失难以估量。随着人类社会的不断发展，风灾给人类造成的损失也在逐年地递增（图 12-14）。1992 年，飓风"安德鲁"袭击了美国的佛罗里达州，面积 100 多万平方英里的房屋被飓风夷为平地，造成的损失高达 30 亿美元，甚至导致了 7 家保险公司因为无力赔偿而倒闭（图 12-15）。2019 年，台风"利奇马"的登录造成浙江、山东等 10 个省区市 1400 余万人受灾，70 人死亡失踪，1.5 万间房屋倒塌，农作物受灾面积超过 100 万公顷，直接经济损失达 515.3 亿元。风灾造成的损失中，房屋的倒塌与损坏占了很大一部分，这正是我们土木人应当负起的责任。

图 12-14　龙卷风摧毁的房屋

图 12-15　美国遭遇罕见风灾

在土木工程领域中，风对结构的影响可以大致分为以下几类：

1. 在风的作用下，结构与风产生共振，甚至导致结构发生毁灭性的破坏。
2. 当风力特别大的时候，风荷载超过了结构的承载能力，导致结构的破坏乃至倒塌。
3. 结构在风荷载的作用下发生一定程度的变形，导致外饰结构如玻璃幕墙等发生破坏。

4. 在风荷载的作用下，高层建筑可能会发生较大的晃动和位移，导致使用者的不适。

5. 当结构受到脉动风的作用时，可能会发生疲劳破坏。

建筑结构受到风荷载作用发生直接倒塌的比较少见，往往都是在台风、飓风的作用下发生较大的变形，导致玻璃幕墙等外饰结构损坏。例如 1926 年 9 月，美国迈阿密的芽洛萨大楼在台风的作用下顶部发生了高达 0.61m 的残余变形，甚至有一座大楼在台风中玻璃全部破碎。

在桥梁结构中，自 1818 年以来，至少有 11 座悬索桥在暴风中遭到损毁，其中最著名的有两起，"苏格兰海湾大桥（Tay Railway Bridge）"损坏事件和"美国 Tacoma 悬索桥"损坏事件。前者发生于 1879 年，在一场暴风雨中垮塌了，造成了 75 人死亡，这场事故之后，人们开始注重风压的研究；后者发生于 1940 年，在事故发生前就已被当地人戏称为"舞动的格蒂"，而后更是在一场不大的阵风作用下，振动幅度越来越大，最终导致桥梁的垮塌。

12.4.2 风荷载计算

首先要能够确定风荷载的大小，垂直于建筑物表面上的风荷载标准值为：

$$w_z = \beta_0 \mu_s \mu_z w_0 \tag{12-1}$$

式中　w_z——风荷载标准值（kN/m²）；

　　　β_0——高度 z 处的风振系数；

　　　μ_s——风荷载体型系数；

　　　μ_z——风压高度变化系数；

　　　w_0——基本风压（kN/m²）。

基本风压应采用规范规定的方法确定的 50 年重现期的风压，但不得小于 0.3kN/m²。

风压高度变化系数 μ_z 反映的是风压与离地高度之间的关系。一般来说离地高度越高，风速就越快，风压也越高。风压高度变化系数 μ_z 还与地面粗糙程度有关，地面粗糙度根据地面建筑的不同可分为 A、B、C、D 四类。A 类：近海海面和海岛、海岸、湖岸及沙漠地区；B 类：田野、乡村、丛林、丘陵及房屋比较稀疏的乡镇；C 类：有密集建筑群的城市市区；D 类：有密集建筑群且房屋较高的城市市区。

风荷载体型系数 μ_s 指的是风作用在建筑物表面上的压力（吸力）与按风速计算出的理论压力的比值。对于建筑物来说，在风荷载的作用下可能受压力，也可能受吸力，这与建筑物的体型有关。若风荷载体型系数为正，则为压力；若风荷载体型系数为负，则为吸力。

12.4.3 风振控制方法

1. 空气动力学优化法

1）选择合理的平面形状

常见的建筑平面布局有矩形、圆形、椭圆形、三角形、Y 形、月牙形等（图 12-16）。其中矩形平面布局的抗风效率最低，圆形平面布局抗风效率最高。在高层以及超高层建筑的设计中，不仅需要考虑结构的抗风能力，而且要考虑到建筑能否充分地发挥它的使用功能，空间能否被充分利用，所以选取合理的平面形状固然能十分有效地提高结构的抗风能力，但也要与实际需求相符合。

除此以外，可以对平面形状进行一定的角部修正，例如，倒角、削角、圆形化等。试验表明，合理的角部修正可以有效地抑制风振效应。同时这种方法对建筑的使用功能影响较小，留出了事后调整的空间。

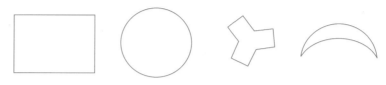

图 12-16　矩形、圆形、Y形、月牙形平面布局

2）随高度调整平面形状

随高度调整平面形状包括面积和形状两方面。一方面，风速随着高度的增加而增加，风压也因此随高度的增加而逐渐变大，因此如果减小建筑顶部的受风面积，就可以减小风荷载的作用，达到抑制风振效应的目的。典型工程实例如哈利法塔（图 12-17）。另一方面，建筑在不同高度处采用不同的平面形状，可以扰乱脉动风荷载沿高度的相关性，削弱叠加效应，从而达到抑制风振效应的目的，典型工程实例如上海中心大厦（图 12-18）。

3）局部改变建筑形态

该方法一般与前两种方法结合使用，通过局部改变建筑形态，例如开洞、附加扰流翼（通常为阳台）、塔冠形态复杂化等手段，起到抑制风振效应的目的，同时还具有美化建筑外观的作用。典型工程实例如上海环球金融中心（图 12-19）。

图 12-17　哈利法塔　　　　　图 12-18　上海中心大厦　　　　　图 12-19　上海环球金融中心

2. 被动控制方法

常用的被动控制方法分为两类：耗能减振系统、吸振减振系统。

1）耗能减振系统

利用阻尼器的滞回性能，在受到风荷载的作用时，起到消耗能量，增加结构阻尼，减小结构风振响应的作用。所谓阻尼器，是指安装在结构中，在运动当中起到增加阻力和吸能减振作用的构件。阻尼器被广泛运用于各行各业中，自行车上用于减振的弹簧便可视为一种简单的阻尼器。土木工程领域中，常用的阻尼器包括：黏弹性阻尼器、金属阻尼器、摩擦阻尼器等。

2）吸振减振系统

吸振减振系统是指在主结构中附加子结构，使结构振动发生转移，即使结构的振动能量在主结构和子结构之间重新分配，从而达到减小结构风振反应的目的。目前主要的吸振减振装置有调谐质量阻尼器（TMD）和调谐液体阻尼器（TLD）。

3. 主动控制方法

主动控制方法是指通过传感器实时监控结构的风振响应，并运用计算机技术进行处理后，通过主动的能量输出来抑制结构的风振响应。同被动控制相比，主动控制对风振效应的抑制作用更加明显，但也存在着系统复杂、安装困难、成本高等问题。

4. 锚索控制

锚索控制最早是由预应力创始者 Engene Freysinef 在 1960 年提出的。其基本原理是：在地震或风荷载作用下，结构产生振动，当结构层间相对变形很小时，锚索处于松弛状态，不起任何作用；而当结构层间相对运动较大时，锚索张紧，起斜向支撑作用，大大地约束了结构的层间相对位移，从而控制结构的振动。

5. 混合控制

混合控制是将主动控制与被动控制相结合的一种风振控制措施，可以很好地发挥两者各自的长处。主动控制可以利用被动控制减少所需要的能量，被动控制可以利用主动控制的系统更精准地控制结构的振动。

12.5　地质灾害与工程防灾

12.5.1　地质灾害概述

地质灾害，通常是指在地质自然或者人为因素下，地质体发生变形、破坏、运动等，对人类社会、生态环境造成破坏和损失的地质作用（现象）。广义上讲，地质灾害既包括由于各种原因引起的地质环境和地质体的变异所导致的灾害，即狭义的地质灾害；也包括由于地质作用和地质条件的变异所衍生的灾害。根据灾害发生的时间快慢，分为突变性地质灾害和缓变性地质灾害，突变性地质灾害在很短的时间内爆发的灾害，如地震、崩塌、滑坡、泥石流等；缓变性地质灾害的形成是一个漫长的过程，如沙漠化、荒漠化、石漠化、地面沉降、地面塌陷等。根据地质作用的来源分为自然作用和人为作用，自然作用包括地质内、外动力作用所形成的地质灾害，地质内动力作用形成的主要是地震、火山等，地质外动力作用形成的有崩塌、滑坡、泥石流等，而人为作用如工程开挖诱发山体松动、滑坡和崩塌等，水库蓄水诱发地震，城市过量抽汲地下水引起地面沉降等。

我国地质灾害的区域分布具有东西分区和南北分区的特点，如华北、东北、西北等地区，荒漠化进程明显；西南山区雨季多，崩塌、滑坡、泥石流灾害频发；东部平原区存在广泛的地面沉降和地面裂缝；沿海省份具有较强的海水入侵和海岸侵蚀。根据灾害的程度和规模，将地质灾害分为特大、大、中、小型四个等级的地质灾害。

12.5.2　常见地质灾害及其防治

1. 滑坡地质灾害及其防治

滑坡是指斜坡上的土体或者岩体，受河流冲刷、地下水活动、雨水浸泡、地震及人工切坡等因素影响，在重力作用下，沿着一定的软弱面或者软弱带，整体地或者分散地顺坡向下滑动的自然现象（图12-20），俗称"走山""地滑""土溜"等。根据调查显示，滑坡在地质灾害点中所占比例最大到51%，是我国最主要的地质灾害类型。2015年6月24日，重庆巫山大宁河江东寺北岸，发生约23万 m³的大规模滑坡，并引发巨大涌浪，事故致2人死亡，5人受伤，21艘小型船舶翻沉。事故原因为2015年6月20日前连续数日的暴雨，致使泥土松动，突然引发的山体垮塌。

图 12-20　重庆巫山滑坡

滑坡的形态要素主要包括：①滑坡周界：平面上滑坡体与周围稳定不动的岩体或土体的分界线；②滑动面：滑坡体沿其向下滑动的面；③滑坡床：滑动时所依附的下伏不动体；④滑坡壁：滑坡体后缘与不动体脱离后暴露在外面的形似陡壁状的分界面；⑤滑坡台阶：滑坡体各部分下滑差异或滑体沿不同画面多次滑动，在滑坡上部形成阶梯状的台阶；⑥滑坡舌：滑坡体前缘形似舌状的伸出部分；⑦滑坡裂缝：在滑坡体及其周界附近的各种裂缝。

滑坡的防治主要采用消除和减轻水的危害以及改善边坡岩土力学强度等措施。滑坡的发生往往与水的作用密切相关，水的作用往往是滑坡的主要原因。因此，消除和减少水对边坡的危害尤为重要。其目的是降低孔隙水压力和动水压力，防止岩石和土壤的软化和溶解，消除或减少水的侵蚀和浪击的影响。消除和减轻水的危害具体做法有：为防止周边地表水进入滑坡区域，可在滑坡边界处修建沟渠；在滑坡区，可在坡面设置排水沟；覆盖层可覆盖浆砌片石或人工植被，防止水向下渗漏；岩石边坡也可以喷混凝土护面或挂钢筋网喷混凝土。

此外，可以通过一定的工程技术措施，提高边坡岩土的力学强度，加强边坡的抗滑力，降低边坡的滑动力。改善边坡岩土力学强度常用的措施有：①削坡减载。通过降低斜坡的高度或角度来改善斜坡的稳定性。削坡的设计应尽量降低不稳定岩土体的高度，同时不应降低土体中的阻滑部分（图12-21）。②边坡人工加固。常用的方法有不稳定岩体修筑挡土墙、护墙等支撑（图12-22）；钢筋混凝土抗滑桩或钢筋桩作为抗滑桩支护工程；预应力锚杆或锚索，适用于加固有裂隙或软弱结构面的岩质边坡；采用固结灌浆或电化学加固法加强边坡岩土体的强度；SNS边坡柔性防护技术；镶补沟缝等。对于斜坡上的裂隙、缝和孔洞，可以用碎石、水泥砂浆等填平，以防止裂隙、缝和孔洞的进一步发展。

图 12-21　削坡减载

图 12-22　挡墙＋锚杆框架梁支护

2. 崩塌地质灾害及其防治

崩塌是指倾斜陡坡上岩体、土体在重力作用下，突然地、急剧地与母体脱离，发生倾落运动，多发生在 60°～70°的斜坡上。崩塌的物质，称为崩塌体。崩塌体为土体，称为土崩；崩塌体为岩体，称为岩崩；涉及山体，称为山崩。当崩塌产生在河流、湖泊或海岸上时，称为岸崩。崩塌可以发生在任何地带，山崩限于高山峡谷区内。2017 年 11 月 16 日，广西南宁马山县发生山体崩塌，山石滑落砸中行人及车辆，造成 6 人死亡，9 人受伤（图 12-23）。

崩塌的成因和形成条件主要包括内在因素和外部因素。

内在因素包括：①岩土结构类型。岩土是产生崩塌的物质条件，不同类型的岩体所形成崩塌的情况不同，通常质地坚硬的各类岩浆岩、砂砾岩及碳酸盐岩等形成规模较大的岩崩，带来较为严重的灾害；页岩、泥灰岩等互层岩石及松散土层等，发生崩塌的形式往往以坠落和剥落为主，发生的灾害较轻。②地质构造条件。崩塌活动多发生于各种构造面，如岩石层面、节理、裂隙、断层

图 12-23　南宁山体崩塌灾害

等，对坡体的切割、分离，为崩塌的形成提供脱离体（山体）的边界条件。③地貌地形条件。割裂剧烈且坡度较大的条件下，容易发生崩塌。如 40°以上的江、河、湖（岸）、沟的岸坡，或者采矿场、山坡、铁路、公路等角度较大的人工边坡，孤立山嘴或凹形陡坡等均较容易发生崩塌。

外部因素包括：①地震及火山活动引起坡体晃动，对边坡稳定性造成破坏，从而发生坡体崩塌。②冰雪融化成水、降雨，特别是暴雨和连续降雨，形成地表水渗入坡体，软化岩体，产生孔隙从而诱发崩塌。③地表水对水库、江河湖海坡岸的边角冲刷、浸泡等，也能诱发崩塌。④人类活动。如开挖堆砌、地下采空、水库蓄水泄水、爆破等打破坡体原始平衡状态，都会诱发崩塌活动。⑤其他因素。如冰雪冻胀、昼夜温差等也会诱发崩塌。

防治崩塌的措施大多与防治滑坡的方法相同，关键是在采取措施之前，查清崩塌发生

的条件和直接诱发因素，有针对性地采取措施。在我国，防治崩塌的工程措施主要有：
①排水。在有水活动的地段，应设置排水设施进行截流和疏浚，包括边坡地下水的排水和
地表水的防治。②遮挡拦截。在斜坡的上部阻止崩塌。这一措施常用于预防和控制中、小
型崩塌或人工边坡崩塌。③支挡护坡。将支柱、支撑挡土墙修建在有突出或不稳定岩石、
孤石下，或废钢轨支撑；在容易风化剥落的斜坡上建造挡墙，比较平缓边坡可以采用水泥
护坡。④打桩，固定边坡。⑤刷坡、削坡。在危石、孤石突出的山口以及边坡风化破碎地
段，采用刷坡技术以减缓边坡，清除可能崩塌的危石、孤石。⑥填补沟缝。对于斜坡上的
裂缝、接缝和空隙，可以用碎石、水泥砂浆、硅酸盐水泥等填充空隙，以防止裂隙、接缝
和孔洞进一步发展。

　　3. 泥石流地质灾害及其防治

　　泥石流是山地、沟谷间，因暴雨、洪水将含有沙石且松软的土质山体经饱和稀释后形
成的洪流，它的流速快，破坏力强，面积、体积和流量都较大，预见性小。泥石流大多伴
随山区洪水而发生，是土、水、气混合流。泥石流灾害会对土地、生态、人类社会产生极
大的破坏。

　　2010 年 8 月 7 日，甘南藏族自治州舟曲县城东北部山区突降特大暴雨，降雨量大，
持续时间长，最终引发特大山洪地质灾害，泥石流长达 5km，总体积 750 万 m³。灾害中
1557 人遇难，284 人失踪。该地山高沟深，沟域崩塌滑坡堆积，历史地震导致山体松动破
碎，为泥石流提供了地形和物源条件。充分的物源和地形条件，在强降雨的激发下，发生
了这次特大型泥石流灾害。

　　泥石流的形成条件包括自然因素和人为因素。泥石流形成的自然因素有很多，其中地
形陡峭，松散堆积物丰富，突发性、持续性大暴雨或者大量冰融水的流出为主要因素。
①地形地貌：泥石流在地形上具备山高沟深，地形陡峻，沟床纵度大，流域形状便于水流
汇集。泥石流的地貌一般可分为形成区、流通区和堆积区三部分。②松散物质：地表岩石
破碎，崩塌、错落、滑坡等不良地质现象发育，为泥石流的形成提供了丰富的固体物质来
源；另外，岩层结构松散、软弱、易于风化、节理发育或软硬相间成层的地区，因易受破
坏，也能为泥石流提供丰富的碎屑物来源。③水源条件：水既是泥石流的重要组成部分，
又是泥石流的激发条件和搬运介质（动力来源），我国泥石流的水源主要是暴雨、长时间
的连续降雨等。自然因素是诱发泥石流的外在因素，而最终导致泥石流的内在因素是人类
的不合理活动；如乱砍滥伐、过度放牧、陡坡开荒等导致的水土流失，为泥石流发生提供
了水源条件；随意开挖山体边坡导致的山体失稳，为泥石流发生提供了地形条件；随意丢
弃废渣废料，为泥石流发生提供了松散物质条件。

　　泥石流的防治措施主要包括工程治理措施和非工程治理措施两大类。在具体实施泥石
流的防治时，需要针对不同地区的泥石流有不同的特点，采取综合治理方案。

　　减轻或避防泥石流的工程治理措施主要有：①跨越工程，指修建桥梁、隧道等，从泥
石流沟的上方跨越通过，让泥石流在其下方排泄，用以避防泥石流。②拦挡工程，主要是
拦挡泥石流中的固体物质，减缓沟床纵坡，控制暴雨、洪水径流，从而削弱泥石流流量、
下泄量和能量，起效较快。常用拦挡措施有拦砂坝、谷坊坝、固床坝等。③排导工程，施
工简单，效果好，作用是在泥石流的流通段，使泥石流按设计意图排泄至预定地点，防止
对下游造成破坏。常用排导工程有导流堤、排导沟、明硐等。

非工程治理措施（即生物措施）主要目的是控制泥石流的物质来源，防止水土流失，减小泥石流发生的规模，减轻泥石流危害。例如，退耕还林、植树造林、坡面绿化等工程，增加植被覆盖面积，涵养水源，恢复生态功能。

12.6 工程事故及灾害预防

12.6.1 工程事故定义

狭义上的工程事故可以定义为"三个不正常，两个不满足"所导致的工程异常现象。其中，"三个不正常"，即不正常设计、不正常施工和不正常使用的特殊情况；"两个不满足"，即不满足工程结构设计必须满足的两个条件：一是承载力极限状态条件，二是正常使用极限状态条件。

必须指出的是，通过对工程事故的分析，发现许多结构破坏，甚至倒塌事故，是完全处于正常设计、正常施工和正常使用状态的。还有很多工程，虽然从工程本身的安全性来评估并没有大的安全问题，也不存在隐患，可以认为是安全的，但从其对环境的破坏和对资源的浪费这两个宏观条件来衡量，却造成了更多的危害和损失。另外一些工程，虽然短时间内没有暴露出任何缺陷，但从长远来看，存在严重的不安全因素，迟早会暴露成为事故。因此，广义上的工程事故还应包括对环境破坏和资源浪费造成严重损失、影响宏观工程建设可持续发展以及不符合安全性和耐久性要求的工程事故。

12.6.2 工程事故分类

1. 按工程类别

1）路工桥隧类

路工桥隧类事故，主要包括道路路基工程、桥梁工程以及隧道工程事故，其中道路路基工程事故除了铁路、公路工程事故外，还包含地铁工程、地下工程事故在内，其涵盖范围很广，施工条件很差，事故概率甚高，事故损失也很大。

2）港工码头堤坝类

港工码头堤坝工程往往在水深浪大的海上或江河上施工，尤其海港码头工程处于具有极大腐蚀作用的海洋环境中，水上工程量大，因此工程的安全性与耐久性问题就显得十分严峻。

3）工业民用房屋建筑类

工业民用房屋建筑的覆盖面很广，使用量极大。部分工程由于历史原因，设计安全水准偏低，使用要求提高或因服务年久失修，需改造加固才能满足安全性与耐久性要求，这些本身先天不足的脆弱工程，其事故率必然很高。由于长期以来人们对工程的安全性与耐久性认识不足，特别是开发商与承包商的思想和行为不规范，近年来新建或在建中的工程也存在不少隐患，已经出现或行将出现的事故也很多。

4）特种构筑物类

特种构筑物类主要以高耸建筑和海洋平台为代表。此类建筑设计安全水准一般偏高一些，但施工条件复杂，事故也往往不可避免，而且一旦发生事故，极难挽救，因此更须持慎重态度。

2. 按结构类型

工程史上的结构类型很多，例如，地堡、土窑结构、土木结构、砖木结构和纯木结构等基本上已全部退出市场，薄膜结构目前还在试用阶段，使用范围不广。目前，钢筋混凝土结构、砖混结构和钢结构在建筑市场中的占有率最高、覆盖面最广，特别是钢筋混凝土结构在我国使用量最大，事故率也最高。

1）钢筋混凝土结构类

钢筋混凝土结构一般均具有较好的延性，因此，钢筋混凝土结构事故很少属于倒塌事故，而以结构裂缝事故为主。钢筋混凝土结构裂缝事故又可细分为板面裂缝事故、框架梁柱裂缝事故、框架柱剪力墙裂缝事故等类别。一般来说，对于板面裂缝事故，由于钢筋混凝土结构具有很好的延性，即使不予加固，除了影响使用功能之外，在安全方面不会构成威胁，而框架裂缝和剪力墙裂缝则会对工程的安全性与耐久性构成威胁。

2）砖混结构类

砖混结构出现的裂缝事故以地基沉降不均引起的砖墙裂缝和温度变化引起的砖墙裂缝为主，温度变化引起的砖墙裂缝主要出现在顶层墙，因为屋面温度与墙体温度变化与差异最大。沉降不均引起的墙面裂缝均从底层墙面或底层窗口开始，逐渐向上层扩展。

3）钢结构类

钢材有更好的延性和更高的材质均匀性，因此钢结构事故率一般不高。但由于钢材强度高，构件断面相对要细、弱得多，细长比大，因而刚度一般偏低，尤其是大跨度钢结构，往往因为刚度不够、变形太大而发生恶性坍塌事故。

12.6.3　工程事故原因分析

工程事故发生的原因往往是多方面的，工程建设往往涉及设计、施工、监理、使用、监督、管理等许多环节和参与单位，因此在分析质量事故时，必须对各种影响因素以及它们之间的关系进行具体地分析探讨，找出事故的全部原因。工程事故主要原因可大致归纳为以下5个方面。

1. 不当的选址

有地震活动断层，易发生滑坡、泥石流等地质现象，易发生严重不均匀沉陷的场地等均不适于进行工程建设。对于建设在这样场地上的工程，目前还缺乏有效的方法防止可能发生的灾害，或者防灾成本过高难以承受。为此，目前通常的做法是躲避或远离这类高危场址。

2. 不当的设防

提高土木工程的设防水准是提高其抗灾能力、减轻土木工程灾害的有效手段。1976年唐山地震发生时，唐山市几乎覆灭，其根本原因是全城的所有土木工程设施和建构筑物对地震几乎完全不设防。2010年造成数十万人死亡的海地地震发生时，震中所在地海地首都太子港同样是一座未进行抗震设防的城市。在这两次地震灾害中，地震固然是致灾体，由不当的设防导致的大量土木工程的失效更是造成惨重灾难的直接原因。

3. 不当的设计

建筑结构设计的基本要求是以最经济的手段使结构在正常施工和使用条件下，在预定的设计基准期满足安全性、适用性和耐久性的功能，结构或构件的强度、刚度、稳定性、耐久性等满足规范规定的要求。2016 年 3 月 15 日，美国佛罗里达州迈阿密的佛罗里达国际大学的一座在建人行天桥发生坍塌，事故造成至少 10 人死亡，桥下的高速公路也因此暂时无法通行。由于该桥造价高昂、技术难度有限、事故后果严重，在互联网社区引发剧烈反响。通过研究分析，认定其破坏原因为天桥在自重及施工荷载的作用下，腹杆缺少预压应力，加之设计为了美观考虑使腹杆截面尺寸过小，导致人行天桥斜腹杆发生失稳，丧失抗压承载力，进而引起连续倒塌。

4. 不当的施工

合理的施工过程和合格的施工质量对于确保实现设计意图至关重要，违规施工经常会酿成安全事故。2016 年 11 月 24 日江西丰电三期在建项目冷却塔施工平台发生倒塌事故，事故造成 73 人死亡，2 人受伤。事故原因为施工单位为压缩工期、突击生产，在 7 号冷却塔第 50 节筒壁混凝土强度不足的情况下，违规拆除模板，致使筒壁混凝土失去模板支护，不足以承受上部荷载，造成第 50 节及以上筒壁混凝土和模架体系连续倾塌坠落。

5. 不当的使用与维护管理

在土木工程建成投入使用之后，使用和维护管理上的疏忽也会造成土木工程失效。2007 年 6 月 15 日凌晨，位于广东省西江干流下游的九江大桥遭受一艘 2000t 级运沙船的撞击，约 200m 长的桥面垮塌，正在桥面上行驶的 4 辆车坠河，9 人失踪，交通严重受阻。调查表明，桥梁本身在设计和施工方面不存在质量问题，造成事故的主要原因是运沙船违规操作驶入非主航道。

12.6.4　工程事故预防措施

工程质量事故预防措施可以分为工程技术措施、安全教育措施及管理措施三种，其本质是为了消除可能导致质量事故发生的原因。由于质量事故常常是由重叠、交织在一起的若干种原因引起的，因此可以有若干种不同的事故预防措施，应当选择其中最有效的一种方案予以实施。

1. 工程技术措施

1）冗余技术

冗余技术是工程技术措施中比较重要的内容之一。冗余技术是指利用系统的并联模型，在系统中纳入多余的个体单元，从而保证系统安全的一种技术。采用冗余技术时，是采用部分冗余、全冗余还是分组冗余方式，要结合实际情况进行具体分析。

2）连锁装置

连锁装置是一种常见的、重要的安全工程技术措施。利用连锁装置的某一个部件或者某一机构，能够自动产生或阻止发生某些动作或某些事情。连锁装置可以从简单的机械连动到复杂的回路系统连动，对于一些机械、设备、过程或系统的运行具有控制能力，一旦发生危险，保证操作人员和设备的安全。

2. 安全教育措施

1）技术安全教育

对作业人员进行一定的技术、安全教育和训练，使作业人员掌握一定数量、种类的信息，形成正确的操作姿势和方法，要求作业人员不仅"知道"，还要深刻"理解"，在实际中"会干"。质量技术教材的内容主要体现在操作规程上，应写明要领，指出习惯和关键问题，并尽可能把操作步骤表达清楚。

2）质量思想教育

除了进行技术安全知识教育外，更重要的是对人员进行思想教育，清除头脑中那些不正确的知识和经验，针对人的性格与特点，采取适当的方法进行教育，使之牢固树立"质量第一"的思想。在进行思想教育时，可以运用典型质量事故案例。质量事故是有代价的教训，通过个别案例中带有普遍意义的内容，采用鲜明、生动的宣传形式，进行有针对性的教育，使人印象深刻，牢记不忘。

3. 管理措施

当前的市场环境下，科学合理的安全生产管理是非常有必要的。安全生产管理的内容很多，工程开发、设计、施工、验收、使用、维修等每一个过程都属于管理措施范畴。

1）建立、健全建筑法律法规及各项安全规章、制度。建立必要的规章制度，限制和约束人们在生产环境中的"越轨"行为，指导人们认真遵守国家颁布的各种规程、规范，保证质量。

2）建立、健全教育培训制度，明确质量管理人员及其职责，注重人员综合素质提高。质量管理人员必须具备两个条件：一是热心于质量工作，二是能够胜任质量工作。

3）建立、健全质量管理机构，严格追究事故责任，加大惩罚力度。严肃追查事故责任，查清质量事故原因及事故责任者，在责任问题上严格分清谁是谁非，做到照章办事、赏罚分明。

4）建立质量事故档案，并对事故开展工程学及统计学研究。

本章小结

（1）土木工程灾害划分为与自然环境相关的和与人为因素相关的两大类。与自然环境相关的工程灾害包括由地震、飓风、冰雪等自然现象引发的工程灾害以及由腐蚀、风化、冻融等环境作用引起的工程灾害。人为灾害中的土木工程灾害则可以进一步分为由技术事故、行为过失、恶意行径和知识局限导致的土木工程灾害。

（2）当前，在全球变暖加剧的背景下，频发的极端天气正成为影响各国经济社会发展的重要变量。随着新型智慧城市深入推进，韧性城市已成为国内外兴起的一种全新的城市防灾减灾发展方向，为建立系统化、数字化、智能化的城市防灾减灾体系提供了重要的理论依据。未来我们要建立针对综合防灾减灾体系的智慧信息系统，包括信息基础设施、信息共享平台、信息处理中心和信息交互终端等，将智慧信息系统应用于城市综合防灾减灾体系的全过程。通过物联网技术、3S技术、RFID技术对城市海量信息进行实时动态采集，建立高效的应急组织体系；建立城市灾后重建信息平台和信息管理平台，采集灾后各类信息，进行综合分析与处理；对城市防灾体系基础设施进行优化和改善。

思考与练习题

12-1　当前对结构抗火设计的深入研究主要集中在哪些方面?

12-2　简述地震等级、地震烈度、抗震设防烈度的基本概念。

12-3　简述抗震设防基本思想。

12-4　简述风荷载对结构的影响。

12-5　简述防止滑坡与崩塌的工程措施。

12-6　简述造成工程事故的主要原因。

第 13 章　土木工程项目管理与智能建造

本章要点及学习目标

　　本章要点：

　　（1）工程项目管理的基本概念、基本知识，工程项目招标投标相关知识，工程项目监理制度；（2）智能建造的概念和特点；（3）智能建造的共性基础技术；（4）智能建造全过程。

　　学习目标：

　　（1）了解工程项目管理体系，熟悉工程项目招标投标制度，了解工程监理制度；（2）掌握智能建造的概念和特点；（3）了解智能建造的共性基础技术及其应用场景；（4）了解智能建造过程中的四个阶段及其特征。

13.1　土木工程项目管理概述

13.1.1　工程建设项目概念与特征

　　工程建设项目是一项固定资产投资，它是最为常见的也是最为典型的项目类型。工程建设项目是指需要一定量的投资，经过前期策划、批准、设计到后期计划、施工、运行维护等一系列程序，在一定的资源约束条件下，以形成固定资产为确定目标的一次性事业。工程建设项目具有如下基本特征：

　　1. 工程建设项目的一次性。任何工程建设项目作为总体来说是一次性的、不重复的。即使在形式上极为相似的项目也存在差异，实施的时间不同、环境不同、项目组织不同、风险不同，所以它们之间无法替代。

　　2. 工程建设项目的约束性。任何工程建设项目总是在一定的时间、资金、资源的约束条件下进行的。从对时间的约束来看，工程建设项目的投资者总是希望尽快地实现项目的目标，发挥投资效益，时间约束即是对工程建设项目开始和结束时间的限制，达到工期目标。从对资金的约束来看，任何工程建设项目必然有对财力的限制，投资者对资金事先预算的投入则形成了工程建设项目的费用目标。最后是工程建设项目资源的均衡使用的问题。

　　3. 工程建设项目的目标性。工程建设项目都具有一个特定的目标，在实际建设过程中，特定的目标总是在工程建设项目的初期详细设计出来，并在以后的项目活动中逐步实现。

　　4. 工程建设项目的寿命周期性。任何工程建设项目遵循着项目的寿命周期性这一规律，经历着从提出建议、策划、实施、监督控制、使用到终止使用（报废）等过程。

5. 工程建设项目活动的多样性。一个工程建设项目从开始到终结，包含着各个阶段，每一阶段又包含着大量的不同活动。工程建设项目过程就是不同专业的人员，如建筑师、结构工程师、咨询工程师等在不同的时间、不同的空间完成不同的任务，这些任务的完成共同构成对该工程项目的完成。

6. 工程建设项目投资大。一个工程建设项目有少则几百万元，多则上千万元、数亿元的资金投入。例如我国三峡工程项目，其建设期间的静态投资达 1352 亿元，英吉利海峡隧道项目总投资达 120 亿美元。

7. 建设周期长。由于工程建设项目规模大，技术复杂，涉及专业面广，因此，从项目的设想、建设到投入使用，少则几年，多则几十年。

8. 不确定性因素多，风险大。工程建设项目建设周期长，露天作业多，受外部环境影响大，不确定性因素多，风险大。战争、政局动荡、自然灾害（地震、洪涝、台风等）、金融风暴和疫情等，都可能影响工程建设项目的正常实施，甚至使之被迫中止。

9. 项目参与人员多。工程建设项目是一项复杂的系统工程，众多来自不同参与方、涉及不同专业的人员，在不同的层次上进行工作，其主要的人员包括业主、建筑师、结构工程师、机电工程师、项目管理人员、政府建设行政主管部门工作人员等。

正是由于工程建设项目具有上述复杂特征，工程建设项目管理变得极其重要。高数额的资金如何在不同阶段有效地使用；如何将众多的工程建设项目参与人员进行有序的安排，使他们能依次安全地在不同的时间和不同的地点完成好自己的工作；如何保证建设质量、规避建设过程风险……这一系列的问题必须通过有效的项目管理，即进行全面地组织、计划、协调和控制才能得以有效解决。

13.1.2　工程建设项目的建设程序

一个工程建设项目的建成需要经过多个不同阶段，通常把工程建设项目的各个阶段和各项工作的先后顺序称为工程建设项目建设程序。各阶段的分界线可以进行适当地调整，各项工作的选择和时间安排根据项目的具体特点确定。

1. 我国现行工程建设项目建设程序

工程建设项目的建设程序习惯上被称为基本建设程序。我国的工程建设项目建设程序分为项目建议书阶段、可行性研究阶段、设计工作阶段、建设准备阶段和竣工验收阶段六个阶段，如图 13-1 所示。其中项目建议书阶段和可行性研究阶段称为"前期工作阶段"或决策阶段。

1) 项目建议书阶段

项目建议书是业主单位向国家提出的要求建设某一建设项目的建议文件，是对建设项目的轮廓设想，是从拟建项目的必要性及主要可能性加以考虑的。在客观上，建设项目要符合国民经济长远规划和部门、行业和地区规划的要求。

2) 可行性研究阶段

可行性研究在项目建议书获批准后进行。可行性研究是对建设项目在技术上和经济上是否可行进行的科学分析和深入论证，为项目决策提供依据，主要任务是通过多方案比较，提出评价意见，推荐最佳方案。完成可行性研究后一般应编制可行性研究报告，经批准后，则作为初步设计的依据，不得随意修改和变更。

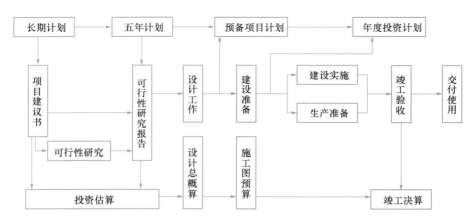

图 13-1   工程项目建设程序图

3）设计工作阶段

一般项目进行两个阶段设计，即初步设计和施工图设计。技术上比较复杂而又缺乏设计经验的项目，在初步设计阶段后加入技术设计。

初步设计是根据可行性研究报告的要求所做的具体实施方案，目的是阐明在指定的地点、时间和投资控制数额内，拟建项目在技术上的可能性和经济上的合理性；并通过对工程项目所作出的基本技术经济规定，编制项目总概算。

技术设计是进一步解决初步设计中的重大技术问题，如工艺流程、建筑结构、设备选型及数量确定等，以使建设项目的设计更具体、更完善，技术经济指标更好。

施工图设计具有详细的构造尺寸，完整地表现建筑物外形、内部空间分割、结构体系、构造状况以及建筑群的组成和周围环境的配合。它还包括各种运输、通信、管道系统、建筑设备的设计。在工艺方面，应具体确定各处设备的型号、规格及各种非标准设备的制造加工图。在该设计阶段应编制施工图预算。

4）建设准备阶段

建设准备具体包括向政府主管部门申报列入预备项目、建设准备和报批开工报告。其中，建设准备的工作内容包括：征地、拆迁和场地平整；完成施工用水、电、路等工程；组织设备、材料订货；组织施工招标投标，择优选定施工单位。

5）建设实施阶段

建设实施阶段是项目决策的实施、建成投产发挥投资效益的关键环节。施工活动遵循设计要求、合同条款、预算投资、施工程序和顺序、施工组织设计，在保证质量、工期、成本计划等目标的前提下进行，达到竣工标准要求，经过验收后，移交给建设单位。

6）竣工验收阶段

当建设项目按设计文件的规定内容全部施工完成以后，便可组织验收。它是建设过程的最后一道程序，是投资成果转入生产或使用的标志，是建设单位、设计单位和施工单位向国家汇报建设项目的生产效益、质量、成本、收益等全面情况及交付新增固定资产的过程。

2. 国外的建设程序

国外工程建设项目的建设程序基本与我国相似，大致可以划分为四个阶段：①项目决策阶段，包括可行性研究、项目评估和报请主管部门审批；②项目组织、计划、设计阶段，包括项目初步设计和施工图设计、项目招标及承包商的选定与合同签订、制定项目实施总体计划、项目征地及建设条件的准备；③项目实施阶段，即通过施工，在规定的工期、质量、造价范围内，按设计要求高效率地实现项目目标；④项目试生产、竣工验收阶段，包括竣工验收、联动试车、试生产。项目试生产正常并经业主认可后，项目即告结束。

13.1.3 工程建设项目的招标投标

1. 招标投标的概念

建设工程招标是：招标人在发包建设项目前，公开招标或邀请投标人，根据招标人的意图和要求提出报价，择日当场开标，以便从中择优选择中标人的经济活动。

建设工程投标是：具有合法资格和能力的投标人根据招标条件，经过初步研究和估算，在指定期限内填写标书，提出报价，并等候开标、决定能否中标的经济活动。

2. 招标投标的作用

招标投标制度是为合理分配招标、投标双方的权利、义务和责任建立的管理制度，加强招标投标制度的建设是市场经济的要求。招标投标制度的作用主要体现在：提高经济效益和社会效益，提升企业竞争力，健全市场经济体系，打击贪污腐败。

3. 基本程序

1）招标

（1）招标准备。招标必须具备的基本条件包括：需按现行规定履行审批、核准、备案手续；有相应资金或资金来源已经落实。招标准备工作包括：组建招标班子，选择招标代理机构，细化招标方案、制定招标作业实施计划。

（2）资格审查。资格预审的目的是保证潜在投标人能够公平获取公开招标项目的投标竞争机会，并确保投标人满足招标项目的资格条件，避免招标人和投标人的资源浪费，招标人可以对潜在投标人组织资格预审。资格审查的方式，分资格预审和资格后审两种。资格审查的主要内容为：具有独立订立合同的法人资格；具有履行合同的能力，包括专业、技术资格和能力，资金、设备和其他物质设施状况，管理能力，经验、信誉和相应的从业人员；有无不良记录；以往承担类似项目的业绩情况；法律、行政法规规定的其他资格条件。

（3）建设项目招标文件编制。招标文件是招标人采购需求的最基础、最重要、最完整的法律性文件，是向投标人公开提供的编制投标文件的唯一依据，是评标委员会进行评标选用的评标标准和评标方法的依据，是招标人与中标人签订合同的基础。以施工招标文件为例，其主要内容有以下10项：投标邀请书、投标须知、合同条款、合同文件格式、工程建设标准、投标文件投标函部分格式、投标文件商务部分格式、投标文件技术部分格式、资格审查申请书、工程量清单。

（4）招标公告（或投标邀请书）的发布。采用公开招标的，招标人应当发布招标公告或资格预审公告；采用邀请招标的，招标人应当向三家以上具备承担招标项目能力、资信好的特定法人或其他组织发出投标邀请书；当采用资格预审公开招标方式时，先发招标资格预审公告。资格预审结束后，向投标人发资格预审合格通知书的同时，发投标邀请书。

（5）现场踏勘与答疑。现场踏勘，是指招标人根据项目情况，组织潜在投资人踏勘项目现场，向其介绍工程场地和相关环境等有关情况。答疑是对发出的招标文件中的遗漏、词义表述不准或对较复杂的事项进行说明，回答投标人提出的问题，也可对招标文件中出现的错误进行修改。招标人对投标人的问题解答以及对招标文件的澄清、修改和说明，都必须以书面形式通知所有购买招标文件的潜在投标人，并将其作为招标文件的组成部分。

2）投标

工程建设项目投标程序主要包括：购买资格预审文件，编制和报送资格预审申请文件；资格预审合格后按投标邀请购买招标文件；参加现场踏勘和标前答疑与澄清会；编制和审定投标文件，开具投标保函；按招标文件规定如期递交投标文件，进行投标；参加开标会；接受评标委员会的提问并进行说明；中标后按期和招标人签订书面合同并交履约保证金。

投标工作的重点是编制提交投标文件。潜在投标人应依据招标文件要求的格式和内容，编制、签署、装订、密封、标识投标文件，按照规定的时间、地点、方式提交投标文件，并根据要求提交投标保证金。投标文件应对招标文件提出的实质性要求和条件作出响应，内容一般包括：投标函，投标报价，投标保证金或其他形式的担保，投标项目方案及说明，投标人资格、资信证明文件及授权书，招标文件要求的其他有关内容和各种附件、附表等材料。

3）开标

招标人或其招标代理机构应按招标文件规定的时间、地点组织开标，邀请所有投标人代表参加，并通知监督部门，如实记录开标情况。除招标文件或相关法律法规有规定外，投标人不参加开标会议不影响其投标文件的有效性，投标人少于 3 个的，招标人不得开标。

4）评标

招标人一般应当在开标前依法组建评标委员会。依法必须进行招标的项目评标委员会由招标人代表和不少于成员总数三分之二的技术经济专家，且 5 人以上成员单数组成。评标程序主要包括：评标准备、投标文件的符合性检查、技术评审、商务评审、综合评价，最后编报评标报告，推荐中标候选人。在评标过程中，评标委员会可以请投标人对投标文件中内容含义不清或某些问题进行澄清与说明，不允许对投标报价等实质性问题进行任何改动。

5）中标

评标结束后，招标人应当对中标候选人进行为期不少于 3 日的公示，并由原评标委员会按照招标文件规定的标准审查中标候选人的经营、财务状况是否存在违法行为，判断是否影响其履约能力。通过公示和审查后，招标人确定中标人，发出中标通知书，并向有关行政监督部门提交招标投标情况书面报告。

6）签订合同

招标人和中标人应当自中标通知书发出之日起 30 日内，按照中标通知书、招标文件和中标人的投标文件签订合同，中标人按招标文件要求向招标人提交保证金，并依法备案合同。

13.1.4 工程建设监理

1. 工程建设监理的概念

工程建设监理，是指具有相应资质的工程监理单位受建设单位的委托，依据国家相关法律法规、有关的技术标准、设计文件、建设工程承包合同以及建设工程委托监理合同，对工程建设实施的专业化监督和管理。

2. 工程建设监理的作用

1）有利于提高建设工程投资决策科学化水平。工程监理企业参与或承担项目决策阶段的监理工作，协助建设单位选择适当的工程咨询机构并对咨询结果（如项目建议书，可行性研究报告）进行评估，或者直接从事工程咨询工作，为建设单位提供建设方案。这些可使项目投资符合国家经济发展规划、产业政策，更加符合市场需求，有利于提高项目投资决策的科学化水平，降低项目投资决策失误。

2）有利于规范工程建设参与各方的建设行为。工程建设参与各方的建设行为都应当符合法律、法规、规章和市场准则。监理单位一方面依据委托监理合同和有关建设工程合同对承建单位的建设行为进行监督管理；另一方面，可以向建设单位提出建议，从而避免发生不当建设行为。

3）有利于保证建设工程质量和使用安全性。监理人员都是既懂工程技术又懂经济管理的专业人士，能及时发现建设工程实施过程中出现的问题，从而避免留下工程质量隐患，对保证建设工程质量和使用安全有着重要作用。

4）有利于实现建设工程投资效益最大化。工程建设监理可在三个方面促进建设项目投资效益最大化：①在满足建设工程预定功能和质量标准的前提下，建设投资额最少；②在满足建设工程预定功能和质量标准的前提下，建设工程寿命周期费用最少；③建设工程本身的投资效益与环境效益的综合效益最大化。

3. 监理工作基本内容

1）成立项目监理机构。工程监理单位实施监理时，应在施工现场派驻合适数量的总监理工程师、专业监理工程师和监理员，必要时可设总监理工程师代表。

2）编制建设工程监理规划。监理规划在签订建设工程监理合同及收到工程设计文件后由总监理工程师组织编制，并应在召开第一次工地会议前报送建设单位。

3）制定各专业监理实施细则。对专业性较强、危险性较大的分部分项工程，项目监理机构应编制监理实施细则。监理实施细则应包括专业工程特点、监理工作流程、监理工作要点、监理工作方法及措施。

4）规范化开展监理工作。项目监理机构应根据建设工程监理合同约定，制定和实施相应的监理措施，采用旁站、巡视和平行检验等方式对建设工程实施监理。

5）参与验收，签署建设工程监理意见。建设工程施工完成后，监理单位参加建设单位组织的竣工验收，并签署监理单位意见。

6）向业主提交建设工程监理档案资料。监理工作结束后，监理单位应按照监理委托合同中的约定向业主提交监理档案资料。

7）监理工作总结。监理过程中，项目监理机构应及时向建设单位提交监理工作总结，向监理单位提交监理工作总结。

13.2　智能建造概述

13.2.1　智能建造时代背景

习近平总书记在《中国共产党第二十次全国代表大会报告》中指出"推进新型工业化，加快建设制造强国、质量强国、航天强国、交通强国、网络强国、数字中国"，"深入实施新型城镇化战略"。这就要求我们以网络化、数字化、智能化融合发展为契机，推进互联网、大数据、人工智能同土木工程行业深度融合，建设集约高效、经济适用、智能绿色和安全可靠的现代化建筑基础设施体系。建筑业作为国民经济的支柱性产业，原有生产方式落后，管理水平粗放，已经远远不能满足中国式现代化的需求，因此建筑业信息化转型升级、节能减排、降本增效迫在眉睫。在建筑行业以往的不断探索、各项新技术蓬勃发展，以及最新的新基建政策形势推动下，智能建造孕育诞生并且逐步发展壮大。

13.2.2　智能建造概念

丁烈云院士提到，所谓智能建造，是新一代信息技术与工程建造融合形成的工程建造创新模式，即利用以"三化"（数字化、网络化和智能化）和"三算"（算据、算力、算法）为特征的新一代信息技术，在实现工程建造要素资源数字化的基础上，通过规范化建模、网络化交互、可视化认知、高性能计算及智能化决策支持，实现数字链驱动下的工程立项策划、规划设计、施（加）工生产、运维服务一体化集成与高效率协同，不断拓展工程建造价值链、改造产业结构形态，向用户交付以人为本、绿色可持续的智能化工程产品与服务。

肖绪文院士指出，智能建造是面向过程产品全生命周期，实现泛在感知条件下的信息化建造，即根据过程建造要求，通过智能化感知、人机交互、决策实施，实现立项过程、设计过程和施工过程的信息、传感、机器人和建造技术的深度融合，形成在基于互联网信息化感知平台的管控下，按照数字化设计的要求，在既定的时空范围内通过功能互补的机器人完成各种工艺操作的建造方式。

智能建造是一种有别于传统建造的新理念，它以项目信息门户为共享平台，以建造技术、人工智能和数据技术为手段，面向项目全生命周期，构建项目建设和运营的智能化环境，通过技术集成、信息集成和管理创新，对项目建设全过程实施有效管理，提高建造过程的智能化水平，减少对人的依赖，实现安全建造，并实现性能价格比更好、质量更优的建筑。智能建造是信息化与工业化深度融合的一种新型工业形态，体现了项目建设从机械化、自动化向数字化、智能化的转变趋势。

智能建造的含义主要有：（1）智能建造以工程信息平台为基础，集成了工程项目各种相关信息的工程数据模型，可以对建造过程以及各项功能进行智能化实现。（2）智能建造通过对多项先进技术的互联、集成，把解决建设工程项目各阶段的重难点以及满足业主方的需求作为主要目标。（3）智能建造是推动工程建设行业数字化转型的重要途径，随着经济结构模式不断优化，依靠钢筋混凝土等资源消耗、环境污染和劳动密集型的传统建造模式面临着转型升级的压力，智能建造作为新型现代化的建造模式，是建造行业实现跨越和发展的必经之路。

从内涵讲，智能建造是结合全生命周期和精益建造理念，利用先进的信息技术和建造技术，对建造的全过程进行技术和管理的创新，实现建设过程数字化、自动化向集成化、智慧化的变革，进而实现优质、高效、低碳、安全的工程建造模式和管理模式。但是，智能建造的概念不是一成不变的，随着人工智能、VR、5G、区块链等新兴信息技术的涌现并应用至工程实践，将会产生更多创新应用成果，不断丰富智能建造的内涵。

13.2.3 智能建造特点

智能建造从范围上来讲，包含了建设项目建造的全生命周期，既有勘察、规划、设计，也有施工与运营管理等；从内容上来讲，通过互联网和物联网来传递数据，这些信息与数据往往蕴含着大量的知识，借助于云平台的大数据挖掘和处理能力，建设项目参建方可以实时清晰地了解项目运行的方方面面，对项目的组织协调、计划管理将会有更好的把控作用。从技术上来讲，智能建造中"智能"的根源在于以 BIM、物联网和云计算等为基础和手段的信息技术的应用，智能建造涉及的各个阶段、各个专业领域不再相互独立存在，信息技术将其串联成一个整体。

智能建造充分利用上述先进技术手段使工程项目全生命周期的各个环节高度集成，对不同主体的个性化需求做出智能反应，为不同阶段的使用者提供便利，借助着各项技术发展起来的智能建造技术作为提高工程建设项目生产率的新技术，其特点见表13-1。

智能建造的特点 表 13-1

特征	含义
智慧性	主要体现在信息和服务这两个方面，智慧性以信息作为支撑，每个工程项目都包含巨量的信息，需要有感知获取各类信息的能力、储存各类信息的能力、高速分析数据的能力、智慧处理数据的能力等，而当具备信息条件后，通过技术手段及时为用户提供高度匹配、高质量的智慧服务
便利性	智能建造以满足用户需求为主要目标，在工程项目建设过程中，需要为各专业参与者提供信息共享以及各类智慧服务，为各专业参与者提供便利、舒适的工作资源和环境，使得工程项目能够顺利完成，也为业主方提供满意的建筑功能需求
集成性	集成性主要指将各类信息化技术手段互补的技术集成以及将建设项目各个主体功能集成这两个方面。智能建造的技术支持涵盖了各类信息技术手段，而每种信息技术手段都有独特的功能，需要将每种技术手段联合在一起，实现高度集成化
协同性	通过运用物联网技术，将原本没有联系的个体与个体之间相互关联起来，彼此交错，构建了智慧平台的神经网络，从而能够为不同的参与用户提供共享信息，增进不同用户间的联系，能有效避免信息孤岛情况，达到协同工作的效果
可持续性	智能建造完全切合可持续性发展的理念，将可持续性融入工程项目整个生命周期的每一个环节中。采用信息技术手段，能够有效进行能耗控制、绿色生产、资源回收再利用等方面作业。可持续性不仅满足节能环保方面的要求，而且包括了社会发展、城市建设等要求

13.2.4 智能建造的基础共性技术

智能建造在生产方式、产品形态、形态理念等方面驱动着产业变革的同时，离不开新兴技术的支撑，随着云计算、大数据、移动通信、BIM、GIS、3D 扫描、自动化、物联网、人工智能、虚拟现实等新兴技术的涌现并应用至工程实践，不同技术之间相互独立又相互联系，智能建造与各新兴技术的融合更加紧密，不断推动智能建造的发展。

1. 新一代信息技术

1）云计算

云计算是分布式计算的一种，指的是通过网络"云"将巨大的数据计算处理程序分解成无数个小程序，然后，通过多部服务器组成的系统进行处理和分析，这些小程序得到结果并返回给用户。

云计算技术可赋予用户前所未有的计算能力和高可靠性、通用性和高可扩展性能。工程建设行业由于其本身复杂的特点，对整个施工建造过程的控制十分粗糙，由于建筑物是个十分复杂的整体，云计算对于施工建造控制、结构健康检测、BIM 模型优化等各方面都具有广阔的应用前景。基于云计算技术，对于复杂的建筑物施工平台的数据处理可以使计算能力大大提升从而提高现场管理的速度以及扩大管理的范围。

以在智能结构健康监测领域为例，云计算技术可以为其提供强大的计算能力，从而提高实时监测的能力，为结构健康监测提供了大量数据处理技术保障，从而使监测效率大大提升，同时也会增加预警的时间，为结构健康保障、人员保障等方面带来重要作用。

2）大数据

大数据是需要新处理模式才能具有更强的决策力、洞察发现力和流程优化能力来适应海量、高增长率和多样化的信息资产。

大数据技术对结构化数据、非结构化数据和半结构化数据进行数据采集与预处理、数据存储与管理，运用各种计算模式对数据进行分析和挖掘，从而保证大数据的安全与隐私。大数据技术在智能建造的建筑能耗分析、建筑损伤监测、施工智能预警、人工智能算法成本管理、健康诊断、BIM 模型构建等过程中都发挥着巨大的作用。

基于大数据的发展，可以在土木工程的研究中放置更多的传感器在研究对象上，使其可以涉及土木工程中每一个需要观测的细节，尽可能地多采集一些数据信息，利用大数据技术对数据加以分析和处理，找到相应数据的规律，从而可以更好地把握土木工程未来的设计方向和发展趋势。利用施工过程中监测所得的大数据及其分析，还可以及时发现施工质量问题，改进施工管理方式，有效降低工程建设成本。

3）移动通信

移动通信是移动体之间的通信，或移动体与固定体之间的通信。5G（第五代移动通信技术）作为移动通信领域的重大变革点，是当前"智能建造"的领先领域。

在与智能建造结合方面，依托于 5G 技术高传输速率、低延迟的特点融合 BIM 和云计算、大数据、物联网、移动互联网、人工智能等信息技术领域，集成人员、流程、数据、技术和业务系统，实现项目施工全过程的监控与管理。

在智慧工地中，5G 的应用不仅是对工人门禁刷卡、环境扬尘监测、工地远程视频监控、施工升降机和危险性较大分部分项工程的管理预警，而且对实现工地的近程自动化操控场景落地、工地工程机械设备的远程操控具有重要意义，可以切实解决工程机械领域人员安全难以保障、企业成本居高不下的难题。在装配式建筑中，5G 的应用将显著提高施工质量，更利于加快工程进度，提高工程的建筑品质，更好地调节供给关系，更利于文明施工、安全管理、环境保护、资源节约。

2. 数字化技术

1）BIM

BIM（建筑信息模型）是指在建设工程及设施全生命期内，对其物理和功能特性进行数字化表达，并依此设计、施工、运营的过程和结果的总称。

通过建筑或设施全寿命周期内的信息共享，BIM 实现了对建筑详细的物理和功能特点的数字化呈现，同时作为信息可视化的载体，为智能建造过程与管理平台搭建桥梁。

BIM 在智能建造中的应用可以包括：①信息整合。BIM 技术是智能建造的核心技术，以信息技术作为载体，建立完整过程的数据流与数据库，从而提升整个项目周期的整合度，为项目广泛意义上的"管理"提升效率。②协同工作。在设计阶段采用 BIM 技术，各个设计专业可以协同设计，可以减少错漏缺碰等设计缺陷，确保所有图纸信息元的单一性，实现一处修改处处修改。施工管理阶段，各个专业经由 BIM 平台进行协同工作，实现智能建造。

2）GIS

GIS（地理信息系统）是一种空间信息系统，是对整个或部分表层空间中有关空间分布的数据信息进行采集、运算、分析和显示等的系统，为我们提供了客观定性的原始数据。

GIS 技术在区域规划、环境管理、城市管理、辅助决策等方面发挥巨大的作用。在区域规划方面，GIS 进行信息筛选并转换为可用形式，成为规划人员的强大工具；在环境管理方面，GIS 可进行环境监测和数据收集，建立基础数据库和环境动态数据库，建立环境污染模型等，为环境评价、环境规划管理提供有力支持，在城市管理方面，GIS 帮助管理人员查询设施管线、管网的分布，追踪流量信息和运行质量监控；在辅助决策方面，GIS 利用特有数据库，通过一系列决策模型的构建和比较分析，为国家的宏观决策提供依据。

随着近些年来两项技术的不断进步，BIM＋GIS 技术为建筑业的信息化、智能化发展提供了良好的支撑，将 GIS 与 BIM 进行技术融合，用 BIM 构建精细的三维建筑模型，对建筑物的内部信息进行分析和管理，这些高精度的 BIM 模型是 GIS 的重要数据来源，也为后期运营维护管理提供基本的模型数据及所属的多维信息数据。GIS 可作为智慧园区的神经中枢，能够管理区域空间，分析空间地理信息数据，从而使宏观的 GIS 数据和微观的 BIM 信息相结合，这样可实现两者之间的优势互补，再加以当前的物联网技术，可为智能建造构建一个很好的基础平台。

3）3D 扫描

3D 扫描是近年来发展起来的一门新的测绘领域技术。该技术作为获取空间数据的有效手段，具有快速、精确、无接触测量等优势，可真正做到直接从实物中进行快速地逆向三维数据采集及模型重构。其测量结果能直接与多种软件接口，已经广泛应用在各个领域。

3D 扫描在智能建造中的应用举例如下。①施工现场规划。通过 3D 扫描技术，可以实时获取施工现场实际情况，把云数据与设计图纸（BIM 模型）连接起来，即时指导场地管理、施工组织规划、物流进场计划、施工进度计划等。②钢结构生产与施工。利用3D 扫描技术，可以对建筑中很多巨型桁架、不规则弯管，或者更加复杂的异形钢构件分别进行扫描，然后在计算机里进行预拼装，预拼装合格，再把钢构件运到施工现场进行焊接与吊装。③竣工模型的验证。施工单位以点云文件为基础来修改竣工模型，对于每个模型修改部分，承包方需要明确每一个模型变更的点云依据，并有相应存档文件。监理单位可以直接拿施工单位的点云数据，抽样考核验收。

3. 集成技术

1）BAS

BAS（建筑设备自动化系统），是智能建筑不可缺少的一部分，其任务是对建筑物内的能源使用、环境、交通及安全设施进行监测、控制等，以提供一个既安全可靠，又节约能源，而且舒适宜人的工作或居住环境。

BAS通常包括暖通空调、给水排水、供配电、照明、电梯、消防、安全防范等子系统。根据我国行业标准，BAS又可分为设备运行管理与监控子系统和消防与安全防范子系统，两者应建立通信联系实现可协调，以便灾情发生时，能够按照约定实现操作权转移，进行一体化的协调控制。

建筑设备自动化系统在智能建造中的应用举例如下：①电气设备的自动化系统。该系统可随时监控楼宇各项技术在运行过程中的情况并及时发现和处理各种故障，以确保楼宇建筑安全。②办公自动化系统。在智能化建筑中实现人机一体化的工作环境，从而让办公设备资源实现利用率最大化，也能够让生产工作的效率以及质量得到有效提升。③安保自动化系统。该系统能够及时识别和分析各项显著的非结构化数据信息是否合法，还能够在一定规则范围内判定各项操作指令是否正确，根据其采集的相关数据，监管人员可以快速找到异常和问题。

2）物联网

IOT（物联网）指的是将各种信息传感设备，如射频识别（RFID）装置、红外感应器、全球定位系统、激光扫描器等种种装置与互联网结合起来而形成的一个巨大网络。将物-物与互联网连接起来，进行物体与网络间的信息交换和通信，以实现物体智能识别、定位、跟踪、监控和管理。

物联网技术在智能建造中起着感知建造景观、生产和传递数据的关键作用。应用物联网技术可实现人机料法环的精确定位，从而提高施工质量；通过生产管理系统化和安防监控与自动报警保证施工安全，通过降低材料成本和提高工作效率降低施工成本，具有可观的经济效益。物联网技术的优势在于感知和互联，在物联网技术支持下，智能建造各阶段的工程信息，以及单个智能建造项目之间将实现互联，使用者就可以及时、准确地掌握和了解智能建造过程中人员、设备、结构、资产等关键信息，实现信息处理、聚集分类、分析和响应过程，提供辅助决策方案，物联网的后台支撑技术还可以实现智能建造流程整合、虚拟化应用与调节控制、业务流程优化等工作。

3）AI

AI（人工智能）亦称智械、机器智能，指由人制造出来的机器所表现出来的智能。通常人工智能是指通过普通计算机程序来呈现人类智能的技术。人工智能技术主要是运用计算机手段模拟仿真人的思维模式、反射等相关智能系统。

人工智能领域的人工神经网络、决策支持系统、专家系统、机器深化学习等技术都可应用于智能建造。目前研发的建筑工地管理系统，综合运筹学、数理逻辑学及人工智能等技术手段，涵盖了工地管理的方方面面。模糊神经网络技术可用于结构振动控制与健康诊断中，能精确地预测结构在任意动力荷载作用下的动力响应，同时还可随时加入其他辨识方法总结出的规则，具有很强的可扩展性与实用性。人工智能技术在智能建造领域已经取得了一定的进展，特别在工程造价估算、施工现场管理、施工现场风险识别和结构损伤识别方面已经取得较好的实际应用效果。

4）虚拟现实

虚拟现实指采用以计算机技术为核心的现代信息技术生成逼真的视、听、触觉一体化的一定范围的虚拟环境，用户可以借助必要的装备以自然的方式与虚拟环境中的物体进行交互作用、相互影响，从而获得身临其境的感受和体验。

虚拟现实在智能建造中的应用举例如下：①在设计方面，引入虚拟现实技术后，设计人员就能简化力学性能模型试验工作，排除传统力学试验中可能会受到的气流、摩擦力等因素的影响，保证力学试验的准确性，并通过计算机技术快速精准地进行试验数据分析，帮助设计人员决策出最合适的设计方案。②在施工模拟方面，借助虚拟现实技术能在施工开展之前进行施工模拟，将工程数据输入计算机系统，全面考虑多项施工因素，结合工程成本、工程建设时间，智能化评估数据，制定出最优的施工方案。③在安全管理方面，虚拟现实技术可以与 BIM 结合，应用于高处坠落事故防范、VR 安全体验、消防疏散模拟、数字化入场教育和安全交底等方面。

13.3　智能建造全过程

13.3.1　智能设计

1. 智能设计概念

智能设计是指应用现代信息技术，采用计算机模拟人类的思维活动，提高计算机的智能水平，从而使计算机能够更多、更好地承担设计过程中各种复杂任务，成为设计人员的重要辅助工具。

2. 智能设计内容

智能设计涵盖内容主要包括以下 4 个方面：①智能方案设计。方案的产生和决策阶段是最能体现设计智能化的阶段，是设计全过程智能化必须突破的难点。②知识获取和处理。基于分布和并行思想的结构体系和机器学习模式的研究，以及基于遗传算法和神经网络的研究，其重点均在归纳及非单调推理技术的深化，如何对获取到的海量信息进行学习和处理并得到正确的决策，是当前的研究热点。③面向 CAD 的设计理论。它包括概念设计、虚拟现实、并行工程、健全设计集成化、产品性能分类学及目录学、反向工程设计法、产品生命周期设计法等。④面向制造的设计。以计算机为工具，建立用虚拟方法形成的趋近于实际的设计和制造环境，具体研究 CAD 集成、虚拟现实、并行及分布式 CAD/CAM 系统及其应用、多学科协同、快速原型生成和生产的设计等人机智能化设计系统。

3. 智能设计在土木工程中的应用

当前智能设计在土木工程中最典型的应用即为基于 BIM 的参数化设计。参数化是指将设计要求、设计原则、设计方法和设计结果用灵活可变的参数来表示，在人机交互的过程中根据实际情况随时更改。参数化设计把建筑对象模型化、对象化和抽象化，将建筑对象和约束条件通过数字化建模，建立建筑对象关联参数，生成或形成可以灵活调控、有限变化的虚拟建筑模型。

基于 BIM 的参数化设计可以归纳得出以下 3 个特点：①面向关联的建筑对象。它是通过具有一定规则形状的几何构件和相关参数进行模型搭建的，软件操作的对象是建筑的墙体、门、窗、梁、柱等建筑构件，而不再是以前绘图所面对的简单的点、线、面等几何对象。在计算机上建立和编辑的不再是一些毫无关联的点和线，而是能够代表建筑构件的物理参数属性。因此，面向建筑对象的参数化设计使得基于 BIM 的建筑设计更加清晰、直观。②交互式编辑。在传统 CAD 设计过程中，只能对建筑构件进行简单的文字注释，而在参数化建筑模型设计过程中，可以对建筑构件的所有信息进行注释和编辑，并使这些信息相互关联。当对图纸的某一部分进行改动时，其对应的立面、剖面及各种报表等也将立即自动关联更新。BIM 的参数化建模的特点，使得所建立的模型包含了建筑的所有信息，为建筑信息模型的进一步应用创造了条件。③数据库共用。在整个设计过程中，使用统一数据库可以提高数据的协同性和关联性，有利于设计变更时的图纸修改和信息追踪，提高图纸的准确性，减少错误的产生。这种基于同一数据库的设计方法在工程后期同样具有重要的意义和价值。在运营管理阶段，建立的模型数据库与物业管理系统及其他楼宇自动化系统集成，可以实现基于 BIM 的物业管理和设备自动化管理。

13.3.2　智能生产

1. 智能生产概念

智能生产，是一个由制造业引入建筑领域的全新概念，主要是基于物联网、BIM 技术和 3D 打印技术来完成的。物联网在智能生产中的作用是信息搜集和信息传输，其核心是射频识别技术（RFID）。BIM 技术是智能生产的"神经中枢"，在施工过程中，BIM 技术可实现对项目的设计、施工进度和成本等多维度的信息模拟，足以满足建筑建造中智能生产运用的需求。

智能生产的最终目的是使得建筑建造在工业化的基础上，与信息化深度融合，达到全程的智能化。与传统建造方式相比，建筑智能生产缩短了建造周期，从而可节省大量施工阶段的人工成本，使智能生产在经济性角度上有不可比拟的优势。

2. 智能生产特征

智能生产实质上是一个智能化集成制造系统，将建筑构件设计的信息流、优化管理的数据流等虚拟网络信息与实际生产过程集合成一个整体，把工业化和信息化融合到一起，得以实现具有"人工智能"的特性。智能生产的主要特征包括：①充分应用工业机器人、数控加工中心、机械手臂等智能设备，实现生产现场无人化，真正做到"无人"工厂。②充分应用 RFID、工业传感器、工业自动控制系统、工业物联网等技术反馈生产过程信息，实现生产数据实时可视，利用大数据分析进行生产决策。③生产设备网络化，实现车间"物联网"。④生产文档无纸化，实现高效、绿色制造。⑤生产过程智能化，促进制造工艺的仿真优化、数字化控制、状态信息实时监测和自适应控制等。

3. 智能生产在土木工程中的应用

目前，智能生产在土木工程中应用较为成熟的是"BIM＋数字化"加工技术。其一般步骤为，从 BIM 模型中提取加工作业所需要的材料、尺寸、数量等参数，并转换成规定的格式后，直接传输到加工设备，当加工设备接收到相关数据后，会按照设定的工序和工步组合和排序，自动选择材料、模具、配件和用料数量，计算每个工序的机动时间和辅助时间，形成加工计划，并按计划自动进行加工。其具体应用有：3D 打印混凝土、数字化管道加工、数字化钢结构加工、预制钢筋混凝土构件生产、预制叠合楼板生产、商品化生产钢筋网片等。

13.3.3　智能施工

1. 智能施工概念

智能施工是指在工程建造过程中运用信息化技术方法、手段，最大限度地实现项目自动化、智慧化的工程活动。它是一种新兴的工程建造模式，是建立在高度的信息化、工业化和社会化基础上的一种信息融合、全面物联、协同运作的工程建造模式。

智能施工意味着实现高质量施工、安全施工及高效施工。通过先进的科学技术，减少施工现场的施工人员，提高施工质量，减少污染和垃圾排放等，对施工现场的"人、机、料、法、环"五大要素实现智能化管理。智能化设备的大量应用、虚拟化的全过程建造仿真模拟、精细化的全要素管理等为传统施工向智能施工转变提供了合理路径。

2. 智能施工内容

1）智慧工地人员管理

建筑行业是劳动密集型行业，从业人员数量庞大，工作现场环境复杂，交叉作业多，人员身份复杂且技能水平参差不齐，管理难度极大，既容易发生安全隐患，也经常出现一线劳动工人合法权益受到侵犯的事件。为了规范工地管理，保障工地人员的合法权益，同时降低企业风险，将"云、大、物、移、智"等新一代信息技术植入到可穿戴设备、场地出入口、危险区域等关键位置，将人员与现场进行融合，建立互联协同、智能生产和科学管理的人员管理体系，也就是智慧工地人员管理。其包括人员教育培训、劳务实名制、考勤门禁、进城务工人员电子支付、人员实时定位等多个应用场景。

2）智慧工地设备管理

机械设备是建筑施工的重要生产要素。机械设备管理指通过合理组织、协调等方式提高设备使用效率和安全水平，包括设备策划、设备需用计划、设备基础验收、设备进退场、安装验收、加节及附着验收、设备维修保养、设备安全管理、临电管理和设备操作人员管理等内容。智慧工地设备管理是将"云、大、物、移、智"及 BIM 等信息技术与设备管理充分融合，通过对工程项目进行精确设计和施工模拟，采用智慧感知技术采集设备运行数据、利用信息系统固化设备管理过程，建立互联协同、智能决策和知识共享的智能化设备管理体系；一般包括塔式起重机吊钩可视化、群塔防碰撞、设备操作人员识别与控制、机械设备姿态监测等应用场景。

3）智慧工地物料管理

智慧物料管理基于真实数据采集、唯一标签流转，深度融合 BIM 部件及材料要素，串联物资从 BIM 模型总量策划到收料仓储管理至半成品加工直至工程实体消耗的各个关键环节，通过 AI＋智能终端、移动＋电子标签追溯、BIM＋量控可视化、数据＋智能决策、云＋知识萃取等方式，实现工程物料管理的智能化。智慧工地物料管理应用覆盖工程项目物资管理全过程，应包括物资的计划管理、采购管理、验收管理、库存管理和成本管理等方面功能。

4）智慧工地质量管理

建筑安装施工质量取决于人、施工机械设备、工具、原材料、预制构件、施工方法等因素，还涉及原材料的质量及其运输和保管，机器设备的完好和运转状况，工人的技术水平和熟练程度，劳动组织是否先进合理，质量检查和测试手段是否健全等工作的质量。

智慧工地质量管理包含质量预控、试验检测、质量巡检、实测实量、质量验收、质量评价等功能，通过系统集成各板块形成闭环管理，辅助施工现场质量管理提升。在系统中可对项目质量状况实时监控、自动生成业务表单。同时，系统提供了实测实量、图纸管理等功能，及时记录施工质量过程数据，提升质量管理效率。

5）装配式建筑智能化施工

装配式建筑是指主要的构件和配件（如楼板、墙板、楼梯、阳台等）在工厂中完成批量化、流程化预制，再运输到建筑施工现场，通过可靠的连接方式在现场装配安装而成的建筑。装配式建筑主要包括预制装配式混凝土结构、钢结构、现代木结构建筑等。

装配式建筑智能化施工是通过信息化手段将施工阶段的信息进行采集，并通过数字化信息平台进行交互共享，再结合BIM技术、移动互联技术和物联网技术对施工阶段进行管理，以实现装配式建筑施工信息化应用。装配式建筑智能化施工常应用于施工平面布置与优化、预制构件管理、施工工艺虚拟模拟、施工单位进度协同化、构件厂方进度协同化、物流单位进度协同化等场景中。

3. 智能施工应用案例

以北京市通州区丁各庄公租房项目为例介绍智能施工的应用。该项目采用广联达协筑产品、智慧工地产品及BIM5D产品综合使用作为BIM技术应用协作管理平台，在施工过程中将"BIM＋智慧工地"技术作为工程项目管理和技术手段，运用智慧建造应用系统以BIM云平台为集成平台，通过三维模型数据接口实现土建、钢结构、机电、幕墙等多个专业模型集成，并以BIM集成模型为载体将施工过程中的进度、合同、成本、工艺、质量、安全、图纸、材料、劳动力等信息集成到同一平台。利用BIM模型的形象直观、物联网的智能感知特性，为施工过程中的进度管理、现场协调、合同成本管理、材料管理、劳务管理等关键过程及时提供准确的构件几何位置、工程量、资源量、计划时间、空间定位等，帮助管理人员进行有效决策和精细管理，减少施工变更，缩短项目工期，控制项目成本，提升质量，利用数据辅助项目管理，打破各参建单位、各部门信息壁垒，优化流程，提高效率，提高工程建设质量及项目综合管理水平，并实现数字化竣工交付，为建设单位运营维护打下良好的基础。其具体应用内容包括：

1）智慧工地平台部署

通过BIM协同管理平台将项目参与各方进行有机联合，可以在平台上进行三维可视化问题的发起、沟通、解决；进行项目的流程管理、资料管理、合同管理、安全管理、进度管理、质量管理、成本管理等，如图13-2所示。

2）经营成本管控

通过信息化管理平台挂接清单计价管理软件、进度计划、实体模型，自动匹配资源到

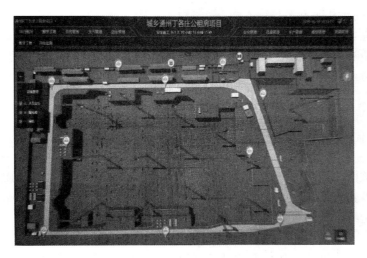

图 13-2　项目智慧管理平台界面

对应科目，通过平台统一进行变更洽商等信息记录，并根据平台内置的工程量统计、成本预算、成本分析等功能形成项目施工经营成本信息模型，实现成本偏差自动预警、工程量数据自动联动等目标。

3）生产管理

通过周计划任务跟踪，如图 13-3 所示，实现总、月、周计划三级联动的进度管理控制。现场各人员清晰自己的施工任务，通过手机端实时详细记录每日人员、材料、机械变动情况，及时反馈现场进度信息，为项目管理层对生产进度管控提供依据，及时协调资源配备保证生产。通过实行数字化生产周会，借助统计数据进行沟通，实现生产进度清晰，问题责任明确。

图 13-3　周任务派发

4）质量管理

通过质量巡检系统实时在线记录问题、发布问题、明晰责任人，解决项目质量隐患沟通不及时、整改不及时的问题。通过网页端大数据分析质量问题的主要原因，确定下阶段施工过程中质量管理工作重点，加强相关质量问题的管理，进而减少施工过程中类似质量问题出现。

5）协筑协同工作平台

该项目建立了协筑协同工作平台，可在云端存储和管理整个项目生命周期中的文档、图纸、模型等所有项目数据，支持按组织、项目生命周期等不同维度创建文档目录，灵活分类管理，支持全功能检索，快速搜索所需文档。

13.3.4 智能运维

1. 智能运维概念

运维管理是一门新兴的交叉学科。运维管理也可以叫作设施管理，在土木工程中，其本质就是对建筑内的设备进行管理。其定义是"以保持业务空间高品质的生活和提高投资效益为目的，以新技术对人类的生活环境进行有效规划、整备和维护管理的工作"。这句话也可以作为运维管理的目标，目前常被概括为：将物质的工作场所与人和机构的工作任务结合起来。

在建筑中，需要进行运维管理的设备有很多。比如国际设施管理协会（IFMA）最初定义的运维管理的对象包括八类：不动产、规划、预算、空间管理、室内规划、室内安装、建筑工程服务及建筑物的维护和运作。后来将这八类优化为五类：不动产、长期规划、建筑项目、建筑物管理和办公室维护。

传统的运维管理就是我们常说的"物业管理"。在物联网通信等新技术发展起来之后，运维管理逐渐带有智能化的色彩，也就是"数字化运维"，即智能运维。但不论技术的发展程度以及各类协会对运维管理的定义如何，运维管理的本质都是对各类建筑以及其中各类设备的全生命周期管理。

2. 智能运维的内容

在土木工程领域中，运维管理主要聚焦于四个方面，即设备维护管理、空间和客户管理、能源和环境管理、安全和应急管理。

1）设备维护管理

设备维护管理主要负责建筑的维护、检测、检验。一般需要专业人员制订设备的维护、管理和检查计划，目的是保证设备的安全并有效地在建筑内操作设备，延长设备使用生命周期，减少故障风险。目前计算机和其他辅助设施被应用于建筑中来进行运维管理规划，例如预订会议室或者停车场管理等。

2）空间和客户管理

在建筑中，空间是建筑的基本单位，合理布局和安排建筑空间是每个设备能够正常运作的前提。在这个先决条件下，管理者可以提高空间利用效率，缩短工作流程，快速处理数据，提供良好的工作环境，创造人与自然和谐相处的环境。

3）能源和环境管理

节能环保是当今世界各界探索的一个热点课题，建筑业自然也不例外。在一些项目中，建筑可以通过一些特殊的构造以及材料的选择进行节能。在运维管理的领域中，如何使用更高效的管理模式去控制并实现建筑节能是一项重要工作。

4）安全、消防和应急管理

在物业管理中，安全始终是一个不可避免的课题。物业管理中包括安全、消防、应急管理三个目标，所有这些目标都为了维护公共安全。为达成这些目标，需要综合运用现代科学技术，以应对各种危及人民生命财产的突发事件。在发生事故的情况下，操作管理系统需采用相应的技术保障体系。

3. 智能运维应用案例

广联达信息大厦项目结合项目特点以及管理需求，利用 BIM 及物联网技术，定制开发了全局化的运维管理平台，通过标准的技术协议和接口实现对各个子系统进行集成，构建集中统一的建筑运行管控中心。其主要包括：①设备管理。实时采集设备的动态信息，为设备进行全方位的画像。在功能层面支持子系统集成管理、设备信息综合查询控制、系统运行状态监测控制、设备台账查询维护、设备空间关联分析等功能。②报警管理。建立报警控制中心，接收来自各设备的报警信息，并与 BIM 联动快速定位报警空间位置，同时与工单联动。在功能层面报警管理模块支持事件定位管理、报警分析管理、报警处置、工单联动管理、事件处理进度跟踪管理等功能。③安全管理。安防设备要和 BIM 空间位置进行联动，和工单系统进行联动。安全管理模块支持视频管理、门禁管理、电子巡更管理等功能。④消防管理。消防管理模块要监测各类消防设备的报警信息，并记录各项报警信息和故障信息发生的内容和时刻。消防管理模块支持消防报警管理、消防设施状态查询、消防疏散管理、消防救援管理等功能。⑤能耗管理。要对设备能耗、客户能耗和管理能耗进行分项计量分析。在功能层面，能耗管理模块支持抄表管理、能耗数据采集、能耗电子档案、收费管理等功能。⑥空间管理。统一空间管理模块要将空间经营的动态信息在运营 BIM 中进行呈现。在功能层面，统一空间管理平台支持展厅空间动态、办公空间动态、博物馆空间动态、商业空间动态、会议空间动态、车位资源动态、广告位资源动态等功能。

通过智能运维系统的应用，提高了楼宇舒适度和运行环境品质，最大限度地降低能耗；提高运维管理效率，降低人工成本，延长设备设施的使用寿命；实现资产价值的最大化。

13.4 智能建造未来展望

智能建造将会不断向前发展。一方面，这是由于智能建造目前还处于一个较低的水平，随着智能建造的实践，它必将逐步提升到更高的水平。另一方面，智能建造支撑技术的进一步发展，也会促进智能建造的发展。

13.4.1 智能建造技术发展趋势

1. 满足建筑行业需求的 3D 打印技术

3D 打印技术目前在建筑行业的应用还比较初步。在建筑行业利用 3D 打印技术时，需要结合行业实际，解决三个关键问题。第一个问题是采用什么体系，即现场打印还是工厂打印？如果采用现场打印，相当于目前采用的现浇结构，需要考虑现场条件；而如果采用工厂打印，相当于采用装配式结构，需要考虑打印部件的尺寸和运输问题。第二个问题是打印材料问题。第三个问题是打印设备问题。

2. 不断发展的行业重器智能装备技术

目前，国内外一些企业已经拥有施工自动化系统，例如我国上海建工集团拥有智能化整体爬升钢平台模架，中建三局拥有施工装备集成平台，分别用于高层建筑核心筒和高层建筑的施工。在建筑科技不断发展，人们对工程的进度、质量和安全日益重视的今天，这样的装备可以称为建筑行业和建筑企业的重器。目前在建筑行业，由于这样的装备种类和数量还十分有限，很多重要的施工环节还采用传统的生产方式。例如，我国目前正在大量建设高铁车站、会展场馆、机场等公共建筑，上述用于超高层建筑的装备就用不上，而且也没有专门的装备。相信随着建筑科技的深入发展，越来越多的企业将结合自身的业务，开发各种智能装备，破解劳动力短缺等建筑行业的各种难题，打造企业的核心竞争力。

3. 更加实用的建筑自动化和机器人技术

迄今为止，建筑施工自动化和机器人的应用还很有限。调研表明，成功应用建筑自动化和机器人装备的案例一般均以三点作为必要条件：一是企业与外部单位持续合作并不断迭代技术；二是持续投入并进行管理升级；三是降低成本并满足市场需求。可以预见，在建筑自动化和机器人技术方面，将会有更多的研究利用新兴信息技术等有利条件，不断深化已有的研究，使建筑自动化和机器人技术向实用化发展。

4. 面向智能建造的模块化技术

智能建造的实现有必要整体施治，这就要求设计阶段和施工阶段相互配合。所期待的主要改变是，在设计阶段就实现模块化设计，同时使所设计的建筑物尽可能简洁、整齐，便于利用建筑自动化和机器人技术进行施工。

这在技术上提出了更高的要求，BIM 技术的应用必不可少。即需要利用 BIM 模型，先在模型上尝试并确认将整体拆分成一个个的模块，然后按所设计的模块在工厂里进行生产，最后在现场对模块进行组装。为实现模块化建筑部件，从部件的设计、生产到安装，都需要研究开发相应的技术。例如，如何解决部品/部件接缝的防水问题。另外，若模块化建筑部件变得十分复杂，而且涉及多种多样的模块化建筑部件，有必要在现场施工开始前，在计算机中进行虚拟装配，以便及早发现可能存在的问题，并将发现的问题解决于萌芽状态。

13.4.2　智能建造管理发展趋势

1. 全过程可视化管理

最近十多年，BIM 技术一直是建筑行业的热门技术。其中最大的原因在于，BIM 技术使得人们在设计、施工以及运维过程中需要面对的对象，可以在计算机中以形象直观的方式显示出来，从而解决一般人们依靠想象力难以把握的复杂问题。在智能建造管理中，所有主要的管理功能都将与 BIM 模型联系在一起，用户在使用这些功能时，可以随时浏览相应的 BIM 模型并聚焦到对象部品/部件。与传统的建造管理系统相比，智能建造管理系统为管理人员提供更加直观和全面的信息，而不用一直与单调的代码或数字打交道。

2. 基于数字孪生的决策支持

数字孪生既是一种理念，也是一种方法，是指对应于实际物体，在计算机中建立它的模型。该模型不仅可以反映它所对应的物体的形状，而且可以用于对其物理特性和行为进行仿真。以建筑数字孪生为例，可以采用 BIM 模型实现，在该模型中不仅包含建筑物的几何信息，而且包含其属性信息，例如采用的建筑材料，另外，还包含其他相关信息，包括建筑施工过程中的管理信息，例如施工人员信息、施工进度信息等。

数字孪生还在发展之中，要想数字孪生的理念被广泛接受，一方面，需要进一步发展有关标准，通过标准使各种分析工具能够容易地共享模型数据，从而便于开展系统化应用；另一方面，需要按照建筑类型分别形成数字孪生体系。例如，关于体育场馆建筑的数字孪生体系，关于医院建筑的数字孪生体系等。这些体系应该是基于实践总结出来的经验，可以作为后续项目实施过程中的指南。有了这样的指南，数字孪生应用就水到渠成。当然，在这些建筑类型中目前实施 BIM 应用的例子也比较多，下一步要使其体系化，提升到数字孪生应用的高度。

3. 基于企业大数据分析的决策支持

随着企业信息技术应用的开展，企业不断积累着越来越多的信息，其中包含企业承包过的工程项目信息、工程项目管理信息以及企业管理信息等。一方面，这些信息在企业开展业务的过程中发挥着重要作用；另一方面，它们对今后企业的决策也有利用价值。企业积累的信息数量巨大，随着时间还在不断增加，而且种类多种多样，为了有效地利用这些信息，首先需要对企业和项目所有的决策环节用到的信息进行分析，在此基础上确定有潜在用途的数据项进行提取和存储。其次，需要利用有关工具（譬如通常使用商业智能工具）进行各种处理，以便用户针对有用的数据进行用于决策的大数据分析。

总之，展望智能建造的未来，很多方面值得期待。无论是智能建造的技术方面，还是智能建造的管理方面，所使用的智能化系统将会向着广度、深度和集成度三个维度发展。建筑工程建造水平将不断提高，通过智能建造，用机器取代人或者减少对人的需求的目标将一步一步变成现实。

本章小结

（1）工程建设项目具有一次性、约束性、目标性、寿命周期性、活动多样性、投资大、建设周期长、不确定因素多、风险大、参与人员多等特征。工程建设项目建设程序分为：项目建议书、可行性研究、设计工作、建设准备、建设实施、竣工验收等。招标投标工作基本程序分为：招标、投标、开标、评标、中标和签订合同。监理单位作为工程建设项目的第三方要遵循"公正、独立、自主"的原则，独立是公正的前提条件；监理单位特别是监理人员要按法律、法规、政策行事。

（2）智能建造是一种有别于传统建造的新理念，以深度融合的建造技术、数据技术、计算技术、通信技术和人工智能为手段，面向项目全生命周期，构建项目设计、建设和运营的智能化环境，通过技术集成、信息集成和管理创新，对项目建设全过程实施有效管理，提高建造过程的效率、质量、安全性和经济性。智能建造的特点在于智慧性、便利性、集成性和协同性。

（3）智能建造的基础技术包括：云计算、大数据、移动通信，BIM、GIS、3D 扫描、自动化、物联网、人工智能和虚拟现实。

（4）智能建造包括智能设计、智能生产、智能施工和智能运维四个阶段。

思考与练习题

13-1　简述工程项目建设的基本程序。

13-2　简述工程项目施工招标投标流程。

13-3　简述建设工程监理的基本工作内容。

13-4　概括智能建造的概念和基本特点。

13-5　简述智能建造的基础技术，试列举每一项技术的具体应用。

13-6　简述智能设计的主要内容，谈谈对于参数化设计的理解。

13-7　简述数字化预制构件加工原理与步骤。

13-8　智能化施工管理相比于传统施工管理的差异是如何实现的？

13-9　简述智能运维管理的内容。

13-10　展望智能建造在技术和管理两方面的发展趋势。

主 要 参 考 文 献

[1] 罗福午，刘伟庆. 土木工程（专业）概论[M]. 武汉：武汉理工大学出版社，2018.

[2] 刘光忱. 土木建筑工程概论[M]. 2版. 大连：大连理工大学出版社，2005.

[3] 阎兴华，黄新. 土木工程概论[M]. 北京：人民交通出版社，2005.

[4] 吴科如，张雄. 土木工程材料[M]. 2版. 上海：同济大学出版社，2008.

[5] 余丽武. 土木工程材料[M]. 2版. 北京：中国建筑工业出版社，2021.

[6] 迟耀辉，孙巧稚. 新型建筑材料[M]. 武汉：武汉大学出版社，2019.

[7] 王欣，陈梅梅. 建筑材料[M]. 北京：北京理工大学出版社，2019.

[8] 华南理工大学，浙江大学，湖南大学，等. 基础工程[M]. 4版. 北京：中国建筑工业出版社，2019.

[9] 东南大学，浙江大学，湖南大学，等. 土力学[M]. 5版. 北京：中国建筑工业出版社，2020.

[10] 中华人民共和国住房和城乡建设部. 建筑地基基础设计规范：GB 50007—2011[S]. 北京：中国建筑工业出版社，2011.

[11] 中华人民共和国住房和城乡建设部. 岩土工程勘察规范：GB 50021—2001（2009年版）[S]. 北京：中国建筑工业出版社，2009.

[12] 石振明，孔宪立. 工程地质学[M]. 3版. 北京：中国建筑工业出版社，2018.

[13] 王连成. 工程系统论[M]. 北京：中国宇航出版社，2002.

[14] 中华人民共和国住房和城乡建设部. 民用建筑设计统一标准：GB 50352—2019[S]. 北京：中国建筑工业出版社，2019.

[15] 中华人民共和国住房和城乡建设部. 高层建筑混凝土结构技术规程：JGJ 3—2010[S]. 北京：中国建筑工业出版社，2011.

[16] 凌天清. 道路工程[M]. 北京：人民交通出版社，2019.

[17] 中华人民共和国交通运输部. 公路工程技术标准 JTG B01—2014[S]. 北京：人民交通出版社，2014.

[18] 张志国. 土木工程概论[M]. 武汉：武汉大学出版社，2014.

[19] 张金喜. 道路工程专论[M]. 北京：科学出版社，2019.

[20] 郑晓燕. 新编土木工程概论[M]. 北京：中国建材工业出版社，2012.

[21] 邓学均. 路基路面工程[M]. 北京：人民交通出版社，2008

[22] 项海帆，沈祖炎，范立础. 土木工程概论[M]. 北京：人民交通出版社，2012.

[23] 邵旭东. 桥梁工程[M]. 5版. 北京：人民交通出版社，2019.

[24] 姚玲森. 桥梁工程[M]. 2版. 北京：人民交通出版社，2008.

[25] 段树金，向中富. 土木工程概论[M]. 重庆：重庆大学出版社，2012.

[26] 佟成玉，石晓娟. 土木工程概论[M]. 杭州：浙江大学出版社，2015.

[27] 刘磊. 土木工程概论[M]. 北京：电子科技大学出版社，2016.

[28] 沈祖炎. 土木工程概论[M]. 2版. 北京：中国建筑工业出版社，2017.

[29] 陈学军. 土木工程概论[M]. 3版. 北京：机械工业出版社，2018.

[30] 郝瀛. 铁道工程[M]. 北京：中国铁道出版社，2002.

[31] 高亮. 轨道工程[M]. 重庆：重庆大学出版社，2014.

[32] 魏庆朝. 铁路车站[M]. 重庆：重庆大学出版社，2019.

[33] 佟立本. 铁道概论[M]. 北京：中国铁道出版社，2006.

[34] 杨中平. 高速铁路技术概论[M]. 北京：清华大学出版社，2015.

[35] 赵国堂. 高速铁路无砟轨道结构[M]. 北京：中国铁道出版社，2006.

[36] 钱仲侯. 高速铁路概论[M]. 北京：中国铁道出版社，2006.

[37] 谢海林. 中低速磁浮交通系统工程化应用——长沙磁浮快线[M]. 北京：中国铁道出版社，2018.

[38] 中国铁路总公司运输局工务部. 道岔[M]. 北京：中国铁道出版社，2017.

[39] 中华人民共和国住房和城乡建设部. 建筑给水排水设计标准：GB 50015—2019[S]. 北京：中国计划出版社，2019.

[40] 中华人民共和国住房和城乡建设部. 城市给水工程规划规范：GB 50282—2016[S]. 北京：中国计划出版社，2016.

[41] 王增长，建筑给水排水工程[M]. 北京：中国建筑工业出版社，2004.

[42] 国家市场监督管理总局. 国家标准化管理委员会. 生活饮用水卫生标准：GB 5749—2022[S]. 北京：中国标准出版社，2022.

[43] 马金，等. 建筑给水排水工程[M]. 北京：清华大学出版社，2003.

[44] 田士豪，周伟. 水利水电工程概论[M]. 北京：中国电力出版社，2010.

[45] 李鸿雁. 水利水电工程概论[M]. 北京：中国水利水电出版社，2012.

[46] 荀勇. 土木工程概论[M]. 北京：国防工业出版社，2013.

[47] 周先雁. 土木工程概论[M]. 长沙：湖南大学出版社，2014.

[48] 李炎保，蒋学炼. 港口航道工程导论[M]. 北京：人民交通出版社，2010.

[49] 韩理安. 港口水工建筑物[M]. 北京：人民交通出版社，2008.

[50] 崔京浩. 新编土木工程概论[M]. 北京：清华大学出版社，2013.

[51] 孙丽萍，聂武. 海洋工程概论[M]. 哈尔滨：哈尔滨工程大学出版社，2000.

[52] 江见鲸，徐志胜. 防灾减灾工程学[M]. 北京：机械工业出版社，2005.

[53] 郭烽仁. 土木工程灾害防御及其发展研究[M]. 北京：北京理工大学出版社，2017.

[54] 叶继红. 土木工程防灾[M]. 北京：中国建筑工业出版社，2017.

[55] 陈龙珠. 防灾工程学导论[M]. 北京：中国建筑工业出版社，2005.

[56] 中华人民共和国住房和城乡建设部. 建筑结构荷载规范：GB 50009—2012[S]. 北京：中国建筑工业出版社，2012.

[57] 中华人民共和国住房和城乡建设部. 建筑设计防火规范：GB 50016—2014(2018 年版)[S]. 北京：中国建筑工业出版社，2018.

[58] 中国工程建设标准化协会. 火灾后工程结构鉴定标准：T/CECS 252—2019[S]. 北京：中国建筑工业出版社，2020.

[59] 晓光. 工程进度监理[M]. 北京：人民交通出版社，2000.

[60] 田金信. 建设项目管理[M]. 北京：高等教育出版社，2002.

[61] 喻言. 土木工程建设法规[M]. 北京：机械工业出版社，2010.

[62] 丁士昭. 工程项目管理[M]. 2 版. 北京：中国建筑工业出版社，2014.

[63] 王秀菇，李锦华. 工程招标投标与合同管理[M]. 北京：机械工业出版社，2009.

[64] 杜修力，刘占省，赵研. 智能建造概论[M]. 北京：中国建筑工业出版社，2021.

[65] 《中国建筑业信息化发展报告(2021)智能建造应用与发展》编委会. 中国建筑业信息化发展报告(2021)智能建造应用与发展[M]. 北京：中国建筑工业出版社，2021.